流域マネジメント
新しい戦略のために

大垣眞一郎・吉川秀夫 監修
財団法人 河川環境管理財団 編

技報堂出版

監修者・執筆者名簿（2002年10月現在．五十音順．ゴシックは執筆箇所）

監修者 　大垣　眞一郎（おおがきしんいちろう）　東京大学大学院工学系研究科都市工学専攻
　　　　　　吉川　秀夫（きっかわひでお）　財団法人河川環境管理財団河川環境総合研究所

執筆者 　浅枝　隆（あさえだたかし）　埼玉大学大学院理工学研究科環境制御工学専攻（**3.4.1**）
　　　　　　大石　京子（おおいしきょうこ）　九州大学大学院工学研究院環境都市部門（**2.6**）
　　　　　　大垣　眞一郎　前出（**はじめに，1.1，1.2，2.1，3.1，おわりに**）
　　　　　　岡部　聡（おかべさとし）　北海道大学大学院工学研究科都市環境工学専攻（**2.3**）
　　　　　　佐藤　和明（さとうかずあき）　財団法人河川環境管理財団河川環境総合研究所（**1.1，1.2**）
　　　　　　関根　雅彦（せきねまさひこ）　山口大学大学院理工学研究科環境共生工学専攻（**3.4.2**）
　　　　　　長岡　裕（ながおかひろし）　武蔵工業大学工学部都市基盤工学科（**1.1，1.2，3.2**）
　　　　　　西村　修（にしむらおさむ）　東北大学大学院工学研究科土木工学専攻（**2.5**）
　　　　　　藤井　滋穂（ふじいしげお）　京都大学大学院工学研究科環境質制御研究センター（**2.2，2.7**）
　　　　　　古米　弘明（ふるまいひろあき）　東京大学大学院工学系研究科都市工学専攻（**1.3**）
　　　　　　水野　修（みずのおさむ）　元・東北大学大学院工学研究科土木工学専攻／
　　　　　　　　　　　　　　　　　　　現・アタカ工業(株)技術本部環境研究所（**2.4，3.3**）

監修のことば

　環境の課題が地球的規模で語られ，また，河川の水と自然に対して様々な社会的期待が寄せられています．現在のこのような状況の中で，河川の水質向上のための手法と制度はどのようにあるべきでしょうか．従来から行われてきた環境基準の達成を目的とした水質規制や水質汚濁防止技術の開発のみで十分でしょうか．改めて，河川と社会のかかわりの原点に戻り，流域と水質についての総合的な対策を行うことが求められていると思います．たとえば，流域住民はどのように河川水質改善に参加できるか，未知の化学物質など新しい水質問題にどのように対応すべきか，どのような水質目標を立てるべきか，河川あるいは河川水への新しいニーズはなにか，新しい情報や知見をどのように対策に取り込むか，人と社会に対するさまざまなリスクをどのように考えるのか，など多くの課題があります．まさに総合的な対策が必要であるといえましょう．

　本書は，水環境の分野における新進気鋭の研究者が集まり，議論に議論を重ね，河川の水質向上のための総合対策のあり方と具体策を研究し，その成果を取りまとめたものです．検討にあたっては，総合的な対策とは何かという共通認識づくりの段階からていねいな議論を続けてきました．執筆者の若手研究者達も，それぞれの専門領域を超えた勉強と議論を重ねたことで，流域の総合的な新しい対策を目的としたすばらしい内容の本ができあがったと自負しております．

　研究会では，個々の研究者が現に取り組んでいる新しい河川水質保全技術に関する最新の研究成果も持ち寄り，これら新技術の総合的な水質対策における役割についても議論を行い文書としてまとめました．ただし，これらの部分は多少内容が専門的になり過ぎるため，本書では割愛いたしました．しかし，総合対策の

ためには，ソフトな面だけではなく，個別の技術開発と新しい知見の創造の面でも様々な基礎的な研究と努力が必要であることは言うまでもありません．

　本書が，河川行政関係者や水質環境の研究者・技術者にとどまらず，広く一般住民，NPOグループの方々の参考となり，新しい河川水質環境の創造のために大いに活用されることを心より期待しております．

　平成14年9月

大垣眞一郎
吉川　秀夫

序

　わが国の河川の水質汚濁の現況は，全般的には改善されつつありますが，都市域の河川の汚濁やダム・湖沼における富栄養化問題等，依然として重要な課題として残されています．さらには環境ホルモン等の微量物質による生態系への影響等，新しい水質問題も生じてきています．こうしたなかで，水道水源としての「安全でおいしい水」，都市内の「親しめる良好な水辺空間」に対する社会的要望はますます強まってきており，さらなる河川水質の向上が求められています．

　(財)河川環境管理財団では，昭和63年に設立された「河川整備基金」により，河川生態系や水質浄化等に関する研究，あるいは，河川をテーマとする市民の交流活動や啓発活動に対し助成事業を実施してまいりました．また同時に全国的・総合的な視点で当財団が主体となって行う基金事業による調査研究も継続して実施してまいりました．

　このようななかで，河川水質環境への取り組みに対しては流域と一体となった総合的な対策を講ずることが重要であるとの認識のもと，平成11年度から2カ年の期間で「河川における水環境向上のための総合対策に関する研究」を基金事業により実施することとなりました．大垣眞一郎先生を座長とする研究会を組織して水質環境問題への総合的対策のあり方についての研究に取り組んでいただきました．大垣眞一郎先生をはじめ本書の執筆者でもある研究委員の先生方には，各分野の課題と対策について大変な努力をしてまとめてくださいました．また，当財団からも吉川秀夫研究顧問をはじめ河川環境総合研究所のスタッフが研究のまとめに協力いたしました．さらに本研究会には行政側からも委員として参加され，総合的対策という観点から種々の助言をいただきました．是澤裕二氏(国土交通

省河川局河川環境課課長補佐），内田勉氏（国土交通省都市・地域整備局下水道部流域管理官付補佐），安中徳二氏（日本下水道事業団副理事長）には記して謝意を表します（官職は平成12年度末時点）．

　今回，河川整備基金による事業成果がこのような著書として出版されましたことは大変意義深いことと考えております．執筆者である先生方のご努力に深く感謝いたしますとともに，本書が広く関係者に活用され，河川水質環境保全の進展の一助になることを期待いたします．

　平成14年9月

(財)河川環境管理財団　理事長
和里田　義雄

目　次

はじめに ……………………………………………………………………………… 1

第1章　水質環境管理の現状と課題 ………………………………………… 5
1.1　日本の水質環境問題の変遷と現在 ………………………………… 5
1.1.1　日本の水質環境問題の歴史と法制度の変遷 ……………… 5
1.1.2　環境基本法制定以降の水質環境問題とその対策 ………… 8
1.2　日本の水環境保全行政 ……………………………………………… 15
1.2.1　水質環境基準 …………………………………………………… 15
1.2.2　排水基準 ………………………………………………………… 22
1.2.3　水質総量規制 …………………………………………………… 24
1.2.4　湖沼水質保全特別措置法(湖沼法) ………………………… 25
1.2.5　地下水汚染対策 ………………………………………………… 28
1.2.6　水道に関する水源二法 ………………………………………… 28
1.2.7　水環境保全行政の対応と課題 ………………………………… 29
1.3　諸外国の水質環境管理 ……………………………………………… 31
1.3.1　米国の水質環境管理 …………………………………………… 31
1.3.2　ヨーロッパにおける水質環境管理の視点 ………………… 37
1.3.3　河川流域の国際比較研究事例の紹介 ……………………… 48
1.3.4　諸外国と日本における水質環境管理の相違点と今後の課題 ……… 59

第2章　水質環境保全のための管理および技術 ………………………… 67
2.1　概　　説 ……………………………………………………………… 67
2.1.1　生活系汚濁源の対策 …………………………………………… 67
2.1.2　工場・事業場など汚濁源の対策 …………………………… 68
2.1.3　面源負荷対策 …………………………………………………… 68
2.1.4　水域での対策 …………………………………………………… 69
2.1.5　流域住民による対策 …………………………………………… 70
2.1.6　総合管理手法 …………………………………………………… 71
2.2　生活系汚濁源からの負荷と対策 …………………………………… 72
2.2.1　生活系汚濁排水による河川への影響 ……………………… 73
2.2.2　各種生活系汚濁物処理方法とその効果 …………………… 74
2.3　工場・事業場など汚濁源の対策 …………………………………… 87
2.3.1　工場排水対策 …………………………………………………… 87
2.3.2　畜産系排水 ……………………………………………………… 95

2.3.3　その他ゴミ処分場などの排水対策……………………………100
2.4　面源の対策……………………………………………………………106
　　2.4.1　面源負荷…………………………………………………………106
　　2.4.2　山林，自然負荷対策……………………………………………107
　　2.4.3　農耕地負荷対策…………………………………………………113
　　2.4.4　市街地負荷対策…………………………………………………120
2.5　河川水の直接浄化対策………………………………………………127
　　2.5.1　直接浄化対策の現状……………………………………………127
　　2.5.2　直接浄化技術の評価……………………………………………146
　　2.5.3　今後の直接浄化対策……………………………………………147
2.6　流域住民による対策…………………………………………………152
　　2.6.1　流域住民による実施対策………………………………………152
　　2.6.2　流域住民による今後の対策のあり方…………………………164
2.7　情報技術を活用した河川管理手法…………………………………170
　　2.7.1　河川環境モニタリング…………………………………………170
　　2.7.2　GISの活用による河川環境総合管理…………………………179
　　2.7.3　まとめ……………………………………………………………186

第3章　理想的な水質環境創出にあたっての主要課題……………193
3.1　概　　説………………………………………………………………193
3.2　水遊びのできる河川の創出…………………………………………197
　　3.2.1　河川水質の視点から見た水遊びの種類………………………197
　　3.2.2　水遊びができる河川の要件……………………………………199
　　3.2.3　関連する水質項目………………………………………………201
　　3.2.4　対策の提案と課題………………………………………………208
3.3　クリプトスポリジウムなどへの対策………………………………213
　　3.3.1　クリプトスポリジウム症およびジアルジア症の概要………213
　　3.3.2　クリプトスポリジウムによる河川水汚染……………………223
　　3.3.3　河川水に関する対策……………………………………………223
3.4　多種多様な生物が生息できる河川の創出…………………………228
　　3.4.1　河川，湖沼の生態系と水質の関係……………………………228
　　3.4.2　保全すべき環境と対策…………………………………………242

おわりに………………………………………………………………………263

索　　引………………………………………………………………………267

はじめに

　水は，生命にとって不可欠な構成要素である．資源として取水することはもちろん，資源として貯水することも，自然の生態系に影響を及ぼす．また，水は循環している．汚染された水は，必ず水域へ戻り，汚染の範囲を広げる．
　また，水は洪水などは，人と社会にとって大きな脅威である．しかし一方で，水は，人と社会にとって必要不可欠な資源である．十分で安全な水なくして，人の生命と健康は維持できず，社会は成り立たない．
　したがって，河川の水を我々が資源として利用する時，まず，利用の目的を明確にして，必要にして十分な量を水の循環の中で利用すること，自然を改変し，人為的に制御する時は，同じく，その程度を必要にして十分な範囲にとどめることが必要となる．流域の水の循環は，地球規模の水の循環にスケールとしてつながっており，また水の生態系の健全さを保つ責任は，次の世代への責任でもある．
　河川の水質環境の向上のために正しく総合対策を計画し実行するには，まず，自然の構成要素として循環する河川水とその生態系を科学的に深く認識することが必要であり，さらに，人と社会が真に必要とする利水の質と量に関する十分な洞察が必要である．これら認識と洞察のうえで，自然と社会の調和を図る技術と制度の適用，その適用にあたっての社会的合意形成が求められることになる．
　日本の河川における水質汚濁の現況は，下水道事業や河川水直接浄化事業などの水質保全対策の実施や国民意識の向上などによって改善されてきた．しかし，都市域の河川域では依然，水質は悪化しており，それに伴い水道水での発がん性物質の生成，異臭味の発生，クリプトスポリジウムなどの病原性微生物の発生，加えて環境ホルモンなどの微量物質の顕在化などによって水道水源の安全性のみ

ならず，生態系への影響などが発生し，河川の水質問題が複雑多様化している．一方，「安全でおいしい水」，「良好な水辺空間」に対する社会的要望も強まっており，さらなる河川の水質保全が必要となっている．

これら複雑多様化している水質問題の対応には新しい水質指標および保全目標が必要となる．さらにそれらについて対策を講じるには，河川だけではなく発生源である流域での汚濁源の状況の把握，そこからの流出機構や各水質項目，水質レベルへ影響を与える流量などの変動要因の解明が必要となり，また，各浄化技術，システムの開発などの解決すべき種々の課題がある．

本書は，複雑多様化している河川の水質に対し，それらの機構，要因の解明および特定，対策方法の開発について総合的に論じ，河川の水質環境の保全，向上のための総合的対策に資することを意図している．

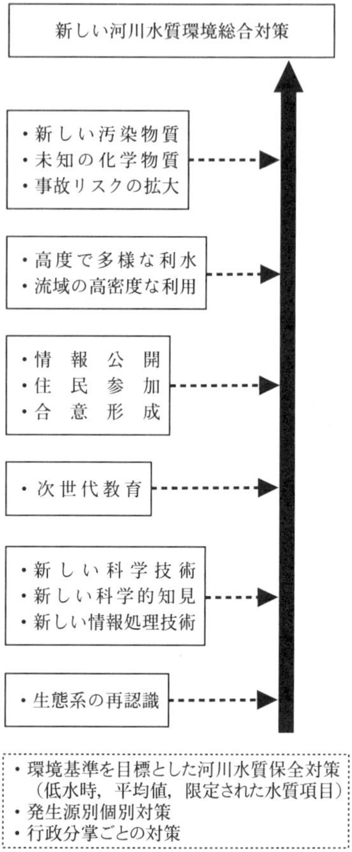

図 1　河川水質総合対策の新しい要素

本書の構成

本書は，3章より構成されている．

第1章では，水質環境管理の現状と課題についてとりまとめた．1.1は，日本の水質環境に関わる国全体の課題の変遷についてとりまとめ，1.2は，水環境保全のための行政上の法と制度の現状と課題を示した．1.3は，諸外国での河川水質管理の法，制度，社会的な体制の事例を紹介した．日本の河川水質環境の特性を客観化し，新しい対策概念を生み出すためには，異なる風土と社会における多様な水質環境保全対策の事例から学ぶべきことは多い．

第2章では，水質環境保全のための管理および技術をとりまとめた．生活系汚

濁源(2.2)工場・事業場など汚濁源(2.3)，面源(2.4)に対する各対策と技術およびその課題を示した．さらに，堤外地での水質改善技術など，水域での対策(2.5)および住民参加による対策(2.6)の事例と，制度と今後の方向性を示した．流域の総合的な観測，監視，データの統合は，今後の総合的対策には必要不可欠であり，その技術と手法については，2.7にまとめた．

　第3章は理想的な水質環境創出にあたっての主要課題を示した．河川の水質環境総合対策のためには，第2章で示したように多くの課題があるが，そのうち，対策のための新しい概念を3つを取り出し，当面求められている課題としてとりまとめた．第一は，水遊びができる河川を目指した対策について(3.2)であり，第二は，最近，飲料水への大きな脅威としてたち現れた病原性微生物であるところのクリプトスポリジウム(3.3)の現状と対策の課題についてである．第三には，多様な生態系の保全のあり方とその対策手法である．

第1章　水質環境管理の現状と課題

1.1　日本の水質環境問題の変遷と現在

1.1.1　日本の水質環境問題の歴史と法制度の変遷

　河川の水質環境の総合的対策を考えるうえで，日本の水質環境問題の歴史と法制度の変遷をとりまとめることは有益である．**表1.1**は，日本における水質汚濁に関連する出来事をまとめたものである．

　日本の水質汚濁は，明治時代の足尾鉱毒事件のような産業活動の公害事件として始まっている．都市衛生面からの水質汚濁問題がその後に続く．近代的な法整備は，1958(昭和33)年の『工場排水等の規制に関する法律』および『公共用水域の水質の保全に関する法律』，いわゆる旧水質二法を待つことになる．この旧水質二法は，水質汚濁が生じた水域を指定水域として指定する方式であり，罰則規定も改善命令に従わない場合のみである．現時点から見れば，公害の事後対策型の法律であった．

　その後，公害に対する一般の認識の高まりを背景として，1967(昭和42)年『公害対策基本法』が制定された．これにより環境基準が定められることとなり，水質汚濁に関連した環境基準は大気よりやや遅れ，1970(昭和45)年4月に閣議決定をみた．また同時期に旧水質二法に代わって，『水質汚濁防止法』が1970(昭和45)年12月に新たに制定された．『水質汚濁防止法』は，公害対策基本法の実施法

と理解される．水質汚濁防止行政の目標は，"水質汚濁に係る環境基準"であって，『水質汚濁防止法』の排水規制は，この環境基準を達成するために制定されたこととなる．

環境のナショナルミニマムと行政の目標としての環境基準が公共用水域に指定され，排水基準に違反すれば直ちに罰則を適用される規定が盛られ，公害の事後対策から未然防止型の法整備へと進展した．

この『公害対策基本法』に基づく環境基準を中心とする日本の公害対策は，水質汚濁対策も含め，1978(昭和53)年のOECDレポート『日本の経験—環境政策は成功したか』でその成功を高く評価された．しかし，濃度規制を中心とする手法では，都市域の人口と産業活動の集中に伴う汚染拡大，閉鎖性水域の水質汚濁の悪化などに対応できないことから，1973(昭和48)年の『瀬戸内海環境保全特別措置法』制定に始まる一連の総量負荷規制の概念に基づく法の整備が進むこととなった．1984(昭和59)年には『湖沼水質保全特別措置法』が制定された．これは閉鎖性水域である湖沼の水質保全については，これまでの『水質汚濁防止法』の取組みだけでは必ずしも十分でなく，より総合的な施策の必要性が認識されたためである．

地球温暖化などの地球環境問題の顕在化ならびに多様な自然環境の保全に対する一般の意識の向上に呼応して，1993(平成5)年，『環境基本法』が『公害対策基本法』に代わって制定された．『環境基本法』制定以降の水環境行政のトピックとしては，水道水源二法の制定[1994(平成6)年]と地下水への環境基準の設定[1997(平成9)年]があげられる．

表 1.1 日本の水質環境問題の歴史と法制度の変遷

年	出来事，制定された法	法の意義，特色
1891 (明治24)	足尾銅山鉱毒について帝国議会で討議	
1948 (昭和23)	『農薬取締法』	・農薬の不正粗悪品の流通による農業生産弊害の除去
1956 (昭和31)	水俣病を公式に認知	

1.1　日本の水質環境問題の変遷と現在

年	事項	内容
1958 (昭和33)	『工場排水等の規制に関する法律』、『公共用水域の水質の保全に関する法律』(旧水質二法)	・水質汚濁が生じた水域を指定水域として指定 ・罰則規定は改善命令に従わない場合のみ(事後対策型)
1964 (昭和39)	『河川法』	・治水, 利水の体系的制度の整備
1965 (昭和40)	第二水俣病(新潟水俣病)の表面化(阿賀野川流域)	
1967 (昭和42)	『公害対策基本法』	・予防的計画的取組み ・公害の対象範囲, 原因者の責任の明確化, 行政の責務の明確化
1968 (昭和43)	神通川におけるイタイイタイ病の原因の公式発表	
1970 (昭和45)	公害国会	
〃	『公害対策基本法』改正	・環境基準の概念の導入
〃	『水質汚濁防止法』	・指定水域制の廃止と規制地域の全国拡大 ・排水基準違反に対する直罰制 ・都道府県条例による上乗せ基準が可能 ・規制対象業種(特定施設)の拡大が一般に可能 ・工場などに対する総合排水基準から排水溝ごとの基準へ
〃	『下水道法』改正	・「公共用水域の水質保全に資する」という一項目の追加 ・水域の環境基準達成のための「流域別下水道整備総合計画」の策定の記述
1971 (昭和46)	環境庁発足	
1973 (昭和48)	『化学物質の審査及び製造等の規制に関する法律』	・新規に製造, 登録される化学物質について, 難分解性, 高蓄積性, 慢性毒性を審査し, これらが認められると第一種特定化学物質として指定して規制
〃	『瀬戸内海環境保全臨時措置法』	・瀬戸内海の環境保全に関する基本計画の速やかな策定を政府に義務づけ ・産業排水に関わるCODの汚濁負荷量減少措置 ・特定施設設置の許可制 ・瀬戸内海の特殊性の配慮
1978 (昭和53)	『瀬戸内海環境保全特別措置法』	・COD総量規制制度の実施 ・富栄養化防止のためのリンなどの削減対策 ・自然海浜の保全

第 1 章　水質環境管理の現状と課題

1984 (昭和59)	『湖沼水質保全特別措置法』	・総合的水質保全の施策が必要な湖沼（指定湖沼）と関係地域（指定地域）の指定 ・指定地域内の工場・事業場に対する排出汚濁負荷量の規制基準 ・「みなし特定施設」に対する『水質汚濁防止法』の適用 ・「指定施設」（排水基準による規制の困難な施設）の設置の届出制 ・汚濁負荷量の総量削減
1985 (昭和60)	湖沼に対する全窒素, 全リンの環境基準の設定	
1986 (昭和61)	『化学物質の審査及び製造等の規制に関する法律』改正	・蓄積性は低いが, 難分解性, 慢性毒性の疑いのある化学物質を指定し規制
1989 (平成1)	『水質汚濁防止法』改正	・特定施設から地下への有害物質の浸透禁止
1990 (平成2)	『水質汚濁防止法』改正	・生活排水対策の制度化 ・行政の責務と国民の心がけの明確化
1993 (平成5)	『環境基本法』	・環境政策の理念と基本的施策の方向性の明示 ・総合的環境政策展開の枠組み
1994 (平成6)	『環境基本計画』閣議決定	・水環境の保全による人と自然とのふれあいを目的化 ・水量や水辺地に配慮し, 健全な水循環を確保 ・地域の人々の役割分担と主体的参加
〃	『特定水道利水障害の防止のための水道水源水域の水質の保全に関する特別措置法』	・トリハロメタン生成能に関する工場排水の規制など
〃	『水道原水水質保全事業の実施の促進に関する法律』	・トリハロメタン前駆物質や異臭味対策のための下水道, 合併処理浄化槽の整備および河川事業の促進
1997 (平成9)	地下水の水質環境基準制定	
〃	『河川法』改正	・法の目的として「河川環境の整備と保全」を明確に位置づけ

1.1.2　環境基本法制定以降の水質環境問題とその対策

　水質汚濁に関わる法制度の整備による各種排水の規制, 水質保全対策の実施に伴って公共用水域の水質は改善されてきているが, 河川域の環境基準(生活関連項目)達成率は, その改善が横這い状態であること, 面源汚濁が相対的に大きな負荷を持つようになってきたこと, 新しい汚染物質が認識されるようになったこ

1.1 日本の水質環境問題の変遷と現在

と，水利用の複雑化に伴う水の繰返し利用を強いられること，など新たな課題が出現している．従来からの手法では十分対応できなくなってきているといえる．

水質面のこのような動向と時を同じくして，水量面についても従来の対策が万能ではなくなってきた．農業における水田面積の減少，水資源多消費型産業の衰退など，水資源需要構造の変化が生じ，水資源開発のあり方が検討されてきている．加えて，都市化と異常気象による洪水被害の変化により，都市域内における貯留機能の強化，あるいは流域全体での保水・遊水機能の強化など対策手法の変化が起きてきている．これらの変化に加え，生態系への配慮が重要な課題として姿を現している．すなわち，水質と水量の両者の課題が流域の総合的対策へと合流しつつある．これまでの展開の必然として，質と量を分けて別々に対策を議論することは不可能である．流域全体を総合的に設計し，管理する手法が求められている．ここでは，近年問題となっている水質環境問題とその対策について触れる．

(1) 下水道整備の進んだ都市河川の水質汚濁

鶴見川，多摩川などの都市河川では，排水規制の強化や下水道整備の推進により，その水質は，昭和50年前後のきわめて汚濁した状況から大幅に改善されてきているが，河川の水質汚濁指標であるBODは横這いの状態である．両河川とも流域の下水道整備の進捗により，河川水中に占める下水処理放流水の割合が高いことが特徴となっている．

図 1.1 に，鶴見川下流域におけるBODおよびATU-BODの測定結果（年間変動）を示す．ATU-BODは，アンモニア性窒素の硝化を抑制して測定したBOD値で，有機物による酸素消費量を示すものであるが，約 $1.8 \sim 6.1$ mg/L と低

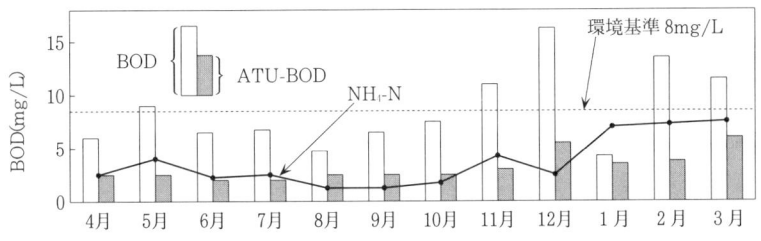

図 1.1 鶴見川(亀甲橋)のBOD，ATU-BOD測定結果(平成10年度)
(出典：神奈川県公共用水域測定結果)

濃度である．一方，BODは4.3〜16.5 mg/Lであり，N-BOD(窒素由来のBOD)が高いことがBODを高くする要因となっていることがわかる．

N-BODは，アンモニア性窒素および硝化細菌が水中に存在する場合に発現するものであり，特に下水処理放流水を多く含む都市河川において顕著に見られている．これは，処理水中のアンモニア性窒素濃度が高いこと，および硝化細菌が処理プロセスより処理水中に漏出することによるものである．対策としては，下水処理施設におけるアンモニア性窒素の処理(高度処理)や河川域における直接浄化対策があげられる．

これまで，河川の水質汚濁の代表的指標としてはBODが用いられているが，N-BODの影響をどのように評価し，また表現するかなど，水質指標としての妥当性についても検討することが今後必要となる．

(2) 閉鎖性水域の富栄養化

手賀沼，印旛沼などに代表されるように，多くの閉鎖性水域においては，排水規制や下水道整備などの様々な水質保全対策が実施されているにもかかわらず，その水質は，横這いまたは悪化する傾向にある．

閉鎖性水域の富栄養化を防止するためには，以下の取組が必要である．

a. **地域に応じた排水の高度処理の推進**　生活系および工場，事業場からの汚濁負荷量を削減する対策として現時点で最も効果的な手段は，高度処理を含む終末処理場を備えた下水道の整備である．しかし，集水域が広い湖沼では，下水道整備に長い年月(20年以上)と多額の費用がかかるため，合併処理浄化槽，農業集落排水施設などの小規模排水処理施設での窒素，リン除去も進める必要がある．現状では，このような小規模施設での高度処理を義務化することは，設備費，維持管理費が高いことから難しい状況にあるが，今後は低コストで維持管理が容易な高度処理技術の開発が望まれる．

b. **面源からの汚濁負荷量の把握と削減**　水田，畑，市街地などの面源からの汚濁負荷の湖沼水質への影響は，まだ明らかになっていない．湖沼水質保全対策を検討するための基礎データとして，面源負荷量の把握が必要である．また，面源からの汚濁負荷削減対策として，ため池，湿地などの自然浄化機能を利用した浄化方法が最近試みられているが，データの蓄積が十分でなく，信頼性のある技術としてはまだ確立されていない．現場での調査事例を増やし，効果のある設

計方法の検討を早急に進める必要がある．さらに，省肥料のための施肥方法の改良や肥料の改良など，営農面も考慮に入れたきめ細かい農業系負荷削減対策の開発・普及が必要である．

c. **小規模事業場における窒素・リン負荷削減対策**　飲食店，宿泊施設，レジャー施設，養魚場，畜舎など，小規模事業場からの汚濁負荷量はまだ十分定量的に把握されていない場合が多い．これらの負荷量の把握および小規模事業場に導入できる低コストの排水処理装置の開発や財政的な支援制度の確立が必要である．

d. **湖沼の環境条件に応じた独自の対策の開発**　浄化用水の導入，水田，土壌，湿地の浄化作用の利用など，それぞれの湖沼の環境条件に応じた独自の対策の開発，検討が必要である．

e. **土地利用規制の検討**　湖沼が上水道の水源として利用されている場合など，水質汚濁防止が水利用実態から見て緊急を要する場合には，集水域の土地利用規制や開発規制が必要な場合もあるが，その実現可能性の検討が必要である．

(3) 新たな対策が求められる水質問題

a. **クリプトスポリジウム**　1996（平成8）年6月，埼玉県越生町において日本で初めて水道水を介したクリプトスポリジウムによる感染症が発生し，約8800人が発症した．1996年10月，厚生省は水道水源がクリプトスポリジウムにより汚染された場合の予防対策や，万一感染症が発生した場合の応急対策として『水道水におけるクリプトスポリジウム暫定対策指針』を策定した．さらに，新たに得られた知見などに基づき，『暫定対策指針』を改正し，都道府県などを通じて水道事業者などへ周知している．

水道水中のクリプトスポリジウムについては，存在状況の把握，検査方法の改良などについて，研究班の設置，関係省庁連絡会の設置などにより，対策の強化に努めている．

b. **病原性大腸菌 O 157**　1996年に病原性大腸菌 O 157 による食中毒が全国各地で発生し，大きな社会問題となった．これに対して，建設省，環境庁の連携のもと，直轄管理の河川および海岸のうち，主要な水浴場・親水施設が設置されている箇所を対象に O 157 調査が実施された．調査は，河川282箇所，海岸16箇所の合わせて298箇所で実施し，すべての調査地点で O 157 は検出されなかった．

c. **内分泌撹乱化学物質（環境ホルモン）**　内分泌撹乱化学物質については，流域の水環境や水生生物に様々な影響を及ぼすことが懸念されており，社会的に大きな関心を集めている．内分泌撹乱作用が疑われる化学物質の水環境における実態を把握することが急務と考え，1998(平成10)年度より建設省と環境庁が連携して実態調査を実施している．現在までの調査結果の概要は，以下のとおりである．

① 主要な調査対象の8化学物質のうち，ノニルフェノール，ビスフェノールAなどの5物質と人畜由来ホルモン（人や家畜からの排出に由来する女性ホルモン）が比較的多くの河川から検出されており，これらの物質が河川水中および底質中に広く存在する．

② 雄のコイの一部(約1/4)が，体内で雌性化の目安とされる物質（ビテロゲニン）を生成している．ただし，河川水中には内分泌撹乱化学物質以外に様々な要因が考えられるので，その原因は現在のところ特定できない．

③ 下水処理場の放流水中の内分泌撹乱化学物質の濃度は，流入水と比べて大幅に低くなっている．

d. **ダイオキシン類**　近年，人の健康や環境保全に係る重要な問題として，ダイオキシンに対する関心が高まってきており，『ダイオキシン対策基本方針』〔1999(平成11)年3月，ダイオキシン対策閣僚会議決定〕や『ダイオキシン類対策特別措置法』〔1999年7月成立．2000(平成12)年1月施行〕などに基づき，政府をあげて対策を推進することが重要な課題となっているところである．建設省では，1999年度より，一級河川の水質・底質におけるダイオキシン類の実態調査に着手するとともに，2000年度から3年計画で，今後の監視や除去対策など河川におけるダイオキシン対策のあり方について検討を進めることとしている．

(4) 安全でおいしい水のための水源の確保

安全でおいしい水道水の供給のためには，塩素処理によるトリハロメタンの生成や，カビ臭による異臭味などへの対策をたてる必要があるが，そのためには水源である河川や湖沼の水質を改善する必要がある．

トリハロメタン対策としては，浄水場における前駆物質（フミン質など）の除去や，前塩素注入の変更などとともに，原水中の有機物やアンモニア性窒素の濃度を減少させるための水源対策も求められる．

閉鎖性水域における富栄養化は，植物プランクトンより生産されるカビ臭物質(2-メチルイソボルネオール，ジオスミン)の問題を引き起こす．浄水場では活性炭やオゾンによる高度処理で対応を図っているが，水源対策として，富栄養化対策(曝気循環対策，流入河川対策，バイパスなど)や，放流水の直接浄化対策などによる水質改善も必要とされている．

(5) 河川における水質事故

河川では，油類の流出や化学物質の流出などに代表される水質事故の例が毎年報告されている．

1998(平成10)年の一級河川の水質事故の報告では，件数は516件であり，その原因は油類の流出85%，化学物質の流出5%，土砂・糞尿などの流出4%，その他6%(原因物質の特定できない魚の浮上死など)となっている．

このような水質事故に対しては，速やかに関係機関などに通報・連絡するとともに関係機関が協力してオイルフェンスの設置などの対策を講じることになっている．

一級河川については，河川水質汚濁防止対策などのほか，緊急事態発生時における措置などに関する協力体制確保のため，1991(平成3)年7月までに全国109の一級河川全水系で河川管理者と関係行政機関で構成する水質汚濁連絡協議会が設立されている．

また，1997(平成9)年の『河川法』の改正では，「河川の維持」について，このような水質事故では原因者による施行または費用負担まで求められるように措置されてきている．

(6) 河川の直接浄化

河川の浄化としては，汚濁の著しい河川における浚渫や浄化用水の導水による方法が1969(昭和44)年より浄化事業として実施されている．1994(平成6)年度には河道整備事業，河川利用推進事業とこの河川浄化事業を統合し，河川環境整備事業として進められるようになった．

これらとは別に，汚濁の改善に時間を要する河川などでは流入する中小河川や水路の汚濁水を河川区域内などを利用して直接的に浄化する試みが1978(昭和53)年頃から実施されるようになった．1981(昭和56)年には多摩川の流入支川の一

つである野川の最下流部において，多摩川の河川敷に礫を用いた $1\,\mathrm{m^3/s}$ の本格的な河川浄化施設を設けて直接浄化を実施した．それ以後，礫やその他の素材を用いた河川での直接浄化施設が全国で実施されるようになり，河川の水質保全に貢献するものとなっている．

1.2 日本の水環境保全行政

1.2.1 水質環境基準

(1) 概　要

　水質汚濁に関わる環境基準は，水質保全行政の目標として公共用水域の水質について達成し，維持することが望ましい基準を定めたものであり，人の健康の保護に関する環境基準と生活環境の保全に関する環境基準の2つからなっている．

　前者の健康項目については公共用水域一律に定められているが，後者の生活環境項目については，河川，湖沼，海域ごとに利用目的に応じた水域類型を設けてそれぞれ基準値を定め，各公共用水域について水域類型の指定を行うことにより水域の環境基準が具体的に示されることとなっている．

(2) 健康項目

　人の健康の保護に関する環境基準は，カドミウム，シアンなど9項目について基準を定めていたが，様々な有害物質による公共用水域の汚染を防止し，国民の健康の保護を図るため，水道水質に関する基準の拡充・強化などの動きも踏まえ，1993(平成5)年3月にトリクロロエチレンをはじめとする9項目の有機塩素系化合物，シマジンをはじめとする4項目の農薬など合計15項目を追加し，有機リンについては環境基準項目から削除した．また，鉛およびヒ素について基準値の強化を行った．さらに，1999(平成11)年2月，フッ素，ホウ素ならびに硝酸性窒素および亜硝酸性窒素の3項目が追加され，現在，**表 1.2**に示される26項目が環境基準の健康項目となっている．ただし，フッ素およびホウ素については，海域には基準が適用されないこととなっている．

　2000(平成12)年度全国公共用水域水質測定結果[1]によると，この健康項目の環境基準の達成率は，従来の23項目について99.4%，新規の3項目を含めても99.2%であった(**表 1.3**)．また，**図 1.2**に示した健康項目の基準値超過率の推移から健康項目が問題とされる箇所はかなり限定されてきていることがわかる．

第1章 水質環境管理の現状と課題

表 1.2 人の健康の保護に関する環境基準(公共用水域および地下水)

項　　目	基　準　値	項　　目	基　準　値
カドミウム	0.01 mg/L 以下	1,1,1-トリクロロエタン	1 mg/L 以下
全シアン	検出されないこと	1,1,2-トリクロロエタン	0.006 mg/L 以下
鉛	0.01 mg/L 以下	トリクロロエチレン	0.03 mg/L 以下
六価クロム	0.05 mg/L 以下	テトラクロロエチレン	0.01 mg/L 以下
ヒ素	0.01 mg/L 以下	1,3-ジクロロプロペン	0.002 mg/L 以下
総水銀	0.0005 mg/L 以下	チウラム	0.006 mg/L 以下
アルキル水銀	検出されないこと	シマジン	0.003 mg/L 以下
PCB	検出されないこと	チオベンカルブ	0.02 mg/L 以下
ジクロロメタン	0.02 mg/L 以下	ベンゼン	0.01 mg/L 以下
四塩化炭素	0.002 mg/L 以下	セレン	0.01 mg/L 以下
1,2-ジクロロエタン	0.0004 mg/L 以下	ホウ素	1 mg/L 以下
1,1-ジクロロエタン	0.02 mg/L 以下	フッ素	0.8 mg/L 以下
シス-1,2-ジクロロエチレン	0.04 mg/L 以下	硝酸性窒素および亜硝酸性窒素	10 mg/L 以下

注) 年間平均値により評価．ただし，全シアンについては最高値評価．海域においては，フッ素，ホウ素の基準値は適用しない．
(1999年2月改訂)

表 1.3 健康項目の環境基準達成状況(平成12年度)[1]

測定項目	調査対象地点数	環境基準値を超える地点数	測定項目	調査対象地点数	環境基準値を超える地点数
カドミウム	4 647	1(0)	トリクロロエチレン	3 842	0(0)
全シアン	4 152	1(0)	テトラクロロエチレン	3 842	0(0)
鉛	4 762	8(7)	1,3-ジクロロプロペン	3 629	0(0)
六価クロム	4 329	0(0)	チウラム	3 563	0(0)
ヒ素	4 711	16(22)	シマジン	3 564	0(0)
総水銀	4 512	0(0)	チオベンカルブ	3 560	0(0)
アルキル水銀	1 541	0(0)	ベンゼン	3 628	0(0)
PCB	2 408	0(0)	セレン	3 573	0(0)
ジクロロメタン	3 673	4(3)	硝酸性窒素および亜硝酸性窒素	3 993	4(4)
四塩化炭素	3 699	0(0)	フッ素	3 048	11(11)
1,2-ジクロロエタン	3 661	5(1)	ホウ素	2 782	0(1)
1,1-ジクロロエチレン	3 648	0(0)	合計(実地点数)	5 724 (5 889)	57(47)
シス-1,2-ジクロロエチレン	3 649	0(0)	(うち新規3項目以外)	5 248 (5 458)	32(31)
1,1,1-トリクロロエタン	3 712	0(0)	環境基準達成率(新規3項目を含む)	99.2 %(99.2 %)	
1,1,2-トリクロロエタン	3 648	0(0)	環境基準達成率(新規3項目を除く)	99.4 %(99.4 %)	

注1) ( )は平成11年度の数値．
　2) 新規3項目とは，硝酸性窒素および亜硝酸性窒素，フッ素ならびにホウ素を指し，平成11年度から全国的に水質測定を開始．
　3) フッ素およびホウ素の測定地点数には，海域の測定地点のほか，河川または湖沼の測定地点のうち海域の影響により環境基準を超えた地点も含まれていない．
　4) 合計欄の超過地点数は実数であり，同一地点において複数項目の環境基準を超えた場合には超過地点数を1として集計した．なお，平成12年度は3地点において2項目が環境基準を超えている．

1.2 日本の水環境保全行政

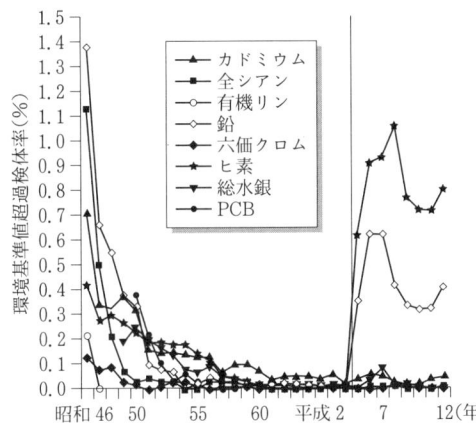

注1) アルキル水銀は昭和46年度以降超過検体率は0％である。
 2) 平成5年3月の環境基準改正により，鉛の環境基準値は0.1 mg/L から0.01 mg/L へ，ヒ素の環境基準値は0.05 mg/L から0.01 mg/L へそれぞれ改訂され，有機リンの環境基準値(検出されないこと)は削除された．

図1.2 健康項目に係る環境基準値超過検体率の推移（8項目）[1]

表1.4 水質要監視項目および指針値

測定項目	指針値	測定項目	指針値
クロロホルム	0.06 mg/L 以下	EPN	0.006 mg/L 以下
トランス-1,2-ジクロロエチレン	0.04 mg/L 以下	ジクロルボス	0.01 mg/L 以下
1,2-ジクロロプロパン	0.06 mg/L 以下	フェノブカルブ	0.02 mg/L 以下
p-ジクロロベンゼン	0.3 mg/L 以下	イプロベンホス	0.008 mg/L 以下
イソキサチオン	0.008 mg/L 以下	クロルニトロフェン	—
ダイアジノン	0.005 mg/L 以下	トルエン	0.6 mg/L 以下
フェニトロチオン	0.003 mg/L 以下	キシレン	0.4 mg/L 以下
イソプロチオラン	0.04 mg/L 以下	フタル酸ジエチルヘキシル	0.06 mg/L 以下
オキシン銅	0.04 mg/L 以下	ニッケル	0.01 mg/L 以下
クロロタロニル	0.04 mg/L 以下	モリブデン	0.07 mg/L 以下
プロピザミド	0.008 mg/L 以下	アンチモン	0.002 mg/L 以下

注) 1999年2月改訂

1993(平成5)年3月に健康項目の追加が行われた際，人の健康の保護に関係する物質であり，引き続き知見の集積に努めるべきとする物質が「要監視項目」として指定された．農薬12種類とクロロホルムなど計25物質であったが，1999年2月に硝酸性窒素および亜硝酸性窒素，フッ素，ホウ素の3項目が健康項目に移行したため，現在22項目となっている（**表1.4**）．

(3) **生活環境項目**

生活環境項目については，BOD，COD，DOなどの基準が河川，湖沼，海域別に告示され，それぞれの水域の利水目的に合わせて環境基準の類型が指定されるようになった．また，1982(昭和57)年，湖沼の富栄養化対策を目的にして，

第1章 水質環境管理の現状と課題

湖沼の全窒素，全リンに関わる環境基準が告示された．湖沼の窒素およびリンに関わる環境基準については，1996(平成8)年度までに，琵琶湖(2水系)など合計48水域(44湖沼)について類型指定が行われた．同様に，海域についても窒素およびリンに関わる環境基準が1993(平成5)年に設定され，1998(平成10)年4月まで

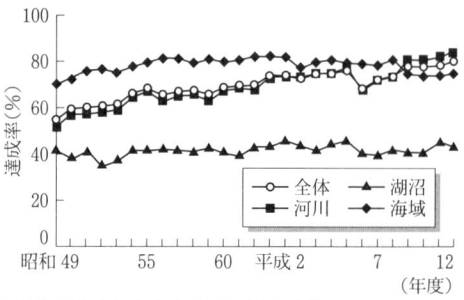

注 1) 河川 BOD，湖沼および海域は COD
2) 達成率(%)＝(達成水域数／あてはめ水域数)×100

図 1.3 環境基準(BODまたはCOD)達成率の推移[1]

に東京湾・伊勢湾・瀬戸内海について，2000(平成12)年3月に有明海と主要な閉鎖性海域についてその類型あてはめが行われている．

生活環境の保全に関する環境基準値は，各公共用水域の利用目的が水域ごとに多岐多様であることから，自然環境保全，水道，水産，工業用水，農業用水，環境保全などの様々な視点から設定されている．河川，湖沼，海域別の環境基準値を表 1.5～表 1.7 に示し，環境基準値の設定根拠の概要を表 1.8 に示した．また，BOD，COD で代表される生活環境項目の環境基準の達成率の推移を図 1.3 に示す．

表 1.5 生活環境の保全に関する環境基準(河川)

類型	項目 利用目的の適応性	基　　準　　値				
		pH	BOD (mg/L)	SS (mg/L)	DO (mg/L)	大腸菌群数 (MPN /100 mL)
AA	水道1級，自然環境保全およびA以下の欄に掲げるもの	6.5以上 8.5以下	1以下	25以下	7.5以上	50以下
A	水道2級，水産1級，水浴およびB以下の欄に掲げるもの	6.5以上 8.5以下	2以下	25以下	7.5以上	1 000以下
B	水道3級，水産2級およびC以下の欄に掲げるもの	6.5以上 8.5以下	3以下	25以下	5以上	5 000以下
C	水産3級，工業用水1級およびD以下の欄に掲げるもの	6.5以上 8.5以下	5以下	50以下	5以上	―
D	工業用水2級，農業用水およびEの欄に掲げるもの	6.0以上 8.5以下	8以下	100以下	2以上	―
E	工業用水3級，環境保全	6.0以上 8.5以下	10以下	ゴミなどの浮遊が認められないこと	2以上	―

注 1) 日間平均値により評価．
2) 農業用利水点については，水素イオン濃度6.0以上7.5以下，溶存酸素量5 mg/L以上とする．

表 1.6 生活環境の保全に関する環境基準(湖沼)

項目 類型	利用目的の適応性	基準値				
		pH	COD (mg/L)	SS (mg/L)	DO (mg/L)	大腸菌群数 (MPN/100 mL)
AA	水道1級,水産1級,自然環境保全およびA以下の欄に掲げるもの	6.5以上 8.5以下	1以下	1以下	7.5以上	50以下
A	水道2,3級,水産2級,水浴およびB以下の欄に掲げるもの	6.5以上 8.5以下	3以下	5以下	7.5以上	1 000以下
B	水産3級,工業用水1級,農業用水およびC以下の欄に掲げるもの	6.5以上 8.5以下	5以下	15以下	5以上	—
C	工業用水2級,環境保全	6.0以上 8.5以下	8以下	ゴミなどの浮遊が認められないこと	2以上	—

注 1) 日間平均値により評価.
  2) 農業用利水点については,水素イオン濃度6.0以上7.5以下,溶存酸素量5 mg/L以上とする.

項目 類型	利用目的の適応性	基準値	
		全窒素(mg/L)	全リン(mg/L)
I	自然環境保全および以下の欄に掲げるもの	0.1以下	0.005以下
II	水道1,2,3級(特殊なものを除く)水産1級,水浴および以下の欄に掲げるもの	0.2以下	0.01以下
III	水道3級(特殊なもの)および以下の欄に掲げるもの	0.4以下	0.03以下
IV	水産2級およびVの欄に掲げるもの	0.6以下	0.05以下
V	水産3級,工業用水,農業用水,環境保全	1以下	0.1以下

注) 年間平均値により評価.

表 1.7 生活環境の保全に関する環境基準(海域)

項目 類型	利用目的の適応性	基準値				
		pH	COD (mg/L)	DO (mg/L)	大腸菌群数 (MPN/100 mL)	n-ヘキサン抽出物質(油分)
A	水産1級,水浴,自然環境保全およびB以下の欄に掲げるもの	7.8以上 8.3以下	2以下	7.5以上	1 000以下	検出されないこと
B	水産2級,工業用水およびCの欄に掲げるもの	7.8以上 8.3以下	3以下	5以上	—	検出されないこと
C	環境保全	7.0以上 8.3以下	8以下	2以上	—	—

注 1) 日間平均値により評価.
  2) 水産1級のうち,生食用原料カキの養殖の利水点については,大腸菌群数70 MPN/100 mL以下とする.

項目 類型	利用目的の適応性	基準値	
		全窒素(mg/L)	全リン(mg/L)
I	自然環境保全および以下の欄に掲げるもの(水産2種および3種を除く)	0.2以下	0.02以下
II	水産1種,水浴および以下の欄に掲げるもの(水産2種および3種を除く)	0.3以下	0.03以下
III	水産2種およびIVの欄に掲げるもの(水産3種を除く)	0.6以下	0.05以下
IV	水産3種,工業用水,生物生息環境保全	1以下	0.09以下

注) 年間平均値により評価.

第 1 章　水質環境管理の現状と課題

表 1.8　河川・湖沼・海域に

	河川		湖沼 （天然湖沼および貯水量 1 000 万 m^3 以上の人工湖）
pH	・8.5 以上で塩素の殺菌力が減少する． ・6.5 以下で凝集効果が悪化する． ・水道管の腐食面からは 6.5～8.5 が適当． ・6.5～8.5 の範囲を逸脱すると，入浴する人の眼に刺激を与える． ・水産動植物の生育に関しては 6.0～7.5 が適当．		
BOD	・水道原水の多くが 1 mg/L 以下． ・小規模水道の管理能力や水質の安全性の面からは，1 mg/L 以下が適当． ・飲料としては，3 mg/L を超えると，特殊な処理が必要． ・水産動植物に対する影響としては，ヤマメ・イワナ：2 mg/L 以下，アユ・サケ：3 mg/L 以下，コイ・フナ：5 mg/L 以下が適当． ・環境保全の面からは，10 mg/L が悪臭限界．	COD	・1.0 mg/L 以下では人為的な汚染がなく，自然景観という利水目的に適する． ・水源湖沼のほとんどが COD 3 mg/L 以下． ・水産生物に対する影響として，ヒメマスなど：1 mg/L 以下，アユなど：3 mg/L 以下，コイ・フナ：5 mg/L 以下が適当． ・水浴については，3 mg/L 以下，工業用水・環境保全の面からは，8 mg/L 以下で問題は生じない． ・イネの活力低下，根腐れの発生などから，農業用水としては 6 mg/L 以下が望ましい．
SS	・水産生物は，25 mg/L 以下で正常な生産活動が維持でき，50 mg/L 以下で瀕死の被害を防止できる． ・25 mg/L 以下が緩速ろ過で処理するのに適当． ・土壌の透水性悪化，生育阻害などを考慮すると，農業用水としては 100 mg/L 以下が適当． ・日常生活において不快感を生じない限度としては，ゴミの浮遊などが認められないこと．	SS	・一般に透明度が 3 m 以上の時，1 mg/L 以下であることから，自然景観的な湖沼では，1 mg/L 以下が適当． ・琵琶湖や諏訪湖，印旛沼などの測定データを参考にして基準値を設定． ・日常生活において不快感を生じない限度としては，ゴミの浮遊などが認められないこと．
DO	・水質汚濁防止に関する勧告では，7.5 mg/L 以上が比較的水質の良好な水域とされている． ・水道用水の面で，オハイオ州の流水基準は 5.0 mg/L 以上． ・農業用利水については，根腐れなどの障害を考慮して 5 mg/L 以上が適当． ・臭気が生じない限界としては，2 mg/L 以上が適当．	DO	・比較的清浄な湖沼では 7.5 mg/L 以上． ・アユ・サケ：7.5 mg/L 以上，コイ・フナ：6 mg/L 以上，プランクトンの存在によっては 5 mg/L が限界（水産用水基準より）． ・臭気が生じない限界としては，2 mg/L 以上が適当．
大腸菌群数	・50 MPN/100 mL が水道で塩素滅菌による死滅させうる大腸菌群数の安全限界値． ・浄水処理において，通常の管理操作を想定した水道 2 級では 1 000 MPN/100 mL，高度な浄水操作を想定した水道 3 級では 2 500～3 000 MPN/100 mL が安全限界値． ・水浴場の基準としては 1 000 MPN/100 mL 以下が適当（生活環境審議会答申）．		
		窒素・リン	・透明度を美観上十分に保つためには，クロロフィル a 濃度を 1.0 μg/L 以下に保つ必要があること，および実際に透明度が維持されている湖沼の濃度を勘案． ・水道については，緩速ろ過障害ほか，浄化操作上の各種障害およびカビ臭などの発生防止の観点から設定． ・水浴の基準は，昭和 40 年代当初の良好な琵琶湖（北湖）の水質を勘案． ・水産生物の面から，自然の繁殖・生育が行われる条件を検討． ・農林水産省の定めた水稲に被害が生じないための T-N の基準として 1 mg/L 以下を設定． ・工業用水利用上は，障害の生じていない主要な湖沼の水質を勘案． ・環境保全の面から，悪臭を放つ湖沼の水質を勘案．

1.2 日本の水環境保全行政

おける環境基準値の設定根拠

	海域
pH	・自然条件から海域の 7.8〜8.3 の範囲にある. ・環境保全上の問題では，7.0〜8.3 の範囲で問題なし.
COD	・赤潮の防止および魚類の生息できる濃度を勘案して 2 mg/L 以下に設定. ・ノリ漁場については，芽傷み，糸状菌の発生，ノリ漁場の水質濃度を参考に 3 mg/L 以下に設定. ・工業用水は，3 mg/L 以下で冷却水として利用可能. ・環境保全の面からは，8 mg/L が悪臭限界.
DO	・水産については，5 mg/L 以上で十分と考えられる. ・実測値から 7.5 mg/L 以上で人為的汚染がない. ・環境保全の面からは，2 mg/L が臭気限界.
大腸菌群数	・河川と同様の考え方で設定. ・ただし，生食用カキの養殖場では，70 MPN/100 mL 以下(食品衛生法による厚生省告示)を採用.
n-ヘキサン抽出物質	・海域の油濁は，異臭魚の発生，海水浴場の環境保全上の支障，水産生物に対する被害の恐れなどから問題とされた. ・油分濃度と着臭の関係について様々な研究報告がされているが，低濃度の油分測定に限界(定量限界 0.5 mg/L)があるため，基準は検出されないこととなっている.
窒素・リン	・清澄な水質を確保するために 10 m 程度の透明度が必要であること，および，日本周辺外洋域の窒素，リン濃度を勘案. ・水浴について既存の水浴場近傍の平均的な透明度が 6 m 以上であることと，植物プランクトンの増殖による障害例を勘案. ・生物生息上は，夏季においても底層の溶存酸素濃度が 2 mg/L 以上であることを目標とした. ・水産については，大阪湾および広島湾における主な魚介類の漁獲量と水質との関係に関する検討結果などから決定. ・工業用水の基準は，原料用水として利用する際のろ過器の目詰まりなどの障害および現在工業用水として利用されている水域の水質の状況を勘案.

1.2.2 排水基準

(1) 排水規制

『水質汚濁防止法』では，公共用水域へ汚水を排出する施設を設置する工場，事業場からの排出水に対して排水基準を定めている．排水基準の対象となる施設は，健康項目の有害物質を排出するか，COD その他の生活環境項目について一定量以上の排出をする施設であり，これは「特定施設」として政令で定められる．これらの排水規制の適用を受ける工場や事業場は，1999(平成 11)年度末で約 30 万事業場にのぼっている．

(2) 一律基準

国が定める排水基準(一律基準)については，2001(平成 13)年時点，健康項目として 27 項目，生活環境項目として 15 項目に関する基準値が設けられている．その数値を**表 1.9**に示す．

有害物質に関する全国一律の排水基準値は，多くの項目については人の健康の保護に関する水質環境基準値の 10 倍に設定されている．これは，排水が排水口から公共用水域に至る間に，少なくとも約 10 倍程度には希釈されるという想定によっている．

一方，生活環境項目に関する排水基準値は，BOD，COD，SS，全窒素，全リンについては，家庭下水を簡易な沈殿法で処理した場合の値と同等として定められ，最大値に加えて日平均値も定められている．この生活環境項目に関わる排水基準値は，1 日当りの平均的な排出水の量が $50~\mathrm{m}^3$ 以上の工場または事業場に適用される．

(3) 上乗せ基準

汚濁発生源が集中する水域などにおいては，国が定める一律基準によって環境基準を達成することが困難になる場合がある．このような水域については，都道府県が条例で一律基準よりも厳しい基準を定めることができるようになっており，これを上乗せ基準という．上乗せ基準が定められた時は，その基準値によって『水質汚濁防止法』の規制が適用される．上乗せ基準は，全国都道府県においてその地域の実情に応じて定められている．

1.2 日本の水環境保全行政

表 1.9 一律排水基準[2]

(a) 健康項目

有害物質の種類	許容限度
カドミウムおよびその化合物	0.1 mg/L
シアン化合物	1 mg/L
有機リン化合物(パラチオン,メチルパラチオン,マチルジメトンおよびEPNに限る)	1 mg/L
鉛およびその化合物	0.1 mg/L
六価クロムおよびその化合物	0.5 mg/L
ヒ素およびその化合物	0.1 mg/L
水銀化合物およびアルキル水銀その他の水銀化合物	0.005 m/L
アルキル水銀化合物	検出されないこと
ポリ塩化ビフェニル	0.003 mg/L
トリクロロエチレン	0.3 mg/L
テトラクロロエチレン	0.1 mg/L
ジクロロメタン	0.2 mg/L
四塩化炭素	0.02 mg/L
1,2-ジクロロエタン	0.04 mg/L
1,1-ジクロロエチレン	0.2 mg/L
シス-1,2-ジクロロエチレン	0.4 mg/L
1,1,1-トリクロロエタン	3 mg/L
1,1,2-トリクロロエタン	0.06 mg/L
1,3-ジクロロプロペン	0.02 mg/L
チウラム	0.06 mg/L
シマジン	0.03 mg/L
チオベンカルブ	0.2 mg/L
ベンゼン	0.1 mg/L
セレンおよびその化合物	0.1 mg/L
ホウ素およびその化合物	海域以外 10 mg/L
	海域 230 mg/L
フッ素およびその化合物	海域以外 8 mg/L
	海域 15 mg/L
アンモニア,アンモニウム化合物,亜硝酸化合物および硝酸性化合物	(＊)100 mg/L

(＊) アンモニア性窒素に 0.4 を乗じたもの,亜硝酸性窒素および硝酸性窒素の合計量.

注) 「検出されないこと」とは,環境大臣が定める方法により排出水の汚染状態を検定した場合において,その結果が当該検定方法の定量限界を下回ることをいう.

(b) 生活環境項目

有害物質の種類	許容限度
水素イオン濃度(pH)	海域以外 5.8〜8.6　海域 5.0〜9.0
生物化学的酸素要求量(BOD)	160 mg/L（日平均 120 mg/L）
化学的酸素要求量(COD)	160 mg/L（日平均 120 mg/L）
浮遊物質量(SS)	200 mg/L（日平均 150 mg/L）
n-ヘキサン抽出物質含有量(鉱油類含有量)	5 mg/L
n-ヘキサン抽出物質含有量(動植物油脂類含有量)	30 mg/L
フェノール類含有量	5 mg/L
銅含有量	3 mg/L
亜鉛含有量	5 mg/L
溶解性鉄含有量	10 mg/L
溶解性マンガン含有量	10 mg/L
クロム含有量	2 mg/L
大腸菌群数	日平均 3 000/cm^3
窒素含有量	120 mg/L（日平均 60 mg/L）
リン含有量	16 mg/L（日平均 8 mg/L）

注 1) この表に掲げる排水基準は,1日当りの平均的な排出水の量が 50 m^2 以上である工場または事業場に係る排出水について適用する.
2) 生物化学的酸素要求量(BOD)についての排水基準は,海域および湖沼以外の公共用水域に排出される排出水に限って適用し,化学的酸素要求量(COD)についての排水基準は,海域および湖沼に排出される排出水に限って適用する.
3) 窒素含有量についての排水基準は,窒素が湖沼植物プランクトンの著しい増殖をもたらすおそれがある湖沼として環境大臣が定める湖沼,海洋植物プランクトンの著しい増殖をもたらすおそれがある海域として環境大臣が定める海域およびこれらに流入する公共用水域に排出される排出水に限って適用する.
4) リン含有量についての排水基準は,リンが湖沼植物プランクトンの著しい増殖をもたらすおそれがある湖沼として環境大臣が定める湖沼,海洋植物プランクトンの著しい増殖をもたらすおそれがある海域として環境大臣が定める海域およびこれらに流入する公共用水域に排出される排出水に限って適用する.

1.2.3 水質総量規制

(1) 総量規制制度

水質総量規制制度は，人口，産業などが集中し汚濁が著しい広域的な閉鎖性水域において，水質環境基準を確保することを目的として，当該水域の水質に影響を及ぼす汚濁負荷量を全体的に削減しようとする制度であり，1978(昭和53)年に『水質汚濁防止法』および『瀬戸内海環境保全臨時措置法』の改正により導入された．これにより，東京湾，伊勢湾，瀬戸内海の3海域について，有機汚濁の代表項目であるCODを指定項目として，この負荷量の総量削減計画が策定されることとなった．

これまで，1984(昭和59)年度，1989(平成元)年度，1994(平成6)年度，1999(平成11)年度を目標年度として，4次にわたり総量規制が実施されてきており，その削減目標量の達成のため下水道などの生活排水処理施設の整備の促進，工場・事業場などの総量規制基準の強化，総量規制基準が適用されない小規模事業場における削減指導などの汚濁負荷削減対策およびその他の諸対策が総合的に推進されている．

(2) 総量規制基準

総量削減計画に基づく負荷量削減対策の中心をなすのは，総量規制基準による規制である．総量規制基準は，1日当りの排水量が50 m^3 以上の特定事業場に適用され，事業場ごとに汚濁負荷量の値を許容限度として示すようになっている．

総量規制は，各事業場の排水の放流水量と排水のCOD濃度の積による負荷量で規制がなされるが，この場合，計算の基準となるCOD濃度についてあらかじめ数値が設定される．この濃度を一般にC値と称しているが，各事業場の業種によってこのC値の範囲が設定されている．例えば，日平均排水量が1000 m^3 以上の畜産農業については，既設について40〜60 mg/L，新設について30〜50 mg/LとC値の範囲が定まっている．総量規制の実際の監視を行う都道府県はこの範囲から適宜C値を定め，各事業場の許容負荷量を示すこととなる．

(3) 生活排水対策

総量規制制度では，総量規制基準の強化による排水負荷量の削減の他，各種の

汚濁負荷削減対策の推進も含めて，削減目標の達成が図られる．特に生活系の汚濁負荷対策としては下水道などの生活排水処理の推進が重要となってくる．下水道のような集合処理が適さない地域においては，単独処理浄化槽から合併処理浄化槽への転換などによる負荷量削減施策が推進されている．

下水道や浄化槽の供用人口は，汲取り人口の減少とともに，大幅に上昇してきており，2001(平成13)年度末の下水道の人口普及率は，63.5％に達している．下水道の整備は**表 1.10**に示す5カ年計画により着々と進められてきているが，このうちのかなりの部分が総量規制による削減対策に関連づけられるものと理解される．

表 1.10 下水道整備5カ年計画による下水道普及率と建設費の推移

下水道整備5カ年計画	第三次	第四次	第五次	第六次	第七次
西暦年度	1971〜75	1976〜80	1981〜85	1986〜90	1991〜95
総建設費（兆円）	2.6	6.9	8.5	11.7	16.7
処理区域 人口増加（万人）	935	903	879	1 064	1 286
普及率増加率（％）	16→23	23→30	30→36	36→44	44→54
建設単価（万円/人）	28	76	96	110	130

注）建設省都市局下水道部監修「日本の下水道(平成11年)」より作成

(4) 窒素，リンの項目の追加

閉鎖性海域のCODの環境基準の達成を図るためには，陸域から流入するCOD負荷のみならず，対象水域内において窒素，リンの栄養塩で増殖する植物性プランクトンによる有機汚濁(内部生産)を抑制する必要がある．2000(平成12)年2月，中央環境審議会より答申がなされた『第5次水質総量規制の在り方について』を踏まえ，2004(平成16)年度を目標年度とする窒素，リンの項目を加えた第5次水質総量規制制度が発効している．

1.2.4 湖沼水質保全特別措置法（湖沼法）

(1) 湖沼法制定の経緯

湖沼は，閉鎖性の水域であり，水の滞留時間が長く，汚濁物質が蓄積しやすいため，水質汚濁の影響を受けやすく，河川や海域に比して環境基準の達成状況が悪い．また，富栄養化に伴い水道のろ過障害や異臭味問題，水産被害などの障害が生じている．

こうした背景の中，1979(昭和 54)年，滋賀県において『滋賀県琵琶湖の富栄養化の防止に関する条例』が制定された．この条例は，日本で初めて窒素およびリンの排水規制を盛り込んだのをはじめ，リンを含む洗剤の使用禁止など，水質保全のための制限や各種の幅広い方策が規定された点で画期的であった．また，1981(昭和 56)年，茨城県においても同様に，『茨城県霞ヶ浦の富栄養化の防止に関する条例』が制定された．

湖沼の水質汚濁の要因は，従来の排水規制の対象となる工場，事業場のみならず，小規模事業場排水や生活排水による汚濁負荷量の割合が大きく，また農畜水産系の汚濁負荷など多岐にわたっている．このため，湖沼の水質保全のためには従来からの『水質汚濁防止法』による規制では十分ではないという認識のもとに，1984(昭和 59)年，『湖沼水質保全特別措置法』(湖沼法)が制定された．

(2) 湖沼法の内容

湖沼法は，以下のようなことを内容としている．

① 国は，全国の湖沼を対象をして，その水質保全を図るための基本方針を定め，公表する．

② 環境大臣は，都道府県知事の申出に基づき，湖沼の水質環境基準の保つため，特に総合的な施策が必要な湖沼(指定湖沼)およびその湖沼の水質汚濁に関係のある地域(指定地域)を指定する．

③ 都道府県知事は，関係機関などの合意を得て，指定湖沼ごとの自然的，社会的条件に応じた各種の水質保全施策を組み合わせた湖沼水質保全計画を策定する．

④ 湖沼の水質保全を図るために，湖沼水質保全計画に基づき，下水道や屎尿処理設備などの生活排水対策，底泥浚渫，曝気などの湖沼浄化対策を推進する．

⑤ 工場および事業場などの規制対象施設の拡大を含め，各発生源の特性に応じたきめ細かな規制を行う．

⑥ 規制対象以外の発生源に必要な指導，助言および勧告をする．

⑦ 指定湖沼の水質保全のため，緑地の保全，その他湖辺の自然環境の保護を図る．

以上に示した，湖沼水質保全の基本方針，保全計画ならびに対策の具体的な内

1.2 日本の水環境保全行政

表 1.11 湖沼法の内容

		内　　容	背景・備考など
湖沼水質保全施策の基本的方向	1)	望ましい水質の湖沼：現状を維持に努める．望ましい水質が保たれない湖沼：水質保全対策の充実・強化に努める．	湖沼は水質汚濁が進みやすく，いったん汚濁すると改善が容易でない．
	2)	関連する水質項目(COD，T-N，T-P)に関し，所要の措置を講ずる．	富栄養化の起因となる有機汚濁と栄養塩類が湖沼の水質に影響を及ぼす．
	3)	各分野関係者の協力を得て，全体的に均衡のある対策を推進する．水質保全上の自然の有する機能に配意した取組を図る．	水質汚濁の発生原因は多岐にわたるため，特定の汚濁源のみに着目することは効果的でない．
湖沼水質保全計画の策定	1)	公共用水域に排出される汚濁負荷量把握，および将来汚濁負荷量の推移を推計し，影響の予測をする．	
	2)	計画期間内に実施可能な水質保全対策の総合的検討，およびその効果を推計する．	
	3)	1)，2)の結果を踏まえて，計画目標を明確にし，それを達成するための対策をとりまとめる．湖沼水質保全計画の策定にあたっては，諸行政施策および計画との整合を図る．	
具体的な対策の方向	1)	下水道，屎尿処理施設などの整備：公共下水道の整備を推進し，また公共下水道整備の現状および将来動向を勘案して，屎尿および生活雑排水の公共的な処理施設を整備する．	
	2)	工場・事業場排水対策：特定事業場に対する排水規制，汚濁負荷量の規制．その他の事業場に対する汚濁負荷の抑制などの指導．	
	3)	家庭排水対策：浄化槽の適正な設置および管理，生活雑排水の適性処理の促進，食物残渣の流出防止など．	
	4)	畜産業に係る汚濁負荷対策：排水規制，管理に関する規制，家畜糞尿処理施設の整備など．	
	5)	魚類養殖に係る汚濁負荷対策：魚類養殖施設の管理に関する規制など．	
	6)	その他の汚濁負荷対策：農地からの流出負荷，および市街地の降雨流出負荷の実態把握およびその対策．	
	7)	浚渫その他の浄化対策：底質などに起因する汚濁に対する浚渫，曝気，導水，水草除去などの水質浄化対策の推進．	
	8)	緑地の保全その他湖辺の自然環境の保護：関係諸制度の的確な運用を通じて緑地の保全その他自然環境の保護に努める．	

表 1.12　指定湖沼の指定年月日および湖沼水質保全計画の策定年月日[1]

湖　沼　名	指　定　年　月	計画の策定年月
霞ヶ浦	昭和60年12月	平成 9年3月(第3期)
印旛沼	〃	〃　　(　〃　)
手賀沼	〃	〃　　(　〃　)
琵琶湖	〃	〃　　(　〃　)
児島湖	〃	〃　　(　〃　)
諏訪湖	昭和61年10月	平成10年2月(　　)
釜房ダム貯水池	昭和62年9月	〃　　(　〃　)
中海	平成元年1月	平成12年3月(　　)
宍道湖	〃	〃　　(　〃　)
野尻湖	平成6年10月	〃　　(第2期)

容を表 1.11 に示す．また，これまでに指定された湖沼法による指定湖沼を表 1.12 に示す．

1.2.5 地下水汚染対策

　地下水は，温度変化が少なく一般に水質も良好であるため，重要な水資源として広く活用されており，わが国の都市用水(生活用水および工業用水)の約3割は地下水に依存している．しかしながら，地下水は流速もきわめて緩慢で，希釈が期待できないという特性を持つため，いったん汚染されるとその回復は非常に困難となる．

　1980年代にトリクロロエチレンなどによる地下水汚染が各地に広がっていることが明らかとなり，1989(平成元)年の『水質汚濁防止法』の改正により，有害物質を含む水の地下浸透の禁止および都道府県知事による地下水の常時監視の措置が整備された．さらに，地下水の総合的保全を図るため，『環境基本法』第16条に基づき，1997(平成9)年3月に，地下水の水質汚濁に係る環境基準を設定した．この環境基準は，すべての地下水に適用され，人の健康保護のための基準として公共用水域の環境基準健康項目と同じ26項目について同じ基準値が設定された．

　2000(平成12)年度に実施された全国の地下水質概況調査結果によると，調査対象井戸(4911本)の8.1％(398本)において環境基準を超過する項目が見られている．特に1999(平成11)年に新しく環境基準項目に追加された硝酸性窒素および亜硝酸性窒素については，6.1％の井戸で環境基準を超えていた．続いて超過率の大きい項目は，ヒ素(1.9％)，フッ素(0.8％)，トリクロロエチレン(0.5％)，ホウ素(0.5％)である．公共用水域および地下水における硝酸・亜硝酸性窒素の汚染源として，工場などからの排水，一般家庭からの生活排水，農用地への施肥があげられており，その対策が緊急の課題となっている．

1.2.6 水道に関する水源二法

　水道水は塩素によって消毒されるが，水道原水中にフミン質などの有機物が高いと，これが塩素と反応しトリハロメタンを生成する．トリハロメタンは，クロロホルム，ブロモジクロロメタン，ジブロモクロロメタン，ブロモホルムの4種類の化合物により構成され，発がん性が認められている物質である．また，トリハロメタンの生成の原因となる水質を評価するため，「トリハロメタン生成能」という水質項目が新たに定義された．

浄水場では，前塩素処理から中間塩素処理への変更，オゾン・活性炭処理などの高度浄水処理の導入などの対策を行ってきたが，これらに加え，水源汚染に対する抜本的な対策が求められていた．

以上の背景をもとに，水道水源の水質保全を目的として，水源二法と総称される『水道原水水質保全事業の実施の促進に関する法律』(事業促進法と略称)および『特定水道利水障害の防止のための水道水源水域の保全に関する特別措置法』(特別措置法と略称)が1994(平成6)年3月に制定された．前者の事業促進法は，トリハロメタン前駆物質や異臭味などによる水道水源の汚染に対処するため，下水道，合併処理浄化槽の整備事業および河川事業などを促進することを狙いとしたものであり，上流の自治体にもこうした事業の促進の要請ができるようになっている．後者の特別措置法は，水質保全のための計画の中でトリハロメタン生成能の項目を排水基準として新たに設定し，工場・事業場の規制ができるようにするものである．

1.2.7 水環境保全行政の対応と課題

(1) 負荷削減対策上の課題

a. 排水規制 『水質汚濁防止法』などを根拠とする排水基準，上乗せ基準などによる規制では，ある程度の規模以上の特定施設を持つ事業場などが対象となっている．ところが，従来の日本の産業構造では中小規模の事業場が多く，その大半は，規制の対象外であった．

また，規制対象の事業場でも，経営基盤の弱い所では，規制に対して十分な対応ができない状況もうかがえる．規制がより厳しくなる近年の傾向の中では，ますます難しい状況となりつつある．

b. 下水道整備 下水道整備の進捗状況は，都市部では順調であるが，中小都市や農村部では，なかなか普及率が伸びないうえに，投資効果も悪くなっている．

下水処理水の水質は，現状では必ずしも十分でない場合があり，下水道の普及により中小河川の水が枯渇してしまうなど，健全な水循環の構築という視点から解決すべき点も多い．

c. 面源負荷 現在の規制は，点源に対する効果は認められるが，面源負荷に

は効果がなく，畜産などを流域にかかえる閉鎖性水域などでは，富栄養化問題が深刻化している．このようにノンポイント汚濁源への対策の重要性が認識されているにもかかわらず，今のところ，有効な規制や対策が十分でなく，今後の取組が求められている．

(2) 法体系の課題

水に関する法と，それらの所轄官庁をまとめたものが**表 1.13**である．

流域単位で水を見ると，地表水から地下水に至るまで個別的，部分的に必要な法や基準があり，流域における一貫した水のあり方に対して統一性がとれていない．健全な水循環系の構築のためには，流域水管理という概念は不可欠である．先般の省庁再編では水行政一元化は不十分であったが，水環境保全のためには水行政が一体化し，水管理基本法などにより管理していくことが望まれる．

表 1.13 水に関する法律と所管官庁

所管官庁	根　　　　拠　　　　法　　　　律
内閣総理大臣	国土総合開発法，国土調査法，自然環境保全法，環境基本法，災害対策基本法，水資源開発公団法，水資源開発促進法，湖沼水質保全特別措置法，琵琶湖総合開発特別措置法，瀬戸内海環境保全特別措置法，公共土木施設災害復旧事業国庫負担法，豪雪地帯対策特別措置法
国土交通大臣	土地基本法，国土総合開発法，水資源開発促進法，水資源開発公団法，河川法，都市計画法，砂防法，地すべり等防止法，水害予防組合法，治山治水緊急措置法，特定多目的ダム法，水資源開発公団法，海岸法，公有水面埋立法，下水道法，下水道整備緊急措置法，日本下水道事業団法，浄化槽法，建築物用地下水の採取の規制に関する法律，気象業務法，水防法，海岸汚染防止及び海上災害の防止に関する法律
環境大臣	環境基本法，水質汚濁防止法，自然公園法，自然環境保全法，瀬戸内海環境保全特別措置法，工業用水法，建築物用地下水の採取の規制に関する法律，温泉法，浄化槽法
農林水産大臣	森林法，地すべり等防止法，水資源開発公団法，工業用水法
経済産業大臣	工業用水事業法，水資源開発公団法，工業用水法
厚生労働大臣	水道法，水資源開発公団法，下水道法，浄化槽法

1.3 諸外国の水質環境管理

1.3.1 米国の水質環境管理

(1) 水域保全に関する法律の歴史的な流れ

米国における水域保全に関する法律のうち,河川や水域などに関わるものについてその歴史的な流れを以下にまとめる.

① 1899年 Rivers and Harbors Act:米国初の商業活動を促進するために,水域の管理や保全に関して制定された連邦法である.

② 1948年 Water Pollution Control Act:水質保全のための技術的な支援や補助金を,州および地方自治体向けに制度化した法律である.

③ 1965年 Water Quality Act:州間の航行に関連して,水質基準を設定することを州に課した法律である.

④ 1972年 The Clean Water Act(CWA):水域における生物的,化学的,物理的な要因を統合的に捉えて,水域保全や修復の目標を提示している.さらに,水質基準の強化も行われており,大幅な改正が1977年に実施されているが,米国において最も重要な基本的な水質保全の法律である.本法の中には,排水の許可制度,下水処理場建設促進なども規定されている.

厳密には,United Code Title 33 Navigation and Navigable Waters Chap. 26 Water Pollution Prevention and Control における「Clean Water Act」として施行されている.

⑤ 1977年 Clean Water Act Amendments:毒性物質の管理強化と連邦による水質保全プログラムへの州責任を明記した改正である.

⑥ 1987年 Water Quality Act:この法律と連動してCWAの改正がなされている.その結果,水質目標の達成のために必要とされる,雨天時汚濁流出への対策,処理場建設の融資基金の創設,都市ノンポイント汚染問題の把握,感潮域保全プログラムなどの推進が実施されることなった.

⑦ 1996年 Safe Drinking Water Act Amendment:1974年に制定されたSafe Drinking Water Act の大幅な改正が行われた.この改正では,水源の

31

確保や保護に関する新たな取組について規定された．この取組は，CWAにおける水質汚濁防止や水域保全施策(Clean Water Program)と統合された形で実施されることとなった．

(2) Clean Water Action Plan の概要[9]

1972年のCWAの制定から25年経過した1997年に副大統領からの指示により提案された行動計画である．主たる目的は，CWAの当初の目標である「すべての国民に，釣りや水泳を楽しめる水域」を達成するために，課題の抽出，水資源浄化計画の強化策，全体的な対策の枠組のあり方について重要な提言がなされている．

CWA制定当時と現在との比較をすることで，25年間の水質浄化の成果は，**表 1.14**のようにまとめられる．

Clean Water Action Plan でポイントとなる手法は，以下の4つに集約整理されている．
① 流域ベースでの管理．
② 生態系や天然資源保護を意識した対策管理．
③ 厳しい水質基準による汚濁源対策．
④ 適切な情報提供．

特に，最初に記している①の「流域ベースでの管理」は，清浄な水は健全な管理が行われている流域において確保できるという考え方に基づいている．また，水質浄化目標達成の最も費用効果の高い汚濁対策を検討する対象領域あるいは境界として，流域を対象とすべきであると考えている．すなわち，水収支や水とともに移動する汚濁物収支を考えるためには，水文学的に流域単位とならざるを得ない．

この流域単位での管理の必要性は，以前から指摘されてきているが，連邦の行動計画として提言されたことが非常に意義あることである．しかし，この流域管理のあり方は，日本と同様に完全に確立している状態にあるとはいえそうにない．米国では，次のような流れの中で今まさに実効性のあるものへと確立されつつあるも

表 1.14 CWA制定後25年間の水質浄化の成果

項　目　名	1972年	現　在
釣りや水泳の適合水域	1/3	2/3
湿地減少率(acre/年)	460 000	70 000〜90 000
土壌侵食量(t/年)	22.5億	12.5億
下水道普及人口(万人)	8 500	17 300

のと考えられる.

この行動計画の提案の前年である 1996 年には，U.S.EPA[†] から"Watershed Approach Framework"が発表されている．この提言において，国内の水質改善が頭打ちになっている現状を打破するには，部門や分野を越えた総合的な連携を必要としており，公共，個人，企業を問わず，"community by community and watershed by watershed"での協力体制を築くことが求められている．この考えは，1991 年に U.S.EPA の Office of Water において Watershed Protection Approach として打ち出されているものをさらに発展したものである．

そして，1998 年には EPA's Watershed Approach として発表されている．さらに，2000 年には，Unified Federal Policy for a Watershed Approach to Federal Land and Resource Management が，U.S.EPA だけでなく農業省，商務省，防衛省，エネルギー省，内務省などが連携し，省庁を越えた枠組として，流域管理の必要性を共通認識として位置づけた統合的な連邦政策として告示されている．

また，④の「適切な情報提供」については，地域住民と行政機関との連携の必要性を示唆しているものである．そのためには，流域に関する情報を共有する必要があるため，情報公開という新たなプログラムの展開へとつながる．情報提供された地域住民と行政機関が連携して，流域に関する意思決定を行うことで，質の高い管理方法が実施に移されることが期待される．

適切な情報提供により可能となる「住民参加」は，流域における利害関係者の連携につながり，さらには Community Involvement として行動計画の駆動力となる.

(3) Watershed Approach について

いわゆる「流域管理」での 3 つの重要要素は，次のようにまとめられている.

① 水文学的，地理学的なユニットとしての流域：すなわち，自然の境界として流域を捉え，そのユニットの中での水のバランスや水域の連続性を検討することが重要であると考えている.

② 科学的知見に基づく絶え間ない改善：このアプローチには，科学的なデータ，ツール，技術が必須である．したがって，問題点の把握とその解決策の導出，行動計画の立案，そしてその対策効果の評価において，これらは欠かすことが

[†] U.S. Environmental Protection Agency

第1章 水質環境管理の現状と課題

できない．
③ パートナーシップと利害関係者の連携：流域という空間は，政治的，社会的，そして経済的な境界を越えて存在している．したがって，流域全体の目標に向けて，関連利害関係者が流域のチームとして活動し，連携することが求められている．

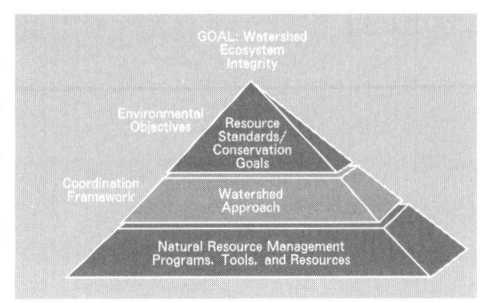

図 1.4 Watershed Management Frameworks[10]

すでにここ 10 年間の間に，州レベルではこの流域管理の取組がすすめられてきている．図 1.4 に示されるように，人間の健康保護と環境質の改善と維持のためには，流域の生態系が保全されることが最終的なゴールであり，そのための施策や活動を推進するには，環境目標や利害関係者の連携が必要となる．

(4) モニタリングに基づく流域汚染の把握

CWA のもとでは，2 年おきに国内の水質モニタリング(National WQ Inventory)結果を連邦議会に報告することが義務づけられている．例えば，1998 年における結果は表 1.15 のようにまとめられている．

達成の判断は，いわゆる水質環境基準との比較により行われる．判断基準の詳細は不明であるが，基準は州あるいは管理区域ごとに設定されており，代表的な水質観測データとの比較によって行われているものと想像される．
水質基準の要点は次の 3 つである．

表 1.15 河川などにおける水質評価のまとめ(1998 年)[11]

水　域	全体量	評価量* (全体中の割合)	良　好 (評価中の割合)	良好だが危険性あり (評価中の割合)	汚　染 (評価中の割合)
河　川 (mile)	3 662 255	842 426 (23%)	463 441 (55%)	85 544 (10%)	291 264 (35%)
湖　沼 (acre)	41 593 748	17 390 370 (42%)	7 927 486 (46%)	1 565 175 (9%)	7 897 110 (45%)
感潮域 (mile^2)	90 465	28 687 (32%)	13 439 (47%)	2 766 (10%)	12 482 (44%)

* 1 つ以上の水利用途目的を達していないと評価された水域．
注) 割合は丸めた数値のため合計が 100 ％を超えている場合がある．

1.3 諸外国の水質環境管理

① 水利用用途の指定(飲料水, 水泳, 釣りなど).
② 用途別の基準値の設定.
③ 現状からの汚染進行防止の方針.

水質基準を達成できていない水域はリストアップされて, 優先的に汚濁対策が実施されることとなる. それには, 最大汚濁許可負荷量として TMDL(total maximum daily load)が算定されるが, その際, 点源汚染だけでなく, 面源汚染, すなわちノンポイント汚染負荷も考慮に加えられる. 日本における総量規制の概念や, 流域別下水道整備総合計画における汚濁負荷解析における負荷量算定と同様な考え方である.

すでに, 日本では環境基準達成が困難な水域の流域においては, 上乗せ基準や水質項目の追加, さらには排水基準の適用を受ける特定事業場の対象を厳しくする条例が施行されている. これと同様に, 米国でも 1999 年には, 環境基準が達成困難な流域では, 最大汚濁許容量を示す TMDL を厳しく設定する提案が U.S. EPA からなされ, 州などにより実施される汚濁削減対策の実施をより効果的で協調したものにするため, 利害関係者との協議の段階に入っている.

表 1.16 には, 基準が達成されていない水域で問題となっている汚染物質とその発生源がとりまとめられている. 表からもわかるように, 米国では, 次のような問題が顕在化していることが判断できる.

ⅰ 微量有害物質汚染.
ⅱ 富栄養化問題.
ⅲ ノンポイント汚染.

ここでは, 水質環境の視点しか評価されていないが, 水質だけでなく, 流域管理という観点からは, 水域生態系への影響としてハビタット破壊防止やその保全・修復も重要な課題である.

表 1.16 水域障害の原因汚染物質とその起源[*][11]

		河 川	湖 沼	感潮域
汚染物質		シルテーション	栄養塩類	病原微生物(細菌)
		病原微生物(細菌)	重金属	有機汚濁物質/低 DO
		栄養塩類	シルテーション	重金属
障害原因		農業系負荷	農業系負荷	都市域点源
		侵食, 河道・流況変化	侵食, 流況変化	都市域雨天時汚濁
		都市域雨天時汚濁	都市域雨天時汚濁	大気系負荷

[*] 分類上で由来不明, 自然由来, その他については除外している.

(5) 排水規制と TDML プログラムについて

　米国における排水規制も，日本と同様にヒトの健康と水環境の保護を目的として行われている．CWA のもとで規定されているように，汚染物質を排出する点汚染源は，National Pollutant Discharge Elimination System(NPDES)Program により，排出許可を得ることが義務づけられている．下水道システムなどの管路や水路も汚染源として取り扱われる．しかしながら，都市下水処理システムに接続している家庭汚水などは許可を必要とはしない．この許可制度は，日本において排水基準が設定されていることと同様に水質汚濁を軽減する手段として機能を発揮している．

　しかしながら，この排水規制だけでは CWA の目標である "fishable and swimmable" な水域，すなわち環境基準を満足する水域保全を達成できていない状況にあるとの認識に至ってきている．すなわち，発生源である排水規制の水質管理から，望ましい水環境や水用途を反映した水質環境基準に焦点を当てた管理への移行することが求められてきている．

　元来，1972 年制定の CWA の条項 303(d) において，州政府は水質環境基準を満足していない水質に障害のある水域のリストを作成することが求められている．そして，州政府は点汚染源(点源)において要求される汚濁対策を実施しても基準が達成されていない場合には，障害水域の優先順位を決定し，同時にその水域の基準を満足できる，あるいは許容できる TMDL を設定することが定められている．その際，点源だけでなく，面源の負荷も考慮することになっている．この考え方は，流域別下水道整備総合計画における汚濁負荷量と汚濁解析の概念と基本的に同じである．そして，州政府の作成したリストや TMDL の設定が不十分と U.S. EPA が判断した場合には，U.S. EPA が新たにリストと TMDL を設定することになっている．

　したがって，以前から水質環境基準を基礎とした水質管理を推進する法制度は整っていた．しかしながら，実際上はこの規定が実効性を有しておらず，U.S. EPA は 1985 年に TMDL プログラム実施に向けた規定を設け，1992 年には一部改訂を行ってきている．さらに 1996 年からは，そのさらなる改訂に向けた作業を行い，2000 年 7 月に U.S. EPA は野心的なタイムスケジュールの最終案を提出するに至っている．その内容は，下水処理場のような点源汚染対策だけでなく，明確に面源対策を積極的に推進する必要であることを含むものである．

1.3 諸外国の水質環境管理

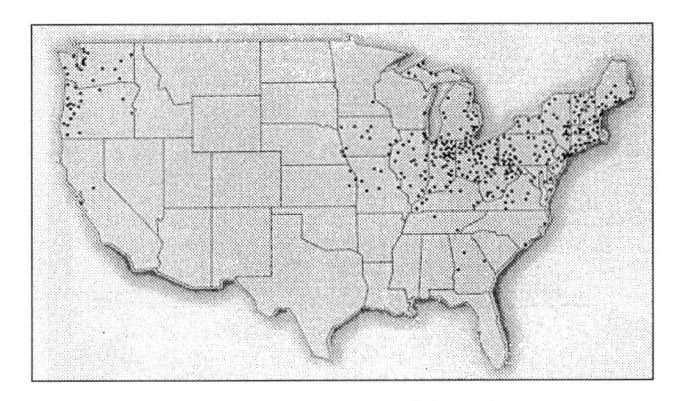

図 1.5 CSO 問題を抱えた都市の分布[12]

　面源対策に関連して，1987年の CWA の改訂において雨天時流出水に関しても この許可制度の適用する方針を打ち出し，1990年には法制度化している点は興味深い．都市域の雨天時汚濁として，都市ノンポイント汚染だけでなく合流式下水道からの越流水(CSO: combined sewer overflow)も含まれている．このように，点源汚染だけでなく，都市域からの面源汚染由来の負荷削減が法的な規制のもので必要であると認識されている．また，家畜飼育事業場からの汚濁排出にもこの許可制度が適用されており，不適切な管理に伴う地表水や地下水の栄養塩汚染，水道水源汚染を防止する努力がなされている．

　なお，CSOなど対策に関連して，EPA's CSO Control Policy が 1994年に発表されている．図 1.5 に示すような地点において CSO 問題が取り扱われている．制御が困難な雨天時汚濁流出水を対象に，CWA で定めた汚染制御の目標をいかに柔軟で効率的な方法で満足させるかを検討するための指針を提示している．

1.3.2　ヨーロッパにおける水質環境管理の視点

(1)　水質汚濁問題とその対策の歴史的流れ[4),5)]

　ヨーロッパにおける水質管理に関連する法整備は，次のように3段階に分けることができる．
① 1970年代から1980年代における水関連の法整備．
② 栄養塩類対策のための法律改正．

③　新たな水政策へ：Water Framework Directive.

　ここでは，EU指令の歴史を引用しながら，欧州での水質汚濁とその対策の流れを整理する．EUという枠組での水政策(European Water Policy)が議論されてきているのは，米国において州単位での水質環境管理に限界があることと同じように，ヨーロッパの国単位では効率的な管理は不可能であるため，EU全体で一貫性のある基準や施策が必要とされていることを反映しているものである．

　上記の③の新たな水政策であるWater Framework Directiveの承認までの歴史を年表方式で記載すると，以下のとおりである．

　第1世代
　　1967年：Directive on Dangerous Substances(危険物・毒物管理の導入)
　　1975年：Surface Water Directive(飲料水の取水に関わる河川や湖沼の水質)
　　1976年：Bathing Water Quality Directive(水浴のための水質目標設定)
　　1978年：Fish Water Directive(魚類のため水質目標の設定)
　　1979年：Shellfish Water Directive(貝類のための水質目標の設定)
　　1980年：Drinking Water Directive(飲料水の水質目標の設定)

　第2世代
　　1988年：フランクフルトにて水に関する首脳会議
　　1991年：Urban Waste Water Treatment Directive(生物処理の必要性と高度処理の適用)
　　1991年：Nitrate Directive(農業地域からの窒素汚染対策)
　　1996年：Directive for Integrated Pollution and Prevention Control (IPPC)(大規模工業施設からの汚染対策)
　　1998年：New Drinking Water Directive(飲料水質基準項目や適用範囲の見直し，基準値の強化)

　そして，1995年当時から，水政策の見直しを検討し始めると同時に，European Parliamentの環境委員会や環境大臣会議において，水管理における地球規模でのアプローチの必要性が指摘されてきていた．そして，1996年5月には，各国政府だけでなく幅広い参加者のあったWater Conferenceが開催された．

　このような協議過程を通じて，個別の水質汚濁問題解決に多大な努力をしてき

たが，現在の政策において相互連携がないことが問題であるとのコンセンサスが得られた．すなわち，Drinking Water Directive，Urban Waste Water Directiveなどの EU における行動方針を提示されてきていたものの，同時に水政策や水管理は首尾一貫した手法で行う必要性が強調されてきていた．

その結果，一つの枠組における新たな EU 水政策への転換の段階に入っていった．そのための第一の作業として，European Commission(EC)は新たな European Water Policy 案を作成して，関連団体との協議過程に入った．そして，EC は Water Framework Directive に関する提案をするに至った．公式には European Parliament の環境委員会や環境大臣会議とのやり取りを実施するとともに，関連団体や地方・地域当局，水利用者，NGO からの意見も取り入れて調整作業を進めた．そして，25 年間にわたる法制度整備のあとを受けて，EU が水政策の再構築を行い，Water Framework Directive が 2000 年夏に採択されたのである．

(2) Water Framework Directive について[5]

上記のように，EC から提案された Water Framework Directive が，ヨーロッパ議会と評議会という 2 つの法制定組織の調停を経て，最終的に実効性を有するものとして承認された．

ヨーロッパにおいて，次のような視点からより清浄な水(河川，湖沼，地下水，沿岸域)への要求が高まった背景を受けてこの指令への導入に向けた議論がスタートしている．
① 飲料水として，
② 水浴のため，
③ 自然環境における地域の貴重な財産として．

米国の CWA における視点と比較すると，地下水も明確に水域の一部として同等に取り扱うこと，そして，それに関係して飲料水水源としての水域を清浄化する意識が提示されている点が違いとしてあげられる．また，CWA において目標提示された「水浴を楽しめる水域」に加えて，自然環境の財産として水域をはっきりと位置づけている点は興味深い．

そして，この水政策における目的は次のように整理されている．
① 汚染・汚濁した水域をより清浄な状態へ戻す．

第1章 水質環境管理の現状と課題

ⅱ 現在清浄な水域を保全しその状態を維持する．

これらの目的達成には，従来の個別汚染源対策では不十分であると認識するとともに，法体制の合理化を検討すべきとの判断がなされた．また，住民および住民団体の役割が流域管理の観点からも必須であることが確認された．その結果，本指令は，以下のような目的や特徴を有したものとなっている．

ⓐ 協調した対策プログラムを伴う統合的な流域管理．
ⓑ 表流水，地下水などすべての水域を対象とし，質，量，生態系の保護を目指す．
ⓒ 排出規制と水質基準の両者を連携させた手法による汚濁対策．
ⓓ プライシング（市場価格政策）の導入．
ⓔ 住民参加の強化．

上記のポイントのいくつかは，1.3.1で紹介した米国におけるClean Water Action Planのポイントと似かよっていることがわかる．そのうち最も重要なポイントは，米国と同様に，流域管理を意識した総合的な対策を打ち出したことがあげられる．言い換えれば，1980年代から導入されてきていた指令が個別の汚濁対策であるが故に，その効果に限界があることが認識された．そして，既存のEU水法制度をより完全なものにするための統合的な水政策の中心的な柱として，この新たな指令を位置づけたわけである．

従来の個別対応の指令であるNitrate Directive, Urban Waste Water Directiveなどもこの新たな指令と整合するものとして存続した．ただし，一貫性を持つためにも流域管理という枠組の中で，一部の指令は廃止・統合された．**表1.17**に，その指令の存続や廃止・統合がまとめて示している．

表 1.17 EUにおける指令の存続と廃止・統合[5]

指令の存続・統合	指令の廃止
・Bathing water quality directive (76/160/EEC)(水浴水質) ・Drinking water quality directive(80/778/EEC)and its revision (飲料水質) ・Urban waste water treatment directive(91/271/EEC) (都市下水処理) ・Nitrates directive(91/676/EEC) (硝酸塩関連)	・Dangerous substances directive (76/464/EEC)(危険物質) ・Surface water directive(75/440/EEC) and its daughter directive(表流水) ・Fish water directive(78/659/EEC) (魚類) ・Shellfish water directive(79/923/EEC) (貝類) ・Groundwater directive(80/68/EEC)(地下水) ・Information exchange decision (77/795/EEC)

(3) EUにおける新たな水政策の重要な視点

a. 流域単位の管理について　行政あるいは政治的な境界ではなく，自然・地理学的にも水文学的にも一つのユニットとなっている流域ベースで管理を行うことが望ましい．すでに，いくつかの国では流域ベースでの管理が進められ，"River Basin Management Plan"を策定している．この計画は，6年おきに更新することが求められている．この更新作業により，協力調整（協調関係）が必要な状況にあることが明確になる．具体的には関連各国で進められている国際河川の流域管理プロジェクト（Maas川，Schelde川，Rhine川）はよい例である．

b. 生態系保護と協調関係について　清浄な水域を保全したり，汚濁状態の水域を修復する重要な目的は，水域生態系の保護，貴重種生物のハビタットの保護，水道水源の保護，水浴域の保護である．後者3つは，特定の水域を対象とするものであるが，流域に対する統合的な視点でも管理されることが必要である．

　一方，水域生態系の保護に関しては，すべての水域に関連するものであり，生物保護の条約において，保護されるべき環境は完全な形で保持されることが求められている．水質環境保全が単一の項目別で議論されることなく，生態系保全の観点で水質環境が議論される素地が存在しているように判断される．

c. 河川流域管理計画について　この計画は，"River Basin Management Plan"の訳である．流域における一連の目標・目的（生態系の状態，水量，水質，保護地域の目標など）が必要とされる期間内に達成されるような枠組を示すもので，次のようなものを含む．

① 流域特性．
② 人間活動に伴う影響の整理．
③ 既存の法律による対策効果の算定．
④ 新たな目標と現状との相違．
⑤ 必要とされる一連の対策手段．

　また，追加されるべきものとして，流域内での水利用の経済効果分析の実施があげられている．様々な対策手段の費用効果分析に基づいて，合理的な議論が可能となると考えられる．すべての利害関係者，関連団体がこの議論や流域管理計画の構築段階に十分に参加することが重要である．利害関係者としての住民が参加することが，この河川流域管理計画においても重要な要素となっている．

d. 住民参加について　本指令には，"水をきれいにするためには，住民や住

民団体の役割が必須である"というキーセンテンスが謳われている．これも，米国の Clean Water Action Plan における地域住民と行政機関の連携，さらには改訂され日本の『河川法』における地域の意向を反映した河川環境整備と通じる点である．この住民参加の促進には，2つの理由がある．
① 流域管理計画における目標を達成するための対策を適切に決定するには，様々な利害関係者や関連グループ間のバランスを考慮することが求められる．費用効果分析が必要なのは，この調整作業の合理的な"土俵"を用意するためである．同時に分析プロセスについても，利害関係者に公開されている必要がある．
② 政策の実効性を高めるためには，目標，対策の負担（賦課），関連する基準の内容を周知して，透明性の高いものにすることが必要となる．政策を真に展開するためにも，環境保護の方向性に影響を与える住民の力をよりしっかりしたものにすることが求められる．環境問題の中には協議中であったり，告訴や裁判になりうるものもあるが，住民参加を推進するためには情報の周知など透明性確保は必須である．

e. **発生源対策型と目標基準達成型の連携**　　歴史的に，ヨーロッパにおける汚染対策のアプローチには，発生源対策型と目標基準達成型の2つが存在している．これは，それぞれの位置づけや導入方法に若干の違いがあるとしても，日本や米国と同様な状況にあると考えられる．
① 発生源対策型：汚染源で達成可能なことに対して，技術適用を通して対策を集中して行う手法．
② 目標基準達成型：水質基準で表現される受水域環境が必要とされる（望ましい）目標を満足するために対策に取り組む手法．

上記の2つのアプローチも，単独では潜在的に欠陥がある．発生源対策だけでは，汚染物質の集積場となる環境に障害が顕在化するまで累積的な汚濁負荷を許容する可能性がある．一方，水質基準達成型では，基準自体が特定の汚染物質による生態系への影響を過少評価している可能性もある．それは，用量－反応作用に関する科学的な知見や汚染物質の輸送機構に関する知見に限界があるためである．

そのため，実施においては両者を連携させることが必要であると判断された．本指令では，改めてこれらの相互の位置づけを明確にして，従来の対策手法に，総合的な視点を追加し，基準と連携した発生源対策を手法として導入することと

している.
① 特定の発生源対策を単独としてではなく，流域全体の汚染対策の一部として捉え，既存の適用可能な発生源対策技術を適用して，効率的な実施することとする．この枠組，すなわち対策実施のフレームワークを設定しておく必要がある．そのフレームワークには，EUレベルで対象とする主要な化学物質のリストを作成することも含まれる．リスクに基づく優先順位づけを行い，汚染物質の負荷削減に最も費用効果の高い有効な対策手段の組合せを構想することが求められる．もちろん，最終生産物それ自身だけでなくその生産過程での発生源も考慮することが必要となる．
② 受水域環境への影響から見ると，すべての水域に対して新たな統合的な"good status"の目標を提示すること．そして，その目標が，既存の法律や基準における環境目的と整合したものとして再整理されなければならない．これらの目的や目標を達成するために実施が想定されている発生源対策では不十分な地域には，追加の対策が必要となることを明示することが求められる．

(4) 具体的な管理方法，制度を含めた対策方針

ここでは，現在機能しているEU指令の代表的なものとして，Urban Waste Water Treatment Directive(都市下水処理に関する指令)を取り上げ，それについて簡単な整理を行う．

本指令は，都市下水や排水による水域汚染を制御するために，1991年に制定された．前述のように，Water Framework Directiveの施行後にも，存続された指令の一つである．以下に，その重要な点を列挙する．
① 都市下水や産業排水に対する排水規制や基準を設けること．なお，都市下水道に排除する事業場も含め，指令において重要な排水を行う事業場を指定しており，規制や排水許可の対象とする．
② 2000人相当以上の汚水を排除する区域については，汚水収集施設を整備し，排水放流先が淡水域および感潮域の場合には2000人相当以上，沿岸海域の場合には10000人相当以上の集水区に対しては汚水処理施設を設けること．そして，処理レベルとして原則として二次処理レベルの生物処理を適用する．排水の受水域が汚染しやすい場合においては高度処理の適用を行い，沿岸域を放流先としており，その水域が汚染しにくい場合には，合意条件を定めたうえで，

一次処理を適用することができる．下水道施設施設の設置には，3段階の期限が設けられた．1998年末，2000年末，2005年末である．これらの期限は，処理人口の大小や受水域の汚染感受性の高低に依存して設定された．
③ 4000人相当以上の有機汚濁量を排出する事業場（食品産業系）など，指令において特定された事業場からの排水は，2000年末までに設定された排水基準を満足させること．
④ 下排水処理からの汚泥処分の規則や基準を1998年末までに策定し，表流水域への汚泥投棄や排除を上記期日までに中止すること．
⑤ 下水処理状況や処理の効果をモニタリングすること．
⑥ 2年おきに中間報告を実施して，汚染対策のための実施プログラムを展開すること．

ここで，汚染しやすい受水域(sensitive area)の定義は，次のようになされている．
ⅰ 富栄養化している水域，あるいは汚染対策が実施されないと近い将来その恐れがある水域．
ⅱ 飲料水の取水が想定されている表流水域で，汚染対策が実施されないと，硝酸塩濃度が 50 mg/L を超える可能性がある場合．
ⅲ 国および地域レベルの法律を満足するには，さらなる処理が必要とされる水域．

このほかの水域分類としては，通常の水域(Normal area)，汚染しにくい水域(Less sensitive area)があり，この分類は4年おきに見直しがなされる．

表 1.18 に1998年時点での水域指定の状況をとりまとめたものを示す．2000人相当以上の集水区の数とその汚濁人口当量である．3億1400万人が居住する地域に対して指定が行われ，汚染しやすい受水域へ排水区域からの汚濁負荷割合が37％に達していることがわかる．例えば，オランダ，デンマーク，ルクセンブルグ，フィンランド，スウェーデンは，すべてこの区分に入っている．

そして，ここに示した受水域の汚染感受性や水質汚染状況などの地域特性に加えて，処理人口規模に応じて，下水道施設の建設や処理レベルの達成時期が段階的に設定されている．要求される処理レベルと達成期限を**表 1.19** に示している．このように，受水域の分類として3段階，処理規模として5段階の設定が細かくなされている．

1.3 諸外国の水質環境管理

表 1.18 EU における指定水域ごとの集水区数*とその人口当量(1998年,ただしイタリアを除く)[7]

国　名	人　口 (10^3 人)	通常の水域 No.	通常の水域 1 000 p.e.	汚染しやすい水域 No.	汚染しやすい水域 1 000 p.e.	汚染しにくい水域 No.	汚染しにくい水域 1 000 p.e.	合　計 No.	合　計 1 000 p.e.
オーストリア	8 040	703	18 569	0	0	0	0	703	18 569
ベルギー	10 131	119	1 775	245	7 389	0	0	364	9 164
デンマーク	5 216	0	0	382	8 393	0	0	382	8 393
フィンランド	5 099	0	0	201	4 007	0	0	201	4 007
フランス	58 027	2 359	49 927	1 137	20 583	0	0	3 496	70 510
ドイツ	81 533	1 179	27 397	3 658	101 406	0	0	4 837	128 803
ギリシャ	10 442	169	6 189	60	2 101	86	1 913	315	10 203
アイルランド	3 577	137	3 748	9	170	0	0	146	3 918
ルクセンブルグ	407	0	0	42	914	0	0	42	914
オランダ	15 423	0	0	414	17 218	0	0	414	17 218
ポルトガル	9 912	598	12 651	114	1 814	34	1 806	746	16 271
スペイン	39 170	2 611	47 263	253	4 659	356	22 517	3 220	74 439
スウェーデン	8 816	0	0	454	7 496	0	0	454	7 496
英国	58 276	1 764	61 816	127	4 187	155	10 523	2 046	76 526
合　計	314 069	9 632	229 335	7 088	158 073	631	36 759	17 351	424 361

* 汚濁人口当量(p.e.)2 000 人以上を対象．

表 1.19 都市下水処理に関する指令の達成期限と要求される処理レベル[5]

水域指定	人口当量[*1] 0〜2 000 人	2 000〜10 000 人	10 000〜15 000 人	15 000〜150 000 人	150 000 人以上
汚染しやすい水域	2005/12/31 下水の収集を行っている場合には適切な処理・処分[*2]を行う．	2005/12/31 下水の収集と二次処理[*3]を行う．ただし，排水放流先が沿岸域である場合には，適切な処理・処分[*2]とすることができる．	1998/12/31 下水の収集と栄養塩除去などを含む高度処理を行う．	1998/12/31 下水の収集と栄養塩除去などを含む高度処理を行う．	1998/12/31 下水の収集と栄養塩除去などを含む高度処理を行う．
通常の水域	2005/12/31 同上	2005/12/31 同上	2005/12/31 下水の収集と二次処理[*3]を行う．	2005/12/31 下水の収集と二次処理[*3]を行う．	2005/12/31 下水の収集と二次処理[*3]を行う．
汚染しにくい水域(沿岸域のみ指定)	2005/12/31 同上	2005/12/31 下水の収集と適切な処理・処分[*2]を行う．	2005/12/31 下水の収集と一次処理[*4]か二次処理[*3]を行う．	2005/12/31 下水の収集と一次処理[*4]か二次処理[*3]を行う．	2005/12/31 下水の収集と原則として二次処理[*3]を行う．

[*1] 排水の有機汚濁負荷量を1人1日汚濁負荷量(60 g-BOD/人・日)を用いて換算した人数である．
[*2] 放流後に受水域水質に障害が生じないような処理や処分方法．
[*3] 活性汚泥法などの生物処理あるいはそれと同等な処理ができるもの．
[*4] 沈殿法などの物理化学的な処理あるいはそれと同等な処理ができるもの．

(5) 下水道整備状況やリン除去対策の現況報告

アムステルダムにおいて開催された国際会議(2000年9月)では，ヨーロッパ諸国における下水道整備状況や栄養塩類の除去(特にリン除去)対策実施の概略が報告された．1998年に，都市下水処理に関する指令には栄養塩類除去に関する改訂が加えられ，富栄養化問題を抱える汚染しやすい水域への排水に対して，全リンと全窒素の排出基準が設けられた．**表 1.20** にその基準値を示す．

処理場の規模に応じて，基準値が異なっている．また，地域事情に応じて窒素あるいはリンの基準，さらには濃度あるいは除去率を基準として適用可能とされている．すなわち，4つのオプションがありうる．また，基準値においても，窒素の基準値は年平均であるが，反応槽水温が12℃以上におけるすべての日平均サンプルが 20 mg/L 以下であれば，表に示す基準値と同等の処理がなされていると判断されるという補足説明もある．このように，一見基準としては曖昧で，一貫性に乏しい妥協の産物として出てきたとも捉えることもできる一方で，事情の異なる諸国を対象に実効性を伴う柔軟性のある基準設定であると評価することもできる．

Farmer[7]は，EU全体的における下水管路の布設や生物処理の導入などの一般的な下水道整備の達成状況としては，ドイツ，デンマーク，イギリスなどはおおむね計画どおりに対策事業が推進されているものの，ベルギー，イタリアにおいて施設整備の遅れや処理場建設が進行していないことを指摘している．

また，下水からのリン排出の観点からは，1998年末までに多くのEU諸国で富栄養化しやすい水域への排水処理要件を達成できている．しかしながら，フランスとスペインで施設整備の遅れが目立ち，英国においては下水整備事業が展開されているものの1998年までには達成できていない．一方，ギリシャとイタリアに関しては，適用水域の指定が不十分あるいは不明確な状況にある．今後，この栄養塩類の排水規制の施策は中央あるいは東ヨーロッパに拡大・展開されると予想される．その際には，当該諸国における適用水域の指定，経済的な制約の中での排水規制など，汚染対策を展開するうえでの課題が出てくることが予想される．

表 1.20 T-P と T-N の排出基準[13]

水質項目	濃度	除去率
T-P	2 mg/L 以下(10 000～100 00 p.e.)	80%以上
	1 mg/L 以下(100 000 p.e.以上)	
T-N	15 mg/L 以下(10 000～100 00 p.e.)	70～80%以上
	10 mg/L 以下(100 000 p.e.以上)	

(6) ヨーロッパの水質現況[5),6)]

ここでは，簡単にヨーロッパの水質環境を概観できる図表を紹介する．図1.6には，1992年から1997年までの沿岸域と淡水域の水質状態を，水浴基準をもとに表現したものを示す．水浴のための水質に関する指令(Directive 76/160/EEC on Bathing Water Quality)は，1976年に制定されたものであり，EU諸国は，水浴水域を指定するとともに，水浴期間における水質モニタリングを実施することが義務づけられている．水質基準には，"Guide(適)"と"Mandatory(可)"の2つが設定されており，例えば少なくとも2週間間隔の頻度で測定し，大腸菌群数はそれぞれ，500個/100 mL以下と10 000個/100 mL以下と定められている．図にも示されるように，沿岸域だけでなく淡水域において，水質の改善が見られ，

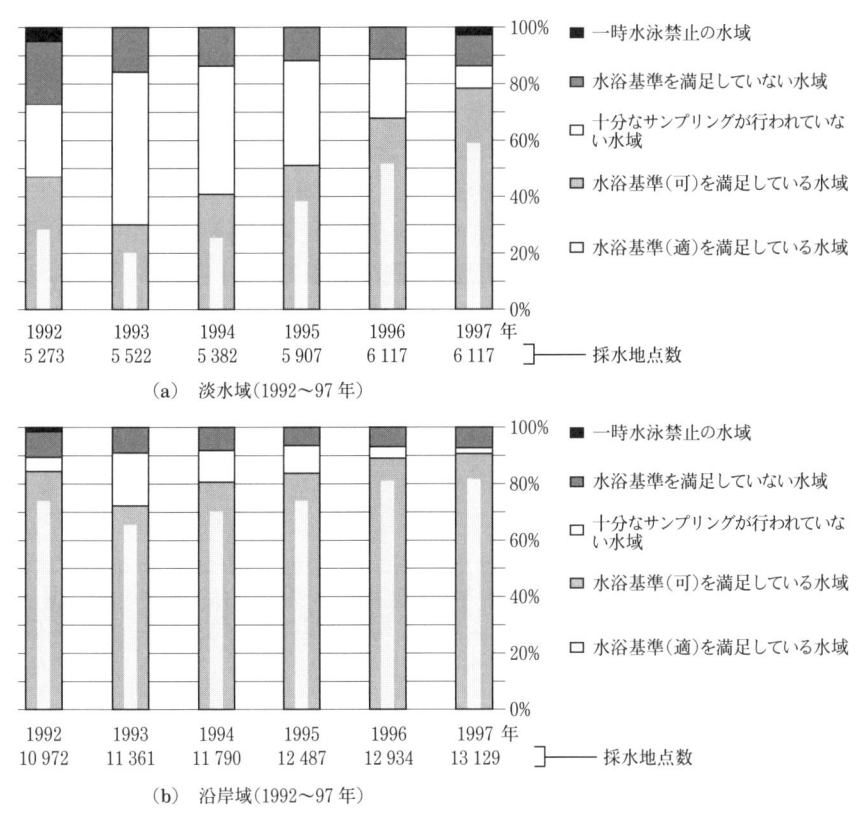

(a) 淡水域(1992〜97年)

(b) 沿岸域(1992〜97年)

図1.6 水浴のための水質基準から見たEUにおける水質状況の変化[5)]

水浴水質基準(Mandatory)を満足する水域の割合が上昇してきている．

また，**図 1.7** から**図 1.10** にはヨーロッパの河川におけるリンおよび硝酸性窒素濃度の全体像(1994 年から 1996 年当時)と 1980 年から 1995 年までの 126 大河川における年間平均値の中央値の経年変化を示している．

リンについては，1 000 以上のヨーロッパ河川のうち，90 ％程度は 50 μg/L 以上であるのに対して，北欧地域の河川に代表されるように人間活動の影響を受けていない河川では，25 μg/L 以下と低濃度レベルである．この地域の半数以上は 10 μg/L 以下とであることも知られている．高い濃度レベルの河川も，**図 1.8** に示されるように，1980 年から1985 年当時と比較すると確実に濃度は低下してきている．

硝酸性窒素濃度についても，北欧地域を除くと 1 mg/L 以上の河川が多く，自然状態と想定される 0.1～0.5 mg/L より高い値である．また，経年変化からも 1980 年代から低下傾向は見られず，1990 年代に施肥管理の実施している効果が実質的には現れていない．なお，窒素汚染に関しては，河川水以上に地下水の汚染問題が顕在化している．

1.3.3　河川流域の国際比較研究事例の紹介

筆者らは，国際学術共同研究プロジェクトして，日本，米国，スイスの具体的な流域に関わる学術研究の成果を相互に比較し，流域理解のための新しい概念を検討している．その一部をここに紹介することにより，諸外国を含め他の河川での流域管理や水質管理手法を，別の流域管理に適用する際に留意すべき点を指摘する．

(1)　3つの河川流域の地理的特性の概要

河川流域として，多摩川，Aberjona 川(米国)，Toess 川(スイス)について，各流域の水資源量，水質の状況，水利用に伴う人間の健康や生態系への影響などのとりまとめと比較考察を行ってきている．以下に，その概要と相対比較を示す．
① 多摩川流域，日本：水源は，高度 1 900 m の秩父山系である．東京の南東に流れ東京湾に流れ込む．上流域の大半は森林地帯．中央域はなだらかな丘陵で農業地帯．下流域は平地で，著しく都市化されている．首都東京の最も重要な

1.3 諸外国の水質環境管理

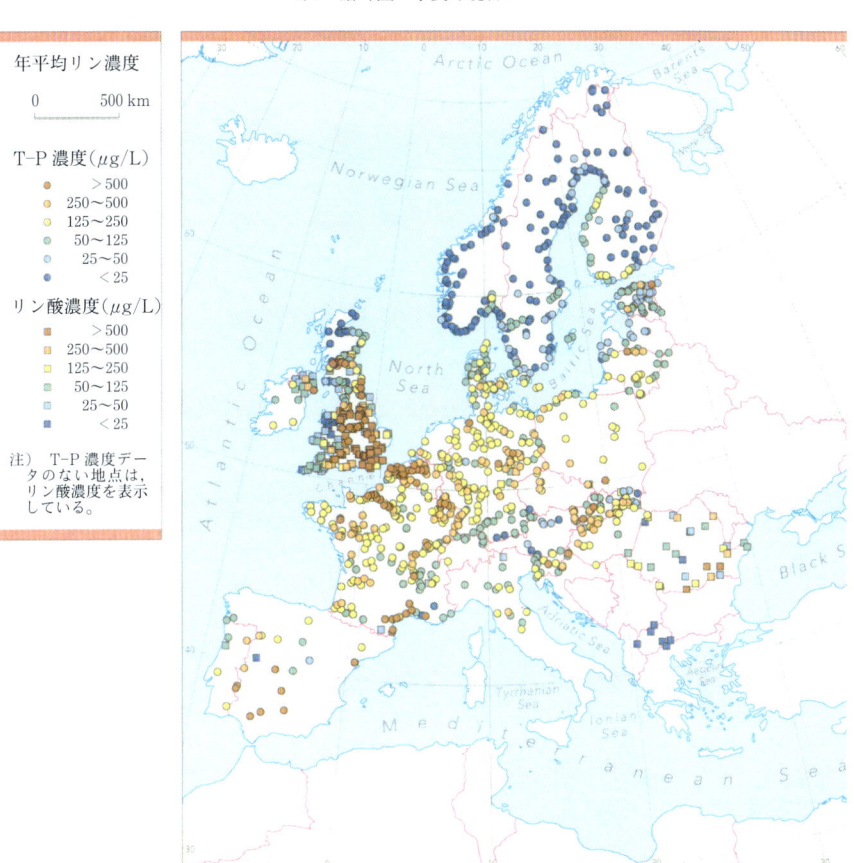

図 1.7 ヨーロッパの河川のリン濃度（1994～96 年の年平均値）[6]

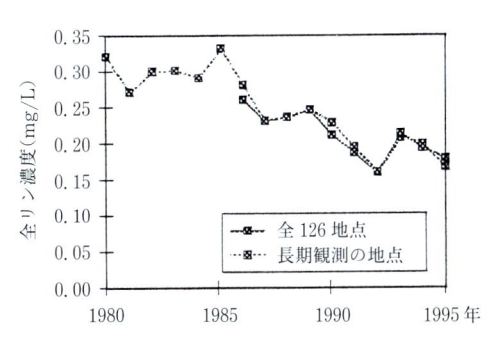

図 1.8 全リンの年平均濃度中央値の経年変化[6]

第1章 水質環境管理の現状と課題

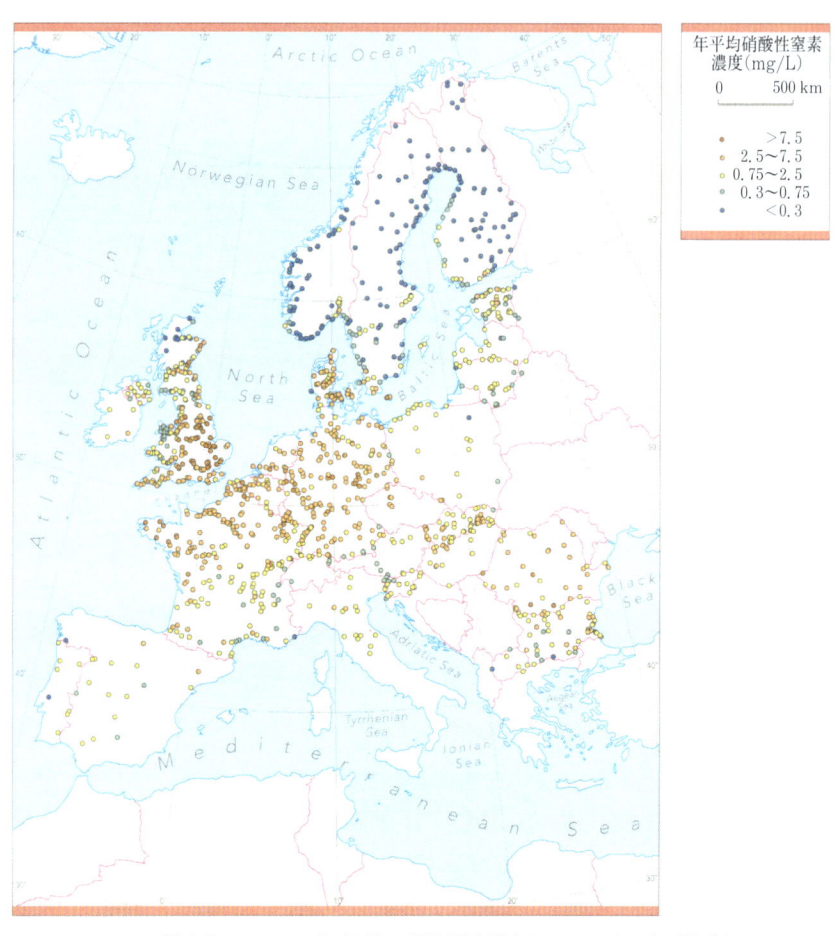

図 1.9 ヨーロッパの河川の硝酸性窒素濃度(1994〜96年の年平均値)[6]

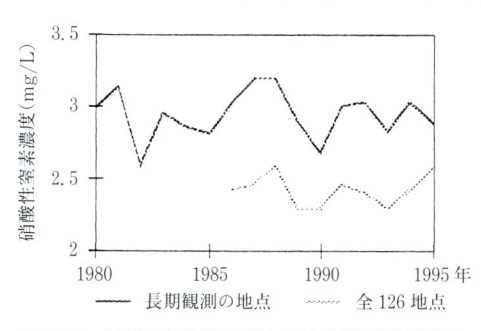

図 1.10 硝酸性窒素の年平均濃度中央値の経年変化[6]

水源の一つを担っている．

 流域面積 1 240 km²
 河川延長 138 km
 平均河床勾配 2.6 ‰

② Aberjona 川流域，米国：Boston 北西 15 km から 20 km に位置する．流域北東部の高度 36 m にある湿地帯が水源．南方向に流れ，Upper Mystic 湖に流れ込む．流域には 7 地方自治体が部分的に含まれる．流域内は都市化が進み，住宅地域が商業地域，工業地帯に入り込んで存在する．

 流域面積 67 km²
 河川延長 14.5 km
 平均河床勾配 2.5 ‰

③ Toess 川流域，スイス：Zürich 市街北東に位置する．南東の準高山地帯から北西方向，Rhein 川に流れ込む．水源周辺は主に森林地帯．中流域では，流域の中心都市である Winterthur 市街を通る．下流域は産業活動，農業活動の影響を激しく受け，Winterthur 市と Zürich 市の住宅地となっている．

 流域面積 425 km²
 河川延長 62.6 km
 平均河床勾配 6.0 ‰

以下に，比較対象とした米国とスイスの河川流域についての歴史的な背景と課題の概要を示すが，日本の河川である多摩川に関する紹介は省略する．

(2) Aberjona 川流域の歴史的背景と諸課題

Boston の準都市部として大きく発展してきた．主な土地利用は，住居地域であり，広域な商業・軽工業地帯をも含む．住居地域としての発展は，ここ半世紀の間に行われ，農業地域が居住地区にとって代わられた．工業も 2 世紀にわたって重要な位置を占めており，その始まりは，19 世紀 Middlesex 運河の建設で交通の便が大きく進歩した時からであった．流域の主な水源問題は，工業化に端を発している．

水管理は，流域内の自治体の間で異なっている．Central Massachusetts からマサチューセッツ水資源局（MWRA）を経由して水供給を行っている自治体が幾つかある．流域の中心である Woburn の町では，1983 年に MWRA に接続する

まで水を自給しており，現在でも75％の水をAberjona川の小流域にある地下水で自給している．流域の大半の家庭や企業は，公共下水道のサービスを受けており，下水は流域外にある下水処理場に運ばれ，最終的にはMassachusetts湾に放流される．

Aberjona川とその最大の支流Horn Pond Brook川は，深く厚い帯水層を有している．現在Boburn市は，年間約 $5.5 \times 10^6 m^3$ の水をHorn Pondの地下水から取水している．取水の大部分が利用後，下水道を通じて流域外に排出される．都市化に伴う地表の不浸透化も要因であるが，処理水が流域外で放流されることがHorn Pond Brook川小流域で低流量となっている第一原因である．また，この水量の少なさが水域の生息地が失われてきている原因ともなっている．

a. 汚染の経緯　19世紀初頭から20世紀半ばまで，流域の主たる産業は，皮革と化学産業であった．この時期，水質汚濁防止や大気汚染防止のための法律がなかったため，工場は自由に廃棄物を排出していた．つまり河川や湖沼に排水を垂れ流し，地上に廃棄し，排ガスを煙突から排出した．皮革工場，化学工場両者とも廃棄物の大きな発生源であった．さらに最大の廃棄物発生源が流域上流部にあり，その影響力を増大させていた．現在Woburn北部のIndustri-Plex Siteとして知られているが，クロムなど有害重金属数千tが主に1890年から1950年の間に自然環境に放出された．

工業化の負の遺産は，今日に至るまで残り，水質問題を支配し続けている状況にある．重金属汚染した底泥が河川の至る所に存在し，河川水中の重金属濃度は，工業化以前の水準をはるかに超えている．図 1.11 に示すように，多くの場所で底泥中のヒ素濃度は，現在の連邦政府ガイドライン（30 mg/kg・乾重）を超えている．また動植物も不幸にも河川中の高濃度重金属の影響を受けている．

地下水汚染もまた問題である．特に流域に共通して見られるのは，地下水中の有機塩素化合物などの有機溶剤による汚染である．100箇所以上の廃棄物処分場の多くが溶剤汚染されていると，州政府に認定された．地下水経由による溶剤の地表水流への流出が報告されている．他の微量有機物による汚染もAberjona川上流域で起きている．

都市由来のノンポイント汚染が原因となっている富栄養化も，Aberjona川の水源水質に大きく影響している．下水道からの雨天時越流水汚濁負荷も影響している．その越流水中の窒素濃度でも100 mg/Lを超え，自然環境に多大な影響を

1.3 諸外国の水質環境管理

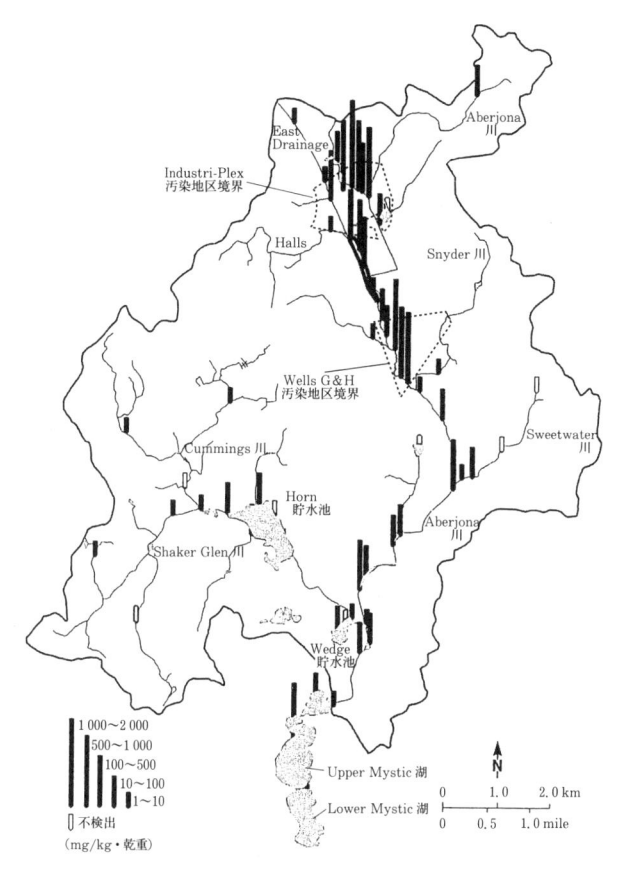

図 1.11　Aberjona 川流域の底泥中のヒ素汚染状況[14]

与え，Mystic 湖では酸欠を含む酸化還元状態の変化を引き起こすこともある．栄養塩濃度の上昇による問題もあるものの，化学物質汚染の影に隠れてさほど問題視されていない．

b.　**公衆衛生上の汚染**　Aberjona 川流域での公衆衛生に関する特記事項は1970 年代初頭に発見された小児性白血病の集団発生である．Woburn 東部を中心とし，Aberjona 川に隣接した地元自治体の井戸からの汚染が原因であった．この悲劇的状況は全国的に有名になり，続いて起こった訴訟は「Woburn 毒物裁判」として知られるようになった．

この「毒物裁判」事件が人の健康に関わる環境問題に対する意識を高めたが，別

第1章　水質環境管理の現状と課題

の問題が発生した．洪水に伴い，Aberjona 川の底泥が河川に隣接する遊び場や庭に流出し，その堆積物には Massachusetts の法定基準を超えたヒ素が含まれることが判明したのである．この汚染堆積物への曝露可能性が最も高いのは，そういった場所で遊ぶ子供たちであった．この汚染への対策手法は，いまだに確立されていないが，活発に議論された．また，Woburn 市内の出生率の低下や Aberjona 川，その支流，さらに下流に位置する Mystic 湖で余暇に釣りを行う人たちによる毒性金属の摂取についても，人々の関心は高まった．後者のリスクに関するデータは少ないが，流域内でより汚染されている水域に生息する魚類の多様性は乏しく，また汚染の少ない水域の魚より明らかに高い金属含有率を示す傾向が見られる．

c.　水環境としての課題　　歴史的に Aberjona 川流域における産業発展は，交通路としての Middlesex 運河の存在によるものであり，また Aberjona 川が水供給と汚水の受入れ先という役割を有していたからである．現在は，工場が地下水を揚水することは最小限に抑制されている．水道事業体にとって，地下水の利用は変わらず重要であり，Horn Pond の井戸は，Woburn 町の水需要の大部分をまかなっている．議論の余地はあるが，現在の水利用としてレクリエーション面も重要である．Aberjona 川流域の水は，ボストン首都圏の郊外ということで，釣り・水泳・ボートやその他余暇活動のために使われている．水質汚染の状況によっては，こういった利用は危険にさらされることになる．底泥などの沈殿物の性状は，特に留意すべきものである．レクリエーション用途での水利用が，流域からの栄養塩負荷や，微生物学的汚染を含め，雨天時における合流式下水道からの越流水汚濁によって危険にさらされている．

(3)　Toess 川流域の歴史的背景と諸課題

1200 mm という年平均降水量と，一見して自然が残された光景を有する Toess 川流域でも質，量の両面で問題に直面しており，同時に水域生態系に深刻な影響が及んでいる．これは流域開発の結果であり，ここ数十年の工業化された欧州諸国に典型的に見られるものである．この発展段階の第一の特徴は人口増加，工業化，そして農業生産の集約化である．これと同時に，水やエネルギーの消費量の増大，生活排水や廃棄物量の増大が引き起こされた．

人間が Toess 川に初めて大きく関与したのは，1850 年代と 1870 年代の一連の

1.3 諸外国の水質環境管理

破滅的な洪水が発端であった．その洪水によって流域内の道路や鉄道の大部分が破壊された．1877年には集中的な「Toess川復旧プロジェクト」が実施され，本川とその支流はかなりの部分で河川改修され，人工水路化された．この「復旧プロジェクト」によって治水が進み，流域下流部の都市化や農地利用がさらに可能となった．同じ時期，水力による電力開発が産業目的に飛躍的に進展した．この結果，堰の建設や人工水路システムの拡張が進み，川の本来の構造や流れに大きな影響を与えた．その後，産業化と人口増加に起因する水質汚染が明確になってきた．それらは，水の華の発生や魚のへい死によって示された．こうして汚染の制御も水管理の目的に加えられるようになった．1950年代以降，下水道施設整備が進められるとともに，下水処理場を増強しながら下水処理能力を高めている．

恒常的な人口の増加や産業発展に伴う生活用水や工業用水の需要の増加が，ここ十数年の水管理の重要性が増す原因となっている．これらの需要には，現存する井戸からの揚水量を増加したり，新たな地下水源の開発によって対応している．

a. 水量に関する側面　流域の公営水供給システムでは現在1人当り1日約320 Lの水を送っている．この水は主に家庭用，商業，工業用として使われる．Toess川流域での農業用の水利用はわずかである．1970年頃まで水需要が着実に増加したが，それ以降，全体の需要は横ばい状態である．増加した家庭用・商業用水の需要を，工業分野における効率的な水使用と再生水利用で補っている状況にある．給水量は年間約2 000万 m^3 に増大し，この量は，流域からの全流出量の7.2%相当となる．水源は，主に地下水井戸であり，僅かだが自然の湧水も利用している．このように多くの地下水を都市部の水利用システムに流れ込ませることで，自然の水循環に影響を与えている．さらに，都市化によって水の地下浸透や地下水の自然涵養機能が失われている．増加しつつある不浸透面に降った雨水は，集められ下水道に流れ込み，地下には浸透しない．結果として，都市における水管理は，本来の水量のうち約10%を自然の水循環システム外に流してしまっている．この割合は，他の支流域では1%以下から30%超までの範囲にある．

人工的な水管理の結果，様々な支流域で地下水位の低下が継続して観察されている．目立った地下水位の低下は，支流域の自然流水量の10%以上を都市部の水利用システムに配分している地域に限られる．自然流水量の10%から20%を水利用している地域は，OECDによって「穏やかな」から「高い」水ストレスを示

していると定められている．スイスのような水資源の豊富な国においてですら，流域によっては水需要が健全な水循環の維持可能な限度を超えうるのである．

河川水の発電目的での利用は，過度な市街化による地下水位の低下と同様，場所によっては流域の自然な水循環に大きな変化を与える．人間活動の影響により，ある川の支流が一時的に干上がってしまったり，自然干ばつも時間的・規模的に拡大している．このような人間が引き起こした変化は，水域生態系に深刻な影響を与えるものであり，魚やその他の生物に移動を余儀なくさせている．

b. **水質に関する側面** 高度で効果的な汚水処理技術を使うことで，河川への家庭や工場からの汚染物質流入は近年目覚しく減少している．その結果，1970年代に高くなっていた COD，硝酸塩とリン酸塩の河川水中濃度は，現在では国の基準の範囲内もしくはそれ以下である．

排水規制や下水処理の導入により点源汚染対策には成功したが，地表水や地下水中の栄養塩濃度が高くなったことに示されるように，面源汚染によって水質に影響が出ることがある．Toess 川流域の面源汚染の発生源には農地や廃棄物処分場からの浸出水も含まれる．農業からの汚染の増加は，収穫高を増やすために肥料や農薬の使用が増えたことが主な原因である．トウモロコシの収穫率が高くなったことに代表されるように，徐々に減少している農業用地で集約的な農業を進めたことも原因である．この農地利用における変化が，1965 年から 1985 年の間に農地から水系への硝酸塩流出の増加を引き起こしている．それと比較すると，廃棄物処分場による影響はあまり顕著ではない．

最近行われた Winterthur 近くの Riet 処分場での調査によると，20 年から 30 年以上経った廃棄物処分場は，隣接する地下水の水質にあまり影響を与えないことが明らかになった．有機系廃棄物は，今ではすべて焼却されており，焼却残渣は，厳しい環境基準に従って固めて廃棄されているので，将来，廃棄物処分場が確実に水質を損ねるようなものとなるとは考えにくい．

c. **生態系の健康に関する側面** Toess 川流域では，人口が増加を続け居住地域空間・道路・農地の開発とともに洪水対策の改善などが必要となり，その結果，主要な河川のほぼすべてが直線化され，人工水路化された．その総延長の 4 分の 3 で，河岸が自然に形態変化する機能を完全に失った．Toess 川総延長 59.7 km にわたって 568 の堰などの河川構造物を建設した．また，直線化に伴い，60 % 以上の河岸の沼地が干上がった．都市化の激しい地域では，60 % 以上の小河川

1.3 諸外国の水質環境管理

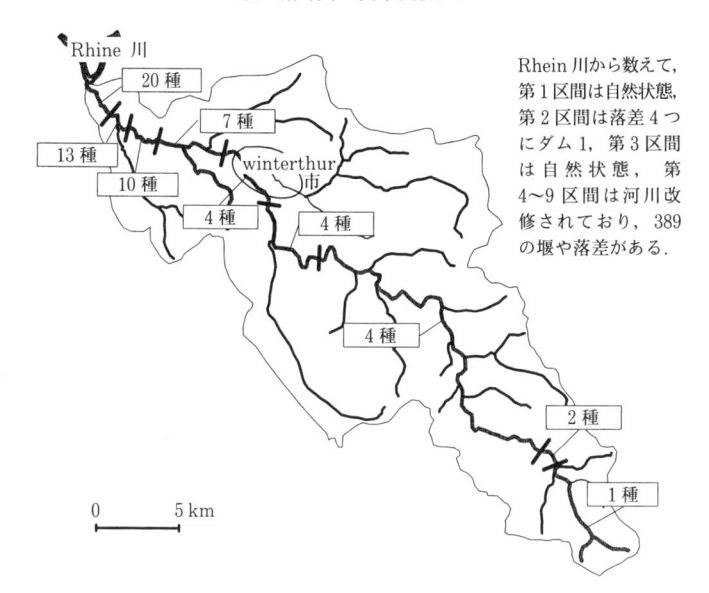

図 1.12 Toess 川流域における堰など構造物と魚類種の関係[4]

(図中注記：Rhein 川から数えて，第1区間は自然状態，第2区間は落差4つにダム1，第3区間は自然状態，第4〜9区間は河川改修されており，389の堰や落差がある．)

が地下の排水路へ転用されて消えていった．その結果，水生生物の質が大きく変わった．地域の調査によると，多くの植物や動物種が既に絶滅し，あるいはほぼ絶滅に近い状態にあるという．自然の中では高い多様性を示している水生生物の場合，その状況は最も劇的である．多くの種がもはや自己再生に必要な数を維持できない状況にある．例えば，川の連続性を阻害する落差などの上流側においては，見受けられる魚種は，限られた数の自生種だけである．図 1.12 には，9区間内の魚種数をまとめたものを示している．Rhein 川の支流である本河川の上流部では生息魚種数が下流に比べて貧弱であることが示されている．

(4) 流域の持続可能な管理のために

ここで研究対象とした3つの流域間で共通した課題や現象が見られる．すなわち，ある流域での歴史的過程が世界各国で共通のものとなりうることを示している．多摩川，Aberjona 川，そして Toess 川流域において，ここ数十年の間に経験された人口増加と経済発展は，明らかに水資源の質・量ともにその悪化をもたらしている．それぞれの事例において，社会・経済的発展と水資源の状態との間に明らかな相互依存性が存在している．一方で，発展途上国と称される新しく工

業化された国においては，上記の流域事例に見られたような問題を抱えながら同様な発展パターンをとげていく可能性が十分あり，既にその問題が露呈している東南アジアや南米の河川もあると考えられる．

各流域における人間活動が，流域内の水域水質や水量の状態を自然な状態から悪化させてきている．水質汚染の主たる原因は，産業廃棄物，都市からの汚水排出，そして農業における肥料・農薬の使用である．水量の変化を引き起こしている主な原因は，給水目的の地表水・地下水からの取水である．河川改修事業による水路の改修，発電のための取水なども環境影響要因となりやすい．しかし水に関わる問題は，通常，単一の原因および活動の結果ではなく，流域内の入り組んだ複合した各種要因によるものである．

多摩川，Aberjona川，そしてToess川流域の歴史的な事例研究が示すとおり，工業化された流域では，最優先の水管理目標を治水や水源の確保に置き，水質汚濁防止に関しては処理技術を導入することで達成するべく試みられてきた．多摩川では，上流地点での取水と高度な浄水技術によって水供給が行われている．Aberjona川流域では，水供給の解決策は，比較的人為汚染の少ない流域外からの導水である．Toess川流域は，これら3つの中でも特異で，実際に処理と水需要の縮小化によって水質の改善を行っている．これら3流域で展開されているパターンは，それぞれ部分的な解決法にすぎない．資本集中型の取水・配水・処理設備に依存しているため，多くの経済的発展途上の国々では実行不可能である．また自然生物資源の保全や人間の健康といった他の側面での持続性については不十分な段階にある．

結論として，先進国が辿った成長パターンとその国々の技術的アプローチは，発生しつつある環境問題を乗り越えようとしている工業化して間もない地域にとっては良い手本とはならない．人口増加が経済発展速度を上回る場合，また環境問題が経済発展を制限するようになる場合は，技術的対応のみで持続的発展は不可能である．現在の新興工業国には，従来とは異なる新しい戦略を試みることが求められる．

この戦略を新たに検討・構築するには，ここで示したいわゆる先進国での経験を相対比較しながら整理することは有益である．経済的発展途上国や新興工業国での持続的水管理のためには，汚染の修復や事後対策より，開発の初期段階に環境に与える影響を正しく認識し，いかなる開発計画にも環境へのインパクト評価

の視点を導入させておくことが重要である．

その基本的な立場として，流域における人間活動の影響が顕在化する前に，地域特性を考慮した流域レベルでの持続的な水管理の方針をしっかりと構築しておくことが重要となる．

1.3.4 諸外国と日本における水質環境管理の相違点と今後の課題

(1) 水質環境管理における相違点

a. 河川や河川水質管理に求めるもの　河川水質管理は，その地域や流域ごとに議論すべきであるが，全般的には米国やヨーロッパ諸国と比較すると，特に日本の都市域およびその周辺の河川における人口集中度，水利用の集約度は著しく高い．それに伴って，河川の「水」に求めるものが量的にも質的にも多いため，河川の自立性や自律性に影響するレベルにまで及んでいる．過密な都市における活動や生活環境を良好に保持するために，水の多目的利用を過度に効率化しているために，河川管理に余裕がない．その結果として，多くの水質管理課題は出てきている．過度な河川利用，厳しい制約条件の中でいかに河川水質環境を管理するのかが，日本においては求められている．

b. 飲料水源としての河川水質の位置づけ　ヨーロッパと日本における飲料水水源としての河川の位置づけが大きく異なる．ヨーロッパを一律に取り扱うことは無理であるが，地下水を主たる飲料水源としている国が多い．スイス，オーストリアは，地下水中心であり，オランダ，ドイツでは，表流水の地下涵養を実施して，地下水としたうえで表流水を利用することを前提にしている．なお，ノルウェーでは，地形や地質的なことからも，水道水源として表流水を中心としている．

日本では，水道水源の約70%を表流水である河川や河川を堰き止めた貯水池に求めている．そのため，河川の水質や水環境に求める質的なレベルが異なる．例えば，水道水源をほとんど地下水や湧水に求めているスイスでは，河川は水道水源としての認識が薄く，水浴や魚類などの水域生態系の場として，住民は認識している．

c. 河川水質に関係する法的な体系のあり方　スイスでは，『水域保護法』(Water Protection Law)[8]を基本に，すべての河川に関する水質や水量の管理の

方針が連邦法で設定されている．下水処理や雨水排除および雨水浸透に関しても この法律で定められている．一方，日本においては，『河川法』や『下水道法』， 『水質汚濁防止法』など河川水質に関与する法律が別々に存在する．

『河川法』に関する事項は，国土交通省(旧建設省)が所管しているのに対して， 『水質汚濁防止法』は環境省(旧環境庁)が主務官庁である．河川水質環境に深く関 わる法律や所管行政機関が一元化されず，複数並立的に存在すること，さらに機 関相互の独自性を尊重する慣習が相互連携の困難さを生み出している原因の一つ になっているものと思われる．現在では，健全な水循環を確保する視点から関連 省庁が連携した会合を持つ努力がなされているため，この問題も徐々に解消され ることが期待される．

d. **市民監視下にある行政と市民訴訟制度**[3]　　米国の環境法の制度は，以下の 点で日本だけでなくヨーロッパと比較しても特徴的である．
① 行政を市民が監視する意識の高さ．
② 議会の行政に対する優位．
③ 公平な競争原理と経済的手法の活用．

法律において，行政が水環境保全のための事業や行為を義務づけられているこ とがあり，その事業展開や行為が不十分であると，市民は司法に対して訴訟を提 起できる．すなわち，行政は市民から水環境を含む自然環境や資源の管理を信託 されているという考え方が根づいている．また，U.S.EPA が TMDL プログラ ム改訂に向けた作業を行い，2000 年 7 月には野心的なタイムスケジュールの最 終案を提案し議会で採択されたものの，付帯条件として予算措置が保留されてい ることなどは典型的な議会の行政に対する優位を示すものである．

水質規制の手法に関しても，経済的発想が導入されているようである．文献や 法律に関する調査が限られているため，ここで詳細は説明できないが，排出権取 引的な取扱いも議論されている．

e. **連邦政府と州政府の関係**　　米国やヨーロッパで連邦制を敷いている国では， 連邦が大枠を定めて，その枠組の中で州ごとの独立性を重んじた自主的な立法や 行政が展開される．欧米では，州単位の独自性を尊重する歴史を有しているのに 対して，中央集権的な日本では比較的に都道府県レベルでの独自性が発揮されて いるとは言い難い．

日本においても，排水基準など地方特性に応じて上乗せ基準や水質項目の追加，

さらには条例として地域に根ざした水質管理を試みているものの，全体的には国の行政主導での水質管理が進められていると考えられる．今後は，次第に地方独自の発想での管理手法の提言が発信されることも必要となると思われる．

(2) 日本の水質環境管理の課題

上記の欧米と日本における水質管理の考え方や具体的な管理手法に関して相互比較することにより，今後の日本における管理の課題を見出すことを試みる．しかしながら，米国やヨーロッパを一掴みにして，日本と相互比較すること自体に限界があることを最初に述べておきたい．

国際比較研究の事例紹介でも書いたように，水環境や河川流域の問題と取り扱うには，その自然地形，水文などの流域特性やその地域の歴史的な背景などの事情を十分に理解し，考慮する必要があり，直接的な比較や手法の安易な導入には危険である．すなわち，欧米で指摘されている視点や魅力的な導入手法が，日本において妥当であるか，あるいは当該流域単位で適用可能かどうかをしっかり吟味する必要がある．そのためにも，諸外国において日本と異なる視点がいかに培われ，新たな手法が生み出されたかの背景を理解することが望ましい．

a. 地域特性と流域単位に基づく計画策定　　基本的に，河川水質管理の方針は流域ごとに検討されるべきであり，地域特性が反映されたものが求められている．既に日本においても1992(平成4)年制定の『環境基本法』に基づき1994(平成6)年12月に策定された『環境基本計画』において，環境保全上健全な水循環の確保の観点から，

① 環境基準などの目標の達成・維持など，
② 健全な水循環機能の維持・回復，
③ 地域の実情に即した施策の推進，
④ 公平な役割分担，

が謳われた．このうち，②や③がまさに，流域単位の地域特性に基づく計画の必要性を唱えている部分である．この基本計画は，5年後に見直しがなされ，2000(平成12)年12月には新たな『環境基本計画－環境の世紀への道しるべ－』が閣議決定されている．ここではさらに，「健全な水循環を構築するため，流域を単位とし，流域の都道府県，国の出先機関などの所轄行政機関が，流域の水循環系の現状について診断し，その問題点を把握して，望ましい環境保全上健全な水循環

計画を作成し，実行することが重要である」と，以前にも増して「流域を単位」での水循環系の現状把握と，それに基づく水管理の必要性が明記されている．

したがって，今後作成が提案されている水循環計画との整合性を持ち，流域全体や地域特性に根ざした水質管理計画を作成することが望まれる．

それでは，地域特性に根ざすとは何か？　河川水質環境に及ぼす要因，プロセス，現象として特徴的なものは何かを確認する必要がある．その中から，当該流域において重要な要因プロセスを抽出して，その管理制御を行うことであろう．そして，管理制御の目的と時間的なスケジュール（シナリオ）を構築することが計画的に示されることが求められる．目標は同じでも，流域スケール，問題となっている要因やプロセスの特徴（空間スケール，局所的か分散的か，時間スケール，その機構がわかっているかどうか，人為的な制御が可能かどうかなど）を具体的に把握することが重要となる．さらには，実務的に経済的に有効な手段があるかなどが検討されるべきである．

b. 河川生態系の調査研究に基づく管理計画　ヨーロッパにおける大河川であるRhein川，Donau川などは国を越えて流域を有する国際河川である．したがって，その管理のための協議会（Commission）や研究調査機関が設置されて，上記の総合的な検討は進行中である．Rhein川における汚染物質に関する水質管理は成功したと考えられている．しかし，現在ではハビタットなど生態学的な観点からは依然として問題が残っているとの認識である．したがって，現在水質だけではなくMorphology（河川形態学）的な観点を含めた検討が積極的に展開中である．

その意味では，日本においても1995（平成7）年3月には，河川審議会より「今後の河川環境のあり方について」の答申を得ており，河川行政において「生物の多様な生息・生育環境の確保」，「健全な水循環系の確保」などの視点を積極的に導入することとされている．そして，1997（平成9）年には『河川法』が改正され，治水，利水に加え，河川環境の整備と保全が位置づけられた．

それに対応するように，生態学的な観点より河川を理解し，川のあるべき姿を探ることを目的とした「河川生態学術研究」が，平成7年度から多摩川と千曲川において開始され，日本においても河川工学者と生態学者が共同して，河川環境のあり方を自然本来の姿を理解するためのモニタリングが行われている．

また，木曽川では1998（平成10）年に完成した（独）土木研究所の実験施設であ

る「自然共生研究センター」で，河川の自然環境の保全復元に関する様々な現場実験研究が進められている．

このような研究成果や調査結果を蓄積し，それを基礎データとすることで，日本独特の河川生態系や本来水域が有すべき環境に配慮した河川水質環境保全への対応が高度に洗練されていくことが期待される．

c. **地下水や森林を意識した総合的な水質管理**　水文学的な水循環の定性的な過程は知られているが，水質管理をすべき各流域レベルにおいて，その水循環量や水収支が曖昧な状況にある．河川水量は，最上流に位置すると考えられる森林の保水力・水涵養能や地下水の流れに深く関連している．その意味では，スイスの『水域保護法』[8]により規定されている「汚染していない雨水は積極的に浸透させること」という大原則が，地下水涵養さらには河川水量確保へつながり，最終的には河川水質や生息域の保全を実現する基盤要素であると明確に認識されているものと考えられる．

特に，渇水や低水量時における水質管理は，発生汚濁負荷量だけでなく，水量に大きく依存するため，水源林保全，地下水涵養，水源涵養機能などの要素を大事にすることが河川水質管理に欠かせない時代となってきている．そして，それらが定量的に評価しにくいままでは事業として導入できないことから，定量的に評価するために，流域単位の自然の水循環系と集水域に存在する都市域の人工水循環系とを統合したモデルの構築が望まれる．

d. **環境情報公開や住民参加の体制づくり**　インターネットの普及により，以前に比べて格段に河川や水質など環境情報が公開されるようになってきている．しかしながら，U.S. EPA のホームページの充実度や住民を意識した Web 作成や表示方法は，ヨーロッパや日本に比べて優れているといわざるを得ない．この充実度の高さは，米国市民の行政監視に関する意識の高さが背景にあるものと思われる．

2000（平成12）年12月には，建設省の河川審議会から，「河川における市民団体などとの連携方策のあり方について」の答申もなされたこともあり，市民を含め，異なる判断基準を有する利害関係者の相互理解や連携を深め，意思決定を行うことが求められている．したがって，意思決定を支援するシステムとして，情報公開と住民参加を有効な手段として実施する必要がある．効果的な議論のためにも，住民へのわかりやすい情報公開のあり方を検討すること，すなわち，水質

や生物モニタリングの基礎データに加え，科学的な知見に裏づけされた環境情報基盤(環境情報プラットフォーム)づくりが重要となる．

e. **面源汚染物質の取扱い**　日本においても，窒素汚染，農薬汚染など面源負荷による水質汚染の問題が顕在化してきているが，その対策が遅れ気味である．ヨーロッパにおいては飲料水水源として重要である地下水の窒素汚染対策は急務と考えられている．例えば，Nitrate Directive により，積極的な農業分野での施肥管理が進められている．

一方，日本では面源汚染や窒素汚染問題は認識されているものの，定量的な汚濁負荷や汚染への影響度が明確ではないという理由から，規制や管理が十分には制度化されていない．これも，農業分野と河川や地下水管理の所管行政機関が複数存在することによる，縦割り行政の弊害であると推察される．

日本においても，面源に関しても明確に汚染者負担原則による責任分担と発生源対策による未然予防的な規制アプローチを徹底し，EU 型の規制方法を採用する方針を早急に確立していくことが求められる．

参 考 文 献

1) 環境省:平成12年度公共用水域水質測定結果
2) 環境省環境管理局水環境部:日本の水環境行政,2001.6
3) 阿部泰隆・淡路剛久:第2章7節 外国の環境法,環境法,有斐閣ブックス,1996
4) Bloch, H.:EU policy on nutrient emissions:Legislation and Implementation, Proc. of Conference on Wastewater and EU-Nutrient Guidelines, Amsterdam, pp.7-12, 2000
5) European Commission:EU focus on clean water, ISBN 92-828-4836-1, 1999
6) European Environment Agency:Water Stress, Chapter 3.5 of Environment in the European Union at the turn of the century, pp.155-181, 1999
7) Farmer, A. M.:Reducing phosphate discharges;the role of the 1991 EC urban wastewater treatment directive, Proc. of Conference on Wastewater and EU-Nutrient Guidelines, Amsterdam, pp.52-59, 2000
8) Swiss Federal Office of Environment, Forest and Landscape:Federal Law on the Protection of Waters(Water Protection Law), No.814, p.20, 1993
9) U.S.EPA:Clean Water Action Plan;Restoring and Protecting America's Waters, EPA-840-R-98-001, 1998
10) http://www.epa.gov/owow/watershed/wacademy/facilitation/fac1.htm
11) U.S.EPA:Water Quality Conditions in the United States-A Profile from the 1998 National Water Quality Inventory, Report to Congress, EPA-841-F-00-006, 2000
12) http://cfpub.epa.gov/npdes/home.cfm?program id=5
13) http://europa.eu.int/comm/environment/water/water-urbanwaste/direcriv.html
14) Walter, W. et al.:Sustainable watershed management; an international multi-watershed case study, AMBIO, Vol.31, No.1, pp.2-13, 2002

<1.1, 1.2 全体に関して>
・環境省編:平成14年度版環境白書
・環境省環境管理局水環境部:日本の水環境行政,2001.6

<1.3関連WebサイトのURLリスト>
・米国の水質管理に関するもの
National Water Quality Inventory -1998 Report to Congress   http://www.epa.gov/305b/98report/index.html
Clean Water Action Plan   http://www.cleanwater.gov/success/
Watershed Protection   http://www.epa.gov/owow/watershed/
National Pollutant Discharge Elimination System Permit Program   http://cfpub1.epa.gov/npdes/

・ヨーロッパの水質管理に関するもの
Water Quality in the European Union   http://europa.eu.int/water/info_en.html
The EU Water Framework Directive   http://europa.eu.int/water/water-framework/index_en.html
Urban Wastewater Treatment   http://europa.eu.int/water/water-urbanwaste/index_en.html
EU Focus on Clean Water   http://europa.eu.int/comm/environment/eufocus/cleanwater.htm
European Environmental Agency   http://www.eea.eu.int/

第2章 水質環境保全のための管理および技術

2.1 概　　説

2.1.1 生活系汚濁源の対策

　河川水質へ与える生活系汚濁源の影響は大きく，過去には人口稠密地帯で著しい河川水質汚濁を経験している．しかしながら，近年の下水道などの生活排水対策の進捗に伴い，河川の水質はかなりの程度改善されてきている．
　しかし，都市と河川という視点から見ると，河川上流からの大量取水に対して，河川への水量還元が十分に行われず，水循環上の課題となっている．また，河川水流量に占める下水処理水放流量の割合が高くなるケースが増えてきており，水温，色，泡発生などの問題が顕在化し始めている例もある．また，下水処理水に含まれるアンモニア性窒素によるN-BODの発現などの新たな問題が生じてきており，より高度な処理水質の確保や，河川に対しインパクトを与えない放流方法など，河川への還元にあたっての課題解決が必要となっている．
　一方，都市郊外の生活排水の問題としては，汲取りから浄化槽への転換に伴い，流出する汚濁量が増えることなどがあり，これらに対応した処理方法，システムの確立が必要となる．特に湖沼の流域に位置する生活排水の処理にあっては，窒素，リンの除去を伴った対策が必要となる．
　自然景勝地，山岳地帯においても，観光客の増加による生活系排水対策も課題

となってきており，これらについても対応した処理方法，システムが必要となる．

2.1.2 工場・事業場など汚濁源の対策

工場排水については『水質汚濁防止法』の排水規制に従って順当な排水処理が行われているといえる．また，産業用水の75％が再利用でまかなわれるなど，日本の産業界の水代謝システムはある程度合理的に構築された状況にある．工場排水対策の当面の課題としては，新たに規制対象となったトリハロメタン前駆物質への対応，また，湖沼対策や水質総量規制で規制が強化されつつある窒素，リンへの対応になると考えられる．また，今後，ハイテク産業を中心とする新規産業から未規制物質や新規有害物質が排出される可能性が考えられることから，これらの挙動の監視が重要となる．

これら工場・事業場排水対策としては，各プロセスからの処理水を混合し総合排水されることが多かったが，各プロセスごとに分別，回収，処理，再利用を行うことで汚濁負荷の削減，水使用量の削減を図ることが考えられる．

各業種のうち，畜産業については，河川上流部に位置することが多く，窒素，リン負荷量も大きいことから，湖沼，ダムなどの富栄養化問題の大きな原因となっている．また，病原性微生物であるクリプトスポリジウムなどの問題原因となっている可能性もあり，流域内での畜産業などの排水発生源の情報収集が必要となる．

産業活動に関連し，ゴミ処分場からの浸出水が流出し，それに含まれる種々の有害物質などが問題となっている．浸出水には，重金属類，トリハロメタン前駆物質が多く含まれ，さらにプラスチック添加剤起源の有害物質，またダイオキシン類の問題がある．

2.1.3 面源負荷対策

上記の生活排水や工場排水に加えて，農耕地や市街地のからは降雨に伴って排出される負荷があり，これを面源負荷といっている．

面源負荷は，流域特性や土地の利用状況，降雨の影響によってその流出量が大きく異なり，現状では有効な対策がとりにくくなっている．

2.1 概 説

　面源負荷として問題となるものは，窒素，リン負荷があげられ，河川の下流に湖沼，ダム湖が存在する場合，富栄養化を生じさせることがある．また，農地やゴルフ場からの農薬の流出，さらに，市街地からの多環芳香族化合物の負荷が指摘されており，健全な水環境を保全するうえで課題となるものである．

　面源負荷については様々な計測の研究調査が行われているが，得られたそれぞれの原単位の値には大きな開きがあり，今後とも計測，調査，研究が必要である．

　今後はGISなどの新しいツールを用いる可能性を探るとともに，それを生かすための調査のあり方も検討する必要がある．山林自然域からの負荷対策としては，施肥，伐採の方法，農耕地からの面源負荷対策としては，過剰施肥，散布に対する指導などの対策が重要であり，水田ではさらに水管理が重要となる．

　市街地からの面原負荷対策としては，特に汚濁濃度の高い初期雨水対策が重要である．合流式下水道の雨天時排水対策，ならびに分流式下水道の雨水対策の進展が望まれるとともに，道路側溝，雨水ますなどの清掃や雨水流出の抑制などによって負荷の流出を削減することが考えられる．

2.1.4 水域での対策

　水域における浄化対策としては，曝気，浚渫，浄化用水の導入，バイパスおよび河川直接浄化施設の設置などがあるが，水生植物を利用した植生浄化法，生態系制御による浄化法，自浄作用を強化する目的での生態護岸の適用なども実施されつつある．

　直接浄化対策としての課題を整理すると，以下のような事項が今後の研究課題としてあげられる．

① 河川の流入負荷に対し河川の自浄作用が相対的に小さい場合には，排水基準の強化とともに直接浄化対策は有効となりうる．河川特性を踏まえた合理的な対策の立案が必要となる．

② 治水を主とした今までの河川管理が見直され，氾濫原，河畔林，湿地における生態系，景観などに配慮した管理の重要性が指摘されている．このような場所における窒素，リンの浄化機能が期待されているが，今後の知見の集積が必要である．

③ 雨水浸透の促進による河川維持用水の確保とともに，生態護岸，ビオトープ

などにより水域における多様な生態系を構築し，その自然浄化機能を持たせ，有効活用することが必要である．
④ 未利用資源，廃棄物などを高機能浄化担体として用いるなど循環型社会の構築に資する直接浄化対策を考慮する．

今後の水域における対策のあり方としては，流域管理における水域での対策の位置づけを明確にしながら進めるべきものであり，流域全体をシステムとして管理する方策が重要となり，この観点での研究が望まれる．また，これら対策には，循環型社会システムの構築，人間と自然の共生，市民参加の概念を組み込んだ取組が期待される．

2.1.5 流域住民による対策

河川整備の基本的方向として流域住民の主体的な参加と，地域の意向が反映される仕組づくりが求められている．その観点から河川の水質環境保全について見ると，生活排水対策としては，下水道への接続，合併浄化槽の選択および浄化槽の適正な維持管理など行政の関与とともに，流域住民としての主体的な取組が期待されている．

また，都市化に伴い，不浸透域が増加することにより都市型水害が多発しており，雨水浸透，貯留などの流出抑制対策を含めた対策が必要となっている．雨水流出抑制対策は，同時に河川の自流量を確保することになり，水質環境の保全にも重要な役割を果たし，流域の水循環機能を再生させる重要な機能を担っている．雨水貯留浸透施設は，校庭や公園などの公共施設のほか，個人の住宅地にも設置される場合が多い．この場合には，住民の協力が不可欠であるが，設置費の助成など行政の取組も同時に行われている．

住民による水辺環境の美化対策として，様々な形態での河川の清掃活動が広範に行われている．また，ゴミ不法投棄に対する監視の取組や，河川敷の美化，環境整備も住民の協力を得て実施されている．

河川環境保全に関する情報を住民に提供することは，河川環境保全への意識向上につながる．水域の汚濁負荷削減策として，具体的にどのような行為がどのように水質改善に貢献できるかを住民に示す必要がある．

また，住民意識の向上を図るための環境教育については，コアとなる指導者の

2.1 概　　説

育成が重要となる．

　環境への問題意識を共有する市民環境グループ"環境 NPO"の活動が 1990 年頃から急速に増加し，活発化している．こうした活動は，住民自体の水環境への問題意識を向上させるとともに，その保全に対する自己責任と役割を自覚させる効果もある．日本における NPO 活動を含む市民活動を推進するための課題としては，①情報の公開と共有化，②行政および専門化の支援，③組織のネットワーク化，④活動資金の確保，があげられる．これらに対する援助が NPO 育成の鍵と考えられ，その結果，相互補完や情報の共有化が可能となり，政策提言へと発展できる自立した市民層の形成が可能になる．

2.1.6　総合管理手法

　新しい技術による管理手法の進展，特に情報技術の分野において著しいものがある．データを連続的に，瞬時に取得し管理に生かす技術や，新しい面的情報システムが代表例である．

　水質などのデータを連続的および瞬時に取得する方法は，モニタリング技術に応用されるものであり，電極や光を用いたもの，生物を用いて毒物を検知するバイオセンサーなどが新たに開発され，実用化されてきている．これらの特徴としては，瞬時にデータが得られることであり，水質連続監視装置への適用，ランドサットなどからの測定などが例としてあげられる．これらは，水質の常時監視，水質事故への対応などに有効となるものである．

　また，面的情報としては，地理情報システム(GIS)があげられ，これらを用いた新たな管理手法などが有効となりつつある．地域情報を図形として処理することにより高度な取組をしようとするものであり，負荷量算出などの例がある．

　このような新しい技術は，河川の管理により多くの可能性を開くものであり，さらなる適用検討を図るべきものと考えられる．

2.2 生活系汚濁源からの負荷と対策

図 2.1 は，國松ら[1]が 20 年近くの時間をあけて実施した琵琶湖流入河川の一斉調査結果である．河川を通じての汚濁物の流入では，流量が強く影響することがわかるが，それ以外にこの 20 年間で全リン(T-P)の流入負荷量が大きく低下したことが示される．國松らは，この結果より琵琶湖総流入負荷量を算定し，**表 2.1** の結果を得た．COD，全窒素(T-N)，T-P は，それぞれ約 7，2，5 割の減少を示している．汚濁負荷の減少は，その間の各種環境対策が複合した結果ではあるが，その最も大きな要因は，琵琶湖南湖付近の人口密集地域での下水道普及によると考えられる．1979 年当時は，大津市でやっと公共下水道が整備され始めた頃であり(1979 年時点の下水処理人口は 4 万 6 000 人)，琵琶湖周辺の生活雑排水の多くは，未処理で放流されていた．その後，約 20 年の間に流域下水道普及などを通じ，生活排水の直接の流入がほとんどなくなった影響と考えられる．

表 2.1 琵琶湖への全流入負荷量の変化[1]

調査日 (年.月.日)	COD (t/日)	T-N (t/日)	T-P (t/日)	流量 (10^6 m^3/日)
1979.11.20	42.0 [6.0]	10.7 [12.8]	0.718 [13.8]	12.1 [3.4]
1995.04.04	14.0 [4.6]	8.58 [3.6]	0.365 [5.2]	11.1 [1.3]

注） [ ]内は，南湖流入負荷量の割合(%)を示す．

○；主な 50 河川調査(1977〜78 年)
●；133 河川調査(1978〜80 年，△は田植時調査)
■；142 河川調査(1995 年)

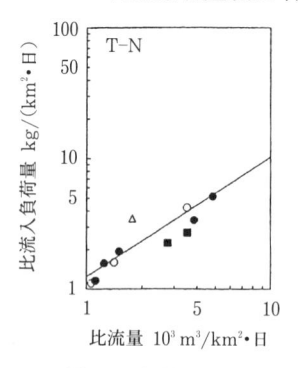

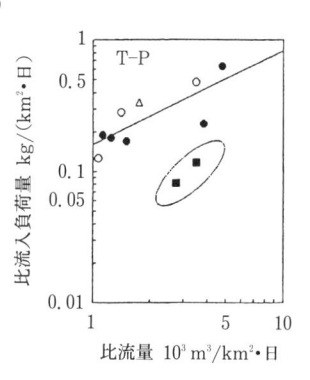

図 2.1 河川から琵琶湖への比流入負荷量と比流量の関係[1]

2.2 生活系汚濁源からの負荷と対策

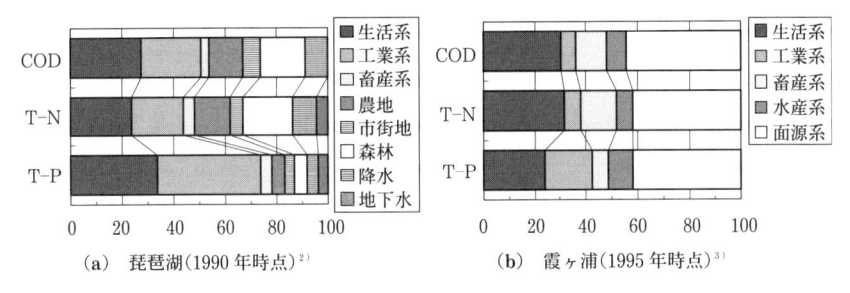

図 2.2 発生源別排出負荷量の割合
(a) 琵琶湖(1990年時点)[2]
(b) 霞ヶ浦(1995年時点)[3]

生活系排水の影響は，下水道などの整備とともに年々減少傾向にはあるが，湖沼などの閉鎖性水域への負荷では依然主要な部分である．図 2.2 は，琵琶湖[2]および霞ヶ浦[3]を例として，各種汚濁源からの負荷量の割合を示した図である．琵琶湖，霞ヶ浦とも COD, T-N, T-P で若干の差があるものの，約 1/3 が生活系排水にからの負荷である．その他の主な負荷源では制御困難な森林・降雨などの面源が約半分を占めていることを勘案すると，その対策がきわめて重要であることが理解される．

河川は，この生活系汚濁を直接受け入れる場所であるので，その影響は，水質に直接反映される．汚濁の影響を把握することは，河川管理上重要である．

2.2.1 生活系汚濁排水による河川への影響

前述したように，生活系排水は，湖沼などの閉鎖性水域への主要な汚濁源となり，その流下の過程で河川にも影響する．生活系排水は，排出源としてトイレからの屎尿と，それ以外の雑排水に大別され，処理システムによっても両者での扱いが異なる．表 2.2 は，いくつかの文献[4]~[6]より得られる原単位をまとめたものである．屎尿そのものは，1 人 1 日当りでは 2 L 強であるが，洗浄水などが加わり，浄化槽や下水道完備の地区では 50 L 程度の量となる．その他由来の生活排水，いわゆる生活雑排水は，1 人 1 日 200 L 程度である．屎尿は，洗浄水を含めても水量的には全体の 2 割程度にすぎないが，汚濁成分の量的な割合では，BOD, COD, T-P, T-N の順に 33, 43, 70, 82 ％となり，主要な汚濁源となる．したがって，生活排水の汚濁対策のうえでは，まず屎尿系の負荷防止が重要となる．以下，その防止法について説明する．

第2章 水質環境保全のための管理および技術

表 2.2 生活排水に係わる原単位と濃度 [1]~[6]

項目	種類	排水量 (L/人・日)	水質			
			BOD	COD	T-N	T-P
原単位 (g/人・日)	雑排水	201	27	13.0	1.5	0.3
	屎尿	57(2.27)	13	10.0	7.0	0.7
	合計	258	40	23.0	8.5	1.0
濃度 (mg/L)	雑排水	134.3	64.7	7.5	1.5	
	屎尿(浄化槽)	228.1	175.4	123	13.3	
	屎尿(そのもの)	5 727	4 408	3 086	309	
	総排水	155.0	89.1	32.9	3.88	

2.2.2 各種生活系汚濁物処理方法とその効果

(1) 方法の分類

　生活系汚濁物対策としては，歴史的に見ても各種の手法が用いられてきた．図2.3にはその変遷の概要[7]を示す．元来，日本では，屎尿は，主要な肥料として農地に還元(自家処理)されてきたが，まず化学肥料の普及とともにその価値を減じ，屎尿の計画収集(汲取り)および屎尿処理へと形態が変化してきた．一方，都市部では1960年代より下水道も徐々に普及し，計画収集も減少し始める．計画収集のピークは，1970年代であり，約7割を占めていた．下水道は，建設省(現国土交通省)が担当する施設であり，広域区域を対象として，面整備と終末処理場とからなる．その普及は急速には進まないため，人口密集地以外はそれに代わるいくつかの手法がとられる．その一つが，新設の住宅地域に設置される大型浄化槽，いわゆる"コミュニティープラント"である．農村地域では，農村集落排水処理施設(いわゆる，農村下水道)が，また個別の家でも浄化槽の設置が進む．

　これらの施設の増大により，トイレの水洗化は進行するが，処理システムによって規模・下水回収方法・処理方式が異なる

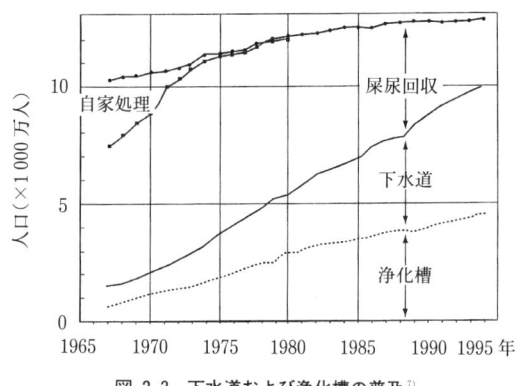

図 2.3 下水道および浄化槽の普及 [7]

2.2 生活系汚濁源からの負荷と対策

表 2.3 家庭および事業場からの排水の収集と処理システム[7]

下排水処理システム	対象下排水		備　考
	家　庭	事業場	
公共下水道, 流域下水道	生活雑排水, 屎尿	工場排水, 汚水*	*屎尿＋生活雑排水
コミュニティープラント	生活雑排水, 屎尿		
合併浄化槽	生活雑排水, 屎尿		
単独浄化槽	屎尿		生活雑排水は無処理放流
屎尿処理施設	屎尿		生活雑排水は無処理放流

うえ，さらに対象とする汚水の範囲が異なるため，環境に対する影響・負荷も違ってくる．表 2.3 はそれらの範囲をまとめたものである[7]．環境への負荷を考えるうえでは，表に示すように対象下排水の範囲が重要である．とりわけ生活雑排水を処理するかどうかで，環境への負荷が大きく異なることとなる．旧来型の単独浄化槽や屎尿汲取り，自家処理では，生活雑排水はそのまま排出される．その割合は，先の表 2.2 で示されるように，BOD, COD, T-P, T-N の順に 67, 57, 30, 18 ％となる．雑排水を未処理で放流することは，BOD や COD で代表される有機性汚濁物を多量に流出させ，河川などの DO 低下といった問題を引き起こす．

以下，各処理システムごとにその特性を検討する．

(2) 下水道

下水道は，「下水を排除するために設けられる排水管，排水渠その他の排水施設，これに接続して下水を処理するために設けられる処理施設（屎尿浄化槽を除く）またはこれら施設を補完するために設けられるポンプ場その他の施設の総体」（『下水道法』第 2 条）であり，対象とする行政地域・場所により，いくつかの種類に分類される．公共下水道は，「主として市街地における下水を排除し，又は処理するために地方公共団体が管理する下水道」であり，市街化区域外でも水資源や観光資源など水質保全上重要な場所に置かれる「特定環境保全下水道」や工場や事業場からの排出汚水量が 2/3 以上を占める「特定公共下水道」も含まれる．ただし，単に公共下水道という場合は，通常，それ以外の市街地区域を対象にするものを指し，終末処理場を有するもの（単独公共下水道）と，流域下水道に接続するもの（終末処理場を有しない，流域関連公共下水道）とに分かれる．一方，流域下水道は，「地方公共団体が管理する下水道により排除される下水を受けて，これを排除し，および処理するための地方公共団体が管理する下水道で，二以上の

市町村の区域における下水を排除するものであり,かつ,終末処理場を有するもの」をいう.これらはすべて,国土交通大臣(旧建設大臣)の許認可を必要とする施設である.

図 2.4 は,これら下水道全体による,国内の普及状況を示したもの[8]である.図に示されるように,その普及率は,1965 年の 8 %から 2000 年の 62 %と毎年約 1 %強ずつ上昇し,現時点では 6 割を超えるの普及率となっている.ただし,普及率は下水道が完備する処理区域に住む人口の割合を示し,実際にそこで下水道利用している人口(水洗化人口)はこれより数%低い値である.下水道のメリットとしては,集約的に下水を処理するため,他の処理法に比べ,政策的に処理レベルを設定するのが容易である点があげられるが,人口集中地域での面整備が完了した現時点では,その普及率の急速な増大は困難である.

日本の下水道は,必ず終末処理場を持つが,その処理方法は,**表 2.4** に示すとおりとなっている[8),9)].表では比較のため,1987 年と 1998 年について示している.1987 年時点では,下水処理場は,大都市の公共下水道が主体であり,処理方法も標準活性汚泥法が 7 割,その変法であるステップエアレーション法が 1 割を占め,処理方式がかなり固定していた.また,窒素,リンの除去を意識した処

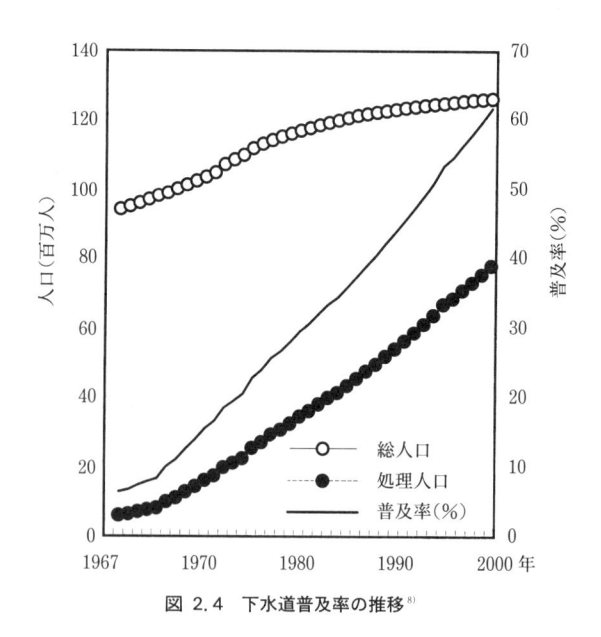

図 2.4 下水道普及率の推移[8]

2.2 生活系汚濁源からの負荷と対策

表 2.4 水処理方法別処理場数(1987年現在／1998年現在)[8), 9)]

処理方式	計画晴天時日最大処理水量 (10^3 m³/日)	5未満	5〜10	10〜50	50〜100	100〜500	500以上	計
一次処理	沈殿法	0 ／ 1	1 ／ 1	3 ／ 0				4 ／ 2
二次処理	高速エアレーション沈殿池	2 ／ 0		9 ／ 9	5 ／ 0	2 ／ 1		18 ／ 10
	高速散水ろ床法	2 ／ 0	3 ／ 2	6 ／ 2				11 ／ 4
	標準活性汚泥法	52 ／ 45	53 ／ 60	225／287	73 ／123	111／142	10 ／ 12	524／669
	ステップエアレーション法	3 ／ 0	4 ／ 0	14 ／ 11	16 ／ 11	16 ／ 9	10 ／ 6	63 ／ 37
	酸素活性汚泥法	0 ／ 1	1 ／ 2	1 ／ 3	1 ／ 1	1 ／ 4		4 ／ 11
	長時間エアレーション法	14 ／ 15	1 ／ 2	2 ／ 3				17 ／ 20
	オキシデーションディッチ法	23 ／357	6 ／ 59	0 ／ 24				29 ／440
	循環式硝化脱窒法	0 ／ 1	1 ／ 1	0 ／ 3	0 ／ 1	0 ／ 3	0 ／ 1	1 ／ 10
	硝化内生脱窒法	3						3
	嫌気－無酸素－好気法			4		3		7
	嫌気－好気活性汚泥法	9	3	10	4	11	1	38
	コンタクトスタビリゼーション法	1 ／ 0	0 ／ 1	2 ／ 0	1 ／ 0	1 ／ 0		5 ／ 1
	回分式活性汚泥法	2 ／ 55	0 ／ 4	0 ／ 4				2 ／ 63
	回転生物接触法	14 ／ 12	3 ／ 6	5 ／ 5	1 ／ 1			23 ／ 24
	接触酸化法	1 ／ 23						1 ／ 23
	好気性ろ床法	13	1					14
	嫌気好気ろ床法	6						6
	その他	1 ／ 1		0 ／ 3				1 ／ 4
	計	115 ／542	73 ／142	267／368	97 ／141	131／173	20 ／ 20	703／1386
高度処理		9 ／ 43	5 ／ 14	5 ／ 34	5 ／ 7	8 ／ 43	5	32 ／146
公共下水道								578／844
特定環境保全公共下水道								74 ／384
特定公共下水道								11 ／ 10
流域下水道								40 ／148

理方法はほとんどなく，BOD，SSが除去の主対象であった．これに対して，1998年時点になると，処理場数が約2倍となり，様々な方式が登場するようになる．もちろん既存の処理場でも処理方式を変えたものもあるが，1998年と1987年との差は，主としてその間に新設された処理場の処理方式を示している．この間に特に多く用いられるようになった方式は，オキシデーションディッチ法であり，新設の約半数を占める．その他では回分式活性汚泥法も増加が著しい．これらオキシデーションディッチ法や回分式活性汚泥法は，5万 m³/日以下の，特に5 000 m³/日以下の小さな処理場で採用されている．これに対し，5〜50万 m³/日クラスの中規模・大規模処理場も1.5倍となり，新設により増加している．これらの新設の中規模・大規模処理場では，循環式硝化脱窒法，嫌気-好気活性汚泥法など，窒素除去あるいはリン除去も意識したものとなっており，富栄養化

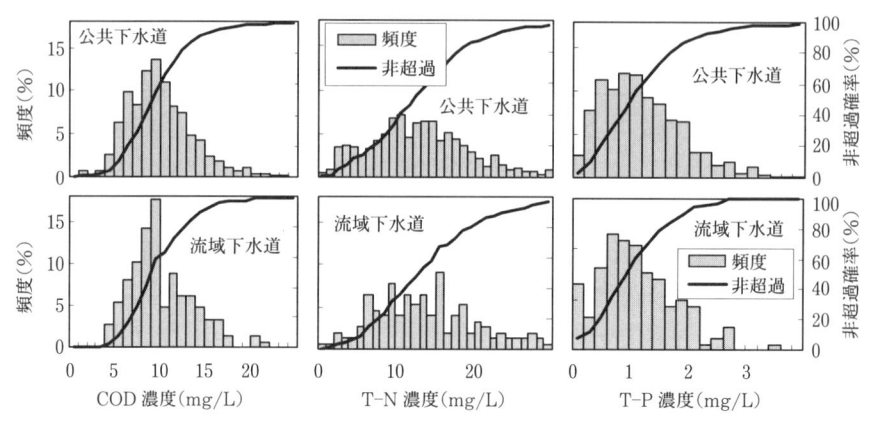

図 2.5 下水処理場の放流水質[10]

防止に向けた下水道の取組が反映されている．

　下水処理場の放流水の水質レベルを下水道統計[10]をもとに整理し，頻度分布で示したものが図 2.5 である(1998 年度実績値)．図は，公共下水道と流域下水道とを分けて示している．平均的濃度範囲を非超過確率 25 〜 75 ％で評価してみると，公共下水道からの放流水濃度は，COD が 7.5 〜 12 mg/L，T-N が 8.5 〜 17 mg/L，T-P が 0.6 〜 1.6 mg/L となっている．一方，中央値(非超過 50 ％値)は，COD，T-N，T-P でそれぞれ 9.5，13，1.1 mg/L 程度となっている．BOD については，図を略しているが，非超過確率 25 〜 75 ％が 2.5 〜 7 mg/L，中央値が 4 mg/L であった．一方，流域下水道では，25 ％非超過確率，中央値，75 ％非超過確率が，BOD で 2，2.5，6 mg/L，COD で 8，9.5，12 mg/L，T-N で 9，13.5，18 mg/L，T-P で 0.6，1.0，1.5 mg/L となっている．公共下水道・流域下水道間で大きな差はなく，むしろ処理場による差が大きく，処理方式などの影響が大きい．

　下水処理場への流入水質は，先の表 2.2 中の総排水濃度で示した濃度で概算することができる．この値と，公共下水道の放流水非超過確率 25 〜 75 ％値で，下水処理場の除去率範囲を求めると，BOD，COD，T-N，T-P で，それぞれ 96 〜 98 ％，87 〜 92 ％，48 〜 74 ％，59 〜 85 ％となる．窒素，リンでは高除去率の処理場もあるが，全体としては約半分の除去であり，その除去主体は有機物となっていることがわかる．

　先の図のように下水道の普及により，当然水環境への改善が期待される．

2.2 生活系汚濁源からの負荷と対策

図 2.6 は，琵琶湖南湖まわりの主要な下水道の処理人口の推移[11]と，南湖流入河川の平均水質[12]を示した図である．琵琶湖南湖周辺は，元来農村地区であったが，京阪神のベットタウンとして人口が近年著しく増加した場所である．その結果，生活排水などにより，1970年代後半の河川水質は，BOD，T-N，T-P でそれぞれ 5, 3, 0.5 mg/L と高いレベルにあったが，その後，大津市の公共下水道，湖南中部（草津市・守山市など）および湖西（大津市・志賀町など）の両流域下水道の普及による生活排水対策が進み，現在では BOD，T-N，T-P は，それぞれ 1.5, 1.5, 0.1 mg/L と低いレベルで安定している状況にある．この河川水質の改善は，必ずしも下水道のみの効果だけではないが，処理人口の増加と水質の改善との関係が認められる．

下水道は，環境改善の機能を持つとともに，その多量な収集および放流により様々なデメリットも併せ持つ．例えば，流域の水環境を大きく変化させることとなる．また，大量排水は，局所的に大量排水することで，表 2.5 に示すような問題点[13]も生じる（下水処理場へのアンケート調査結果）．最も多いのは，発泡によるもので 16 %，ついで藻の発生が 11 %，色相・臭気が続く．発泡は，排水中の洗剤成分の未分解によるもの，藻の発生は，含有する窒素，リンによるもの，色相・臭気は，残存有機物によるものである．一方，豊かな下水の水量を逆に効果的利用す

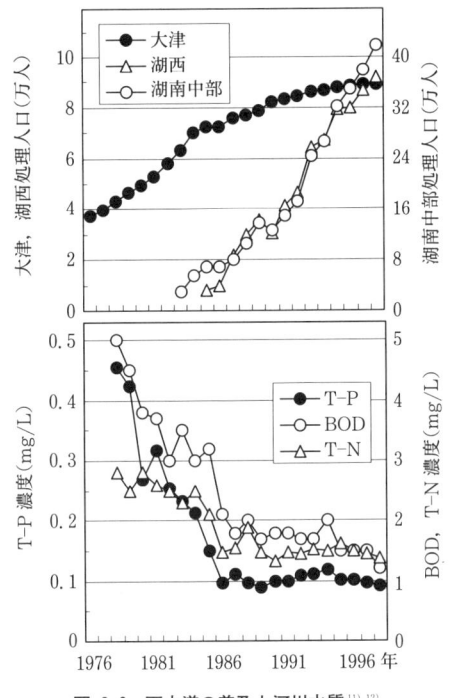

図 2.6 下水道の普及と河川水質[11],[12]

表 2.5 下水道放流による問題点[13]

順位	問題	処理場数	%
1	発泡	124	15.9
2	藻の発生	84	10.7
3	色相	72	9.2
4	臭気	32	4.1
5	温度差	24	3.1
6	ぬめり	14	1.8
7	洗掘	10	1.3
8	塩分濃度	9	1.2
9	淡水化	8	1
10	その他	28	3.6
11	問題なし	261	33.4
12	記入なし	234	29.9
合計		900	115.2

第2章　水質環境保全のための管理および技術

る計画も各地でされつつある．表 2.6 は，それらの例を示したもの[13]で，地域における親水機能の付加，ビオトープ効果などを狙っている．

　下水道は，家庭からの汚水のみではなく，雨水排除の機能を持つ．この機能を強化した施設として，大阪市は，1985 年から同市南東部で「なにわ大放水路」の建設を始め，1997 年に完成している[14]．本施設は，総延長 12.2 km，内径 2.2〜6.5 m，30 万 m^3 の貯水量を持つ巨大地下管路であり，その放流施設である住之江抽水所(ポンプ場)が 2000 年に完成したことにより，稼働を開始した．このような巨大な雨水貯留施設は，浸水対策の効果を持つと同時に，降雨発生初期の高濃度雨水(いわゆる，ファーストフラッシュ)を一時貯留および沈殿させることで，公共環境への汚濁負荷の低減が期待されている．同市は，同様の施設として，最大内径 7.5 m，総延長 22.5 km の「淀の大放水路」を建設中である[15]．そのほか，

表 2.6　下水道放流水活用例

	調査テーマ	番号	処理場名	所在地
上流〜沖合放流	分散放流・河川流量への寄与	1	上下水質管理センター	広島県甲奴郡上下町
	上流部放流	2	芦屋町浄化センター	福岡県遠賀郡芦屋町
		3	宮古浄化センター	岩手県宮古市
	港湾への放流	4	滋賀県東北部浄化センター	滋賀県彦根市
	地下浸透・礫間浄化	5	川平浄化センター	沖縄県石垣市
	沖合放流	6	焼津市汐入下水処理場	静岡県焼津市
		7	岡東浄化センター	岡山県岡山市
		8	大津浄化センター	滋賀県大津市
減勢	階段式放流	9	塩原水処理センター	栃木県那須郡塩原町
	水勢の緩和	10	森ヶ崎水処理センター	東京都大田区
親水	アメニティ利用	11	東海市浄化センター	愛知県東海市
		12	池田市下水処理場	大阪府池田市
	土地改良，河川，公園事業による整備	13	駒ヶ根浄化センター	長野県駒ヶ根市
自然浄化〜高度処理	自然浄化	14	リヴァイブ波田	長野県東筑摩郡波田町
		15	千代田浄化センター	広島県山県郡千代田町
		16	上の原浄化センター	新潟県南魚沼郡六日町
	素堀水路	17	山口市浄水センター	山口県山口市
	礫間浄化	18	大岩藤浄化センター	栃木県下都賀郡藤岡町
		19	仙石原浄水センター	神奈川県足柄下郡箱根町
	淡水魚池	20	魚津市浄化センター	富山県魚津市
	安定池・曝気付礫間接触酸化池	21	渚処理場	大阪府牧方市
	植生池・ラグーン効果	22	児島湖流域下水道浄化センター	岡山県玉野市
	高度処理	23	宗像終末処理場	福岡県宗像市

横浜市[16]も地下最深 85 m，直径 10 m，長さ 2 km の貯水トンネルを建設中であり，全国各地に類似施設が建設されつつある．なお，下水道による雨水排除については，2.4でも記述する．

(3) 浄化槽

浄化槽などは，「便所と連結して屎尿を又は屎尿と併せて雑排水を処理し，下水道法で規定する公共下水道以外に放流するための設備又は施設であって，廃棄物の処理および清掃に関する法律により定められた屎尿処理場以外のもの」(『浄化槽法』第2条，法文一部簡略化)をいう．すなわち，法的には『下水道法』で規定する下水処理場と屎尿処理場以外のすべての汚水処理装置をいい，コミュニティープラントや農村集落排水処理施設も含まれる．ただし，コミュニティープラントや農村集落排水処理施設は，規模的にはやや小さいものの，処理方式などの点では，『下水道法』で規定する下水処理場とほぼ同などのシステム・機能を有するものが多い．

図 2.7 にアンケート調査[17]に基づく農村集落排水処理施設からの放流水の水質レベルを示す〔調査件数(N)：724 処理場，1994 年調査〕．BOD，T-N，T-P，SS の放流水濃度は，中央値でそれぞれ 9.0，18，2.4，6.5 mg/L，非超過確率 25～75 % で，4.2～16，12～24，1.5～3.1，3.7～15 mg/L の範囲である．先の公共下水道や流域下水道の放流水質に比べると，BOD，T-N，T-P とも 2 倍近く高い濃度となっているが，通常の二次処理レベルは十分達成されている．この

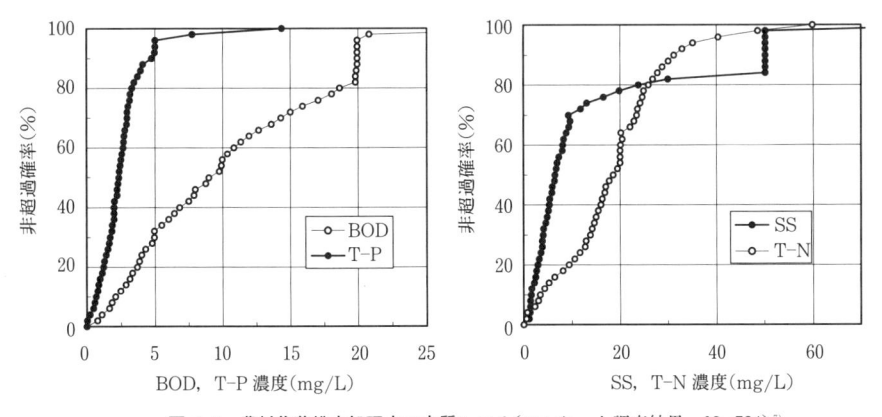

図 2.7 農村集落排水処理水の水質レベル(アンケート調査結果，$N=724$)[7]

データの中央値および**表 2.2** の総排水の濃度をもとに除去率を概算すると，BOD，T-N，T-P でそれぞれ 94，44，39 ％ となる．

これに対し，個別の家屋や数軒レベルの排水を対象にした施設があり，通常，単に浄化槽といえば，これらを指す．これら施設の維持管理は利用者に委ねているため，日常的な管理が実際上困難となっている．その処理規模は，**図 2.8**[18)]に示すように 20 人槽以下の小規模装置が 87 ％，100 人槽以上は 0.2 ％にすぎない．

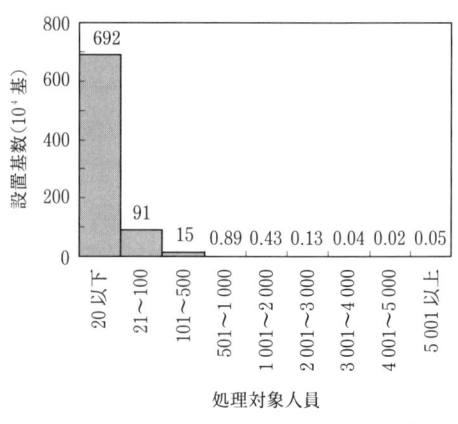

図 2.8 浄化槽の処理対象人員別の設置基数(1995 年度)[18)]

この小規模浄化槽は，元来，下水道が普及していない地域で各家庭のトイレを水洗便所化する目的で普及した．そのため，屎尿のみを処理する「単独処理浄化槽」からまず出発した．単独処理浄化槽の問題点は，当然のことながら生活雑排水を無処理で放流することにある．先の**表 2.2** で示したように，家庭系からの負荷のうち屎尿以外が占める割合は，BOD で 68 ％，もっとも小さい T-N でも 18 ％となっており，無視できない量である．そこで，昨今は，雑排水を無処理で放流する単独処理浄化槽タイプは，水質汚濁防止上好ましくないとして，国および多くの自治体は，雑排水を処理する合併処理浄化槽の設置を促進すべく各種の助成金を与え，普及を図っている．さらに 1995 年 4 月，厚生省により「単独処理浄化槽に関する検討会」が設置された．その中で「単独処理浄化槽についてはその歴史的役割をほぼ終えつつあり，生活雑排水も処理できる合併処理浄化槽などの恒久的な生活排水処理施設により代替され，その設置・使用が廃止されるべき時期に至っている」と評価[19)]され，これを受け 1995 年の生活環境審議会において，単独処理浄化槽を 3 年度をめどに全廃することが答申された[26)]．

図 2.9 に新設の浄化槽に占める単独処理浄化槽の割合[21)]を，**図 2.10** にその累積となる設置基数および単独処理浄化槽割合[21)]を，それぞれ経年変化で示す．1996 ～ 97 年時点でも新設の浄化槽で合併処理浄化槽が占める割合は半分に満たず，全体の設置件数で見ればやっと 10 ％を超えたのが現状で，先の厚生省の予

2.2 生活系汚濁源からの負荷と対策

測とはかなり差がある．合併処理浄化槽は，単独処理浄化槽に比べ処理水量が増大し，設置面積・設置費用とも増大する．それが，国および多くの地方自治体で合併処理浄化槽への助成があるにも関わらず，依然単独処理浄化槽の設置が多い理由であろう．なお，地方自治体による上乗せ補助では，数万円から 100 万円近くまで自治体・対象地域によって差がある[20]．新設浄化槽における合併処理の割合も，県によって大きく異なっている[19]．

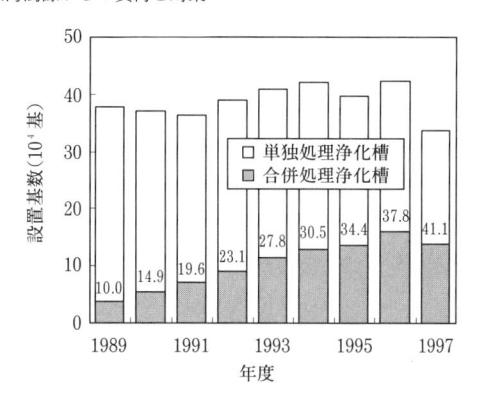

図 2.9 新設浄化槽基数と合併浄化槽割合[21]

図 2.10 の浄化槽設置基数および図 2.3 の浄化槽利用人口からわかるように，浄化槽 1 基当りの平均的処理人口は 5 人であり，ほぼ各戸処理となっている．小型浄化槽の問題点は，処理規模が小さいため適切な維持管理が困難で，

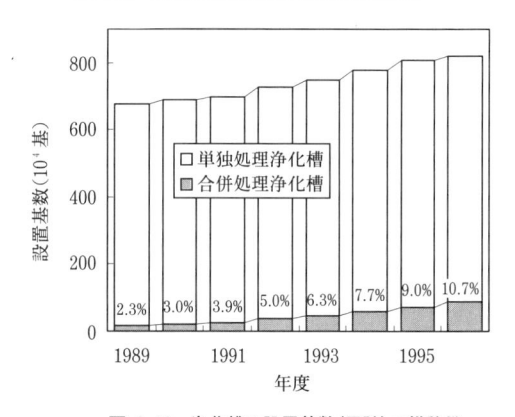

図 2.10 浄化槽の設置基数(累計)の推移[21]

浄化槽本来が持つ除去能力すら達成されていないケースが多いことである．結果として，その除去率は報告によって大きな範囲にわたっている．全体的傾向として，単独処理浄化槽は，除去率の面でも合併処理浄化槽より劣っている．稲森ら[22]は，単独処理浄化槽，合併処理浄化槽それぞれの除去率の設定値として，BOD で 65％と 90％，T-N で 12％と 27％，T-P で 25％と 37％を提案している．一方，藤村[23]は，文献調査の結果から，単独処理浄化槽，合併処理浄化槽それぞれの除去率を，COD で 65％と 80％，T-N で 15％と 18％，T-P で 5％と 12％とまとめている．図 2.11 には小型合併処理浄化槽の BOD 流出濃度分布の調査報告値[24]を図示する(対象：1993 年以降に国庫補助事業で設置された処理人員 10 人規模以下の合併処理処理浄化槽，1 049 基)．このデータによると，非超

第2章 水質環境保全のための管理および技術

過確率25〜75％の範囲で5〜18 mg/L 程度，中央値は10 mg/L 程度である．ただし，50 mg/L を超えるものも3％ある．1988〜92年に設置の小型合併処理浄化槽として18〜31 mg/L が報告[24]されているので，その後の処理性能の向上は見られる．ただし，大規模な農村集落排水処理水と比べ，依然若干高くなっている．

最後に，参考として**表2.7**に以上の下水道，浄化槽以外も含めた各種の生活排水処理事業を一覧として示す．表の⑤，⑥，⑧，⑨，⑫，⑬が個別および集合形の合併処理浄化槽が用いられるケースであり，さらに⑩と⑪でも一部用いられる．

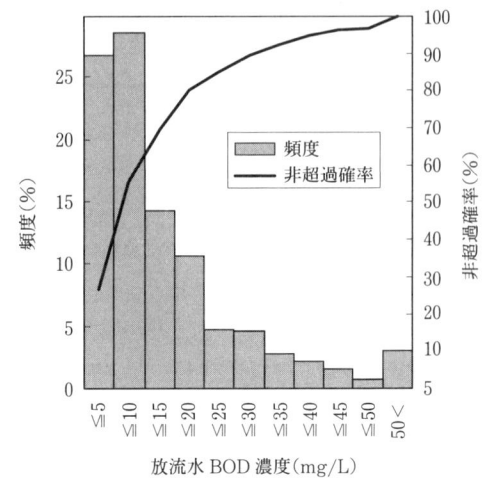

図 2.11　小型合併浄化槽の放流 BOD ($N=1\,049$)

(4) まとめと今後の課題

以上，主要な生活排水処理方法である，下水道，農村集落排水処理施設，合併

表 2.7　生活排水処理事業の種類と内容[25]

	事　業　名	事業主体	国庫補助金[*1]	所管の省庁	計画規模	処理形態
①	公共下水道事業(狭義)[*2]	市町村[*4]	あり	建設省	制限なし	集合処理
②	特定公共下水道事業	市町村	あり	建設省	1 000〜10 000人[*7]	集合処理
③	特定環境保全公共下水道事業	市町村[*4]	あり	建設省	制限なし	集合処理
④	流域下水道事業	都道府県[*5]	あり	建設省	制限なし	集合処理
⑤	合併処理浄化槽設置整備事業	市町村	あり	厚生省	制限なし	個別処理
⑥	特定地域生活排水処理施設整備事業	市町村	あり	厚生省	20戸以上	個別処理
⑦	コミュニティ・プラント	市町村	あり	厚生省	101〜30 000人	[*10]
⑧	農業集落排水事業	市町村[*6]	あり	農林水産省	100〜1 000人[*8]	集合処理
⑨	簡易排水施設整備事業[*3]	市町村	あり	農林水産省	10戸以上，20戸未満	集合処理
⑩	漁業集落排水事業	市町村	あり	水産庁	100〜1 000人程度	集合処理
⑪	林業集落排水事業	市町村	あり	林野庁	20〜1 000人程度	集合処理
⑫	小規模集合排水処理施設整備事業	市町村	なし	－	10戸以上，20戸未満	集合処理
⑬	個別排水処理施設整備事業	市町村	なし	－	20戸未満[*9]	個別処理

[*1] 建設費における国庫補助金の有無，　[*2] 広義の公共下水道は①〜③を含む，　[*3] 山村振興等特別対策事業のメニュー事業，　[*4] 過疎代行制度で県，　[*5] 原則として都道府県，　[*6] 県あるいは土地改良区の場合もある，　[*7] 地区によっては1 000人未満でもある，　[*8] 市町村および都道府県の関係部局間で協議調整を行えば1 000人以上でも実施できる，　[*9] 地域によっては10戸以上20戸未満，　[*10] 個別処理または集合処理

2.2 生活系汚濁源からの負荷と対策

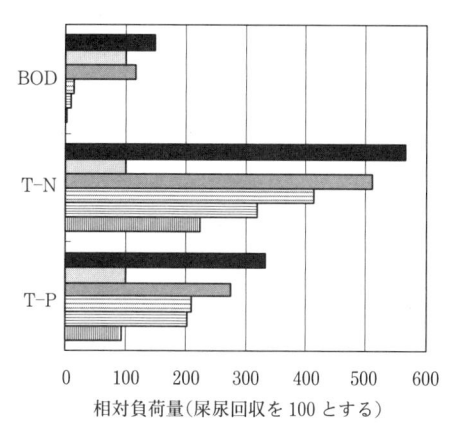

図 2.12 各処理システムの環境への負荷量の比較

凡例:
- ■ 発生量
- □ case 0　屎尿回収
- ▨ case 1　単独処理浄化槽
- ▤ case 2　合併処理浄化槽
- ▥ case 3　農村集落排水処理
- ▦ case 4　公共下水道

横軸:相対負荷量(屎尿回収を100とする)、0〜600
縦軸:BOD, T-N, T-P

注) 各処理方式での設定除去率(%)

	BOD	T-N	T-P
屎尿処理	100.0	100.0	100.0
単独処理浄化槽	65.0	12.0	25.0
合併処理浄化槽	90.0	27.0	37.0
農村集落排水処理	94.2	43.8	39.4
公共下水道	97.3	60.5	71.6

処理浄化槽,単独処理浄化槽それぞれについて,その処理成績の概要を見てきた.ここでは,詳細な議論をしなかったが,もう一つの重要な形態として,屎尿の計画収集(汲取り)と自家処理がある.屎尿処理は,現在ほぼ100％の除去率をBOD,COD,T-N,T-Pで達成している.以上で議論した各処理方式の除去率をもとに,屎尿を計画収集で処理している人(Case 0)が,単独処理浄化槽(Case 1),合併処理浄化槽(Case 2),農村集落排水処理(Case 3),公共下水道(Case 4)に変更した場合について総負荷量を概算し,図 2.12 に示してみた.結果は歴然としており,単独処理浄化槽(Case 1)は,環境面から見ると,効果がないだけでなく,むしろ悪化装置となっている.全指標とも排出負荷は増大しているが,特に増大が著しいのはT-N,T-Pであり,それぞれ5.1倍,2.8倍に増加している.これを合併処理浄化槽に変える(Case 2)と,特にBODの排出負荷量の削減に効果があり,屎尿回収に比べ約7分の1となる.ただし,T-N,T-Pでは単独処理浄化槽より減少はしているが,依然高い負荷である.農村集落排水処理,公共下水道と,処理規模が増大するにつれ,排出負荷量は全指標で減少する(現状の処理での中央値での算定).しかし,最も成績のよい公共下水道でも,現況の平均レベルは,T-Pで屎尿回収と同レベルの効果,T-Nでは2倍以上の排出負荷を示している.結局,現在のままの下水処理システムでは,富栄養化対策にとって屎尿回収より劣ることが理解できる.なお,T-N,T-P負荷量の方で,屎尿回収と同程度以上の効果を下水処理場があげるためには,T-N,T-Pそれ

それ，除去率で 82，70 % 以上，処理水濃度で 5.8，1.2 mg/L 以下とする必要があると算定される．

　以上の生活排水処理は，人口密度に差があれ，平地部での話である．水洗用洗浄水や屎尿輸送すら困難な場所に注目する必要がある．これら高山の多くの山小屋では，屎尿を簡易消毒した後，斜面などに排出し，ここで自然浸透させているのが実態である[27]．一部ではヘリコプターにより屎尿を低地に搬送し処理している小屋，あるいはパイプラインにより下方に流下させ処理を行っている施設もあるが，費用などの問題から現在のところあまり広く普及していない．今後はさらに自然景勝地や山岳部などへのアクセス性の向上による訪問者増大が予想される現在，同地域の生態系も含めた環境保全・下流域への影響を考えると，このような場所の効率的屎尿処理は検討課題である．

2.3 工場・事業場など汚濁源の対策

2.3.1 工場排水対策

(1) 工業排水対策の現状

これまで工場・事業場は，厳しい規制の対象とされ，数々の工程内対策や排水処理対策が行われてきた．産業用水の約75％は，再利用でまかなわれており，今日，日本の産業界の水代謝システムは，ある程度合理的に構築された状況にあると思われる．

今後，さらに河川への汚濁負荷を削減し，健全な河川の流域環境を維持・確保するには，要求水質による水の有効利用，リサイクルおよびクローズド化による排水の量的削減と，産業排水の処理レベルの高度化が必要となる．また，水環境への汚濁物質の排出抑制を考慮した低環境負荷生産プロセスを構築していくうえでも，現状の各種産業における排水性状と処理プロセスの関係を整理し検討することは重要である．

a. 業種別の工場排水の水質特性 各種産業において排出される排水性状は，原料，生産物，生産工程，規模などにより大きく異なる．また，同一事業体においても，排水性状は時間的に大きく変動する．また，排水が複数の業種区分の工程排水を含んでいる複雑な工場・事業場が増加している．そのため，一般性のある評価・検討を行うことはきわめて困難であるが，かなりのばらつきが存在することを前提として，日本標準産業分類の分類法に従って以下の議論を行う．業種別の工場排水特性として，COD，SS，窒素，リンを対象とし，水質代表値には中央値(50％値)を用いた(表 2.8)．畜産業に関しては 2.3.2 で取りあげるので，ここではあ

表 2.8 業種別排水の水質特性[28]　（中央値：mg/L）

業　種	COD	SS	N	P
食料品	424	254	39	8.0
繊　維	252	70	21.5	4.3
紙・パルプ	225	203	13	1
（脱インク）	586	1 560	21	2.1
（トイレット）*	85	150	10	1.6
無機化学	46	62	40	2.8
有機化学	334	57	30	2.9
窯　業	16.6	215	3.5	0.2
金属関連	30.4	50	13.9	2.1
畜産	2 030	10 360	1 451	201
生活関連	110	153	31	4

* 機械すき和紙製造

まり触れないこととする.

表 2.8 に示すように, 有機系排水のグループ(食料品, 繊維, 紙・パルプ, 有機化学, 畜産, 生活関連の業種)では, COD 濃度は 200 ～ 600 mg/L, SS 濃度は 60 ～ 250 mg/L の範囲にあり, 無機系排水のグループ(無機化学, 窯業, 金属関連の業種)に比較して1オーダー程度高い. 窒素, リンに関しては, 両者間にCOD 濃度ほどの差は見られないものの, やはり COD, SS 濃度に比例して高くなる傾向がある. 同じ紙・パルプ・紙加工業の業種の中でも, 木材パルプなどから紙・パルプを製造する事業場と古紙からパルプを製造する事業場では, その排水水質に大きな違いがある. 後者において, 脱インクからの排水と機械すき工程からの排水では, 両者の COD 中央値には約7倍の差異がある. 畜産排水は, すべての水質項目に関して2オーダー以上高く, その処理の重要性が示唆されている.

表 2.8 の繊維業の中でも染色整理業は, 小規模の事業場が全体の 70%以上を占めているが, 小規模でありながら比較的大量に水を使用する産業である. 生産プロセスはきわめて多岐にわたっており, 同一業種でもきわめて多様な排水性状を有しているといえる. 特に生物難分解性の染物色素による河川の汚染は, この業種の代表的な特徴であるといえる.

b. 工場排水水質と排水処理技術　現状の排水処理方式は, 個々の事業場での原排水性状・濃度および排水基準などに照らして, 様々な形態が採用されてお

表 2.9 業種別排水処理の現状[28] (各業種区分ごとの割合：%)

業種	凝集処理	凝集+砂	凝集+砂+炭	凝集+砂+生物	凝集+生+凝	凝集+生+砂	生物処理	(うち高度運転)	生物+凝集	生物+凝+砂	生物+砂	生物+砂+炭	生+凝+砂+炭	その他
食料品	1.7	0.0	0.0	7.9	1.7	0.1	60.7	2.0	18.5	2.8	1.5	0.0	1.0	2.0
繊維	21.6	0.3	1.1	16.8	0.3	0.0	37.9	0.0	16.6	0.3	0.3	0.5	1.3	3.2
紙・パルプ	51.5	0.4	0.0	10.6	9.4	0.4	10.6	0.0	9.8	2.6	0.9	0.0	0.0	3.8
無機化学	53.8	11.0	0.0	6.9	0.0	0.0	14.5	0.0	4.0	0.6	0.0	0.0	0.6	8.7
有機化学	15.1	1.9	1.6	4.3	2.3	0.5	32.9	1.3	11.3	4.4	1.3	1.0	0.6	21.6
窯業	57.5	19.5	0.0	0.9	0.0	0.0	3.5	0.0	2.7	0.0	0.0	0.0	0.9	15.0
金属関連	43.3	11.8	4.5	5.1	2.1	2.4	5.5	0.0	3.4	1.3	0.8	0.5	0.9	19.2
畜産	0.0	0.0	0.0	2.4	0.0	0.0	85.7	2.4	4.8	0.0	4.8	0.0	0.0	1.9
生活関連	3.7	0.0	0.0	1.1	0.0	0.3	68.7	5.1	4.5	0.1	4.1	0.5	0.4	11.5

砂：砂ろ過　　炭：活性炭吸着　　凝：凝集処理　　生：生物処理

り，実に80を超えている．業種別の代表的な排水処理技術を**表 2.9**に示す．主に有機汚濁物質を含む排水を発生する業種(食料品，繊維，紙・パルプ，有機化学，生活関連の業種)では，当然ながら活性汚泥法を中心とした生物処理方式が導入されており，無機系の汚濁物質を主体とする排水を発生する業種(無機化学，窯業，金属関連の業種)では，凝集沈殿を主体とし，砂ろ過，活性炭吸着などを組み合わせた処理プロセスが多く見られる．ここで，今日の産業系排水処理における生物処理の主流は，活性汚泥法である．少数ではあるが，窒素，リン除去を目的とした各種の生物膜法や嫌気処理と好気処理を組み合わせた高度処理運転が，食料品，有機化学，畜産，生活関連の業種で始められた．

生物処理を導入している有機系排水のグループ(食料品，繊維，紙・パルプ，有機化学，畜産，生活関連の業種)では，紙・パルプ業を除き，生物処理を含むプロセスが処理全体の約80%以上を占め，特に活性汚泥法を単独の排水処理方式として採用している場合が最も多い(約60%)．次に凝集沈殿法および砂ろ過との組合せと続いている．全体として，排水処理施設を持たない事業場はほとんどなく，何らかの形で処理が行われている．CODを指標とした総量規制が実施されている地域にある工場・事業場では，排出基準に適合させるため，生物処理水に残留した汚濁物質の除去を目的に砂ろ過や活性炭吸着などの高度処理が採用されている．さらにその他の高度処理を付加しているところも見られ，排水処理への努力がうかがえる．

生物処理の前段に凝集沈殿処理を行う業種は，繊維工業，紙・パルプ・紙加工業に多く見られるが，これは，生物処理機能を十分に確保するための前処理として位置づけられている．一方，生物処理の後段に砂ろ過や活性炭吸着処理を設けている施設では，砂ろ過はSS成分の除去，活性炭吸着はCOD成分の除去のために用いられている．

無機系排水のグループ(無機化学，窯業，金属関連の業種)では，凝集沈殿処理を単独で用いるケースが全体の約半数を占め，次に，凝集沈殿処理＋砂ろ過が多く見られる．その他の処理技術としては，有機化学や金属関連の業種において，揮発性有機物や油類を加熱またはエアレーションして除去するストリッピング法，高濃度排水の濃縮処理，焼却処理などがある．

このような，多様な処理方式によって処理された各工場・事業場からの排水の発生状況をまとめる．各産業別排水の処理水水質の調査[29]によれば，各業種間で

大きな差異が見られるが，BOD 濃度は，1.4〜328 mg/L の範囲にあり，50 mg/L を超えるのはごく一部業種(畜産農業，試料・有機質肥料製造業，なめし革製造業)であり，多くの業種は 20 mg/L 以下であった．COD 濃度は，4〜220 mg/L の範囲にあり，50 mg/L を超えるのは 3 業種(畜産農業，染色整理業，なめし革製造業)であった．SS 濃度は，畜産農業，試料・有機質肥料製造業，なめし革製造業を除くほとんどの業種で 20 mg/L 以下の濃度であった．T-N 濃度は，畜産農業が 188 mg/L ときわめて高く，試料・有機質肥料製造業，金属メッキ業，一般廃棄物処理場が 45〜50 mg/L である以外はほとんどが 20 mg/L 以下であり，現状の排水基準値の範囲内であった．T-P 濃度は，約半数の業種で 1 mg/L 以下であり，その他の業種でも 10 mg/L 以下であった．T-P 濃度が 25 mg/L 以上と高い業種(畜産農業)以外は，現行の排水基準値以下であった．

　まとめると，全体として各業種のそれぞれの排水水質項目は，ほとんど排水基準の一律基準値よりも低い値を示しており，良好な排水処理が行われていると推察される．しかしながら，畜産業排水の窒素，リン濃度はきわめて高い．加えて，一部の食料品，無機および有機化学，金属関連業種の事業場でも，窒素，リン濃度が高い場合が見られる．また，現在は排水基準を満足しているが，現行の T-N や T-P の栄養塩類排出濃度では，今後，排水基準の強化や水の循環利用を考慮する場合に，現状の処理施設のみでは困難な業種が出てくることは明らかである．

c. 事業場排水のトリハロメタン生成能　『特定水道利水障害の防止のための水道水源水域の水質保全に関する特別措置法』が，1994(平成 6)年 3 月 4 日に公布され，公共用水域におけるトリハロメタン生成能(以下，THMFP)の目標値および特定排水基準の範囲が定められている．水道水質基準では，総トリハロメタンは 0.1 mg/L，クロロホルムは 0.06 mg/L，ブロモジクロロメタンは 0.03 mg/L，ジブロモクロロメタンは 0.1 mg/L，およびブロモホルムは 0.09 mg/L 以下と定められている．THMFP 濃度は，水域の水質(pH，水温，臭素イオン濃度など)や処理方法によって差異が生じるので，負荷発生源の規模・状況，発生源別の負荷割合などによって水域ごとに業種区分ごとに特定排水基準の範囲を定める方が合理的である．

　一般的に排水量が 50 m³/日以下の小規模事業場排水は，規制を受けない．したがって，未規制事業場も含めた流域全体の排水の THMFP を評価する必要が

2.3 工場・事業場など汚濁源の対策

表 2.10　各業種別原水 THMFP の 50％値，75％値，最大値，平均除去率および平均処理水濃度[30), 31)]（濃度：μg/L）

業　種　名	N	50％値	75％値	最大値	平均除去率	平均処理水50％値
畜産農業	12	8 400	20 700	56 700	0.88	1 008
畜産食料品製造業	17	2 000	3 500	60 000	0.81	380
水産食料品製造業	8	1 610	9 500	17 200	0.92	129
缶詰・保存食料製造業	11	2 560	4 090	7 760	0.69	794
調味料製造業	5	5 000	12 200	23 000	0.85	750
パン・菓子製造業	5	2 780	2 900	4 400	0.74	723
その他食料品製造業	22	2 590	3 500	13 600	0.82	466
食料品製造業全体	68	2 700	5 000	60 000	0.80	540
清涼飲料水製造業	5	1 260	2 800	13 700	0.81	239
酒類製造業	11	3 200	5 600	47 800	0.79	672
飲料飼料酒類製造業	16	2 800	5 660	47 800	0.80	560
繊維工業	18	1 090	2 620	7 100	0.55	491
パルプ・紙製造業	13	200	610	3 550	0.29	142
化学工業	23	270	2 490	57 000	0.50	135
金属製品製造業	8	270	480	2 720	0.62	103
下水道	5	870	940	1 900	0.85	131
洗濯業	10	550	640	2 740	0.65	193
屎尿処理場	6	2 930	8 700	42 800	0.78	645
と畜場	7	3 000	5 600	64 700	0.92	240
浄化槽(構造基準 1)	12	370	460	790	0.35	241
浄化槽(構造基準 2)	11	570	840	1 360	0.43	325
浄化槽(構造基準 3)	13	350	480	2 390	0.47	186
浄化槽(構造基準 6)	13	390	640	860	0.53	183
浄化槽全体	49	460	650	2 390	0.45	253
農村集落排水	12	450	530	760	0.65	158
全業種(Total)	251	800	2 920	64 700	0.68	256

あり，そのためには業種別排水原水の THMFP を把握する必要がある．当然のことながら，業種別排水原水の THMFP は，同一業種間でも大きな差が認められる．**表 2.10** には『平成 6 年度および平成 7 年度浄水操作によって生ずる有害物質の抑制に関する調査』（環境庁委託業務）でまとめられた，業種別排水原水の THMFP の 50 ％値，75 ％値，最大値を示す．

原水の THMFP が最も高いと考えられる業種は，COD と同様に畜産農業（養豚業）である．最大値は 60 000 μg/L 程度であり，75 ％値でも約 20 000 μg/L であった．各業種の代表的な値として 50 ％値に着目すると，畜産農業，調味料製造業は 5 000 μg/L 以上と高い値を示している．畜産食料品，缶詰・保存食料品，パン・菓子，その他食料品製造業および酒類製造業が 2 000 μg/L から 3 000 μg/L と次に高い値を示している．食品関連以外では，屎尿処理場，と畜場が高い

値を示している．いずれの業種においても，現行の排水規制の水質項目であり，有機物濃度の指標であるCODが高いほど，THMFPが高くなる傾向を示し，ある程度の相関があるといえる．処理水に関しては，THMFPと最も相関が高いのはE260(相関係数0.88)で，COD(相関係数0.73)，TOC(相関係数0.64)と正の相関を示している．畜産食料品製造業，水産食料品製造業，および調味料製造業など食品製造業関連の処理水において，THMFP濃度が$2\,000\,\mu g/L$を超える場合があり，COD規制のみではTHMFPを規制できないと思われる．

　処理方式別の処理水平均THMFP濃度およびTHMFP除去率の関係を示す(**表 2.11**)．全体の平均THMFPの除去率は約68%であり，他の有機物指標の除去率(COD：79%，TOC：83%，BOD：77%)より低く，除去されにくいといえる．処理方式別のTHMFP除去率を見ると，標準活性汚泥処理により最も良好な除去が期待でき(除去率79%)，接触曝気(除去率64%)，曝気のみ(62%)と続いている．その他の有機物指標の除去に関しても同様な傾向にあるため，標準活性汚泥法や接触曝気法などがとりあえずTHM前駆物質や有機物除去に効果があると判断できる．

　トリハロメタン中には，臭素を含むトリハロメタン(THMBrFP：ブロモジクロロメタン，ジブロモクロロメタン，ブロモホルムの3種)が存在し，それらの比は原水中の臭化物イオン濃度に依存する．3種の合計値が総トリハロメタンに占める割合(以下，THMBrFP/THMFP)は，食塩が使用される味噌・醤油，漬け物，麺類などの製造業で高くなる．また，臭化物イオン濃度が高くなれば，総トリハロメタン性成能も高くなる．一般に水道水のTHMBrFP/THMFPは0.3程度であり，各種排水の原水は0.1以下であるが，例外として調味料製造業(0.41)，電気メッキ業(0.54)があげられる．排水の処理水ではTHMBrFP/THMFPが増加し0.5程度となるのが一般的である．これは，排水処理によって臭化物イオン

表 2.11　処理方式別の処理水平均THMFP濃度および有機物の除去率[30), 31)]

処理方法	平均THMFP濃度($\mu g/L$)	平均THMFP除去率(%)	平均COD除去率(%)	平均BOD除去率(%)	平均E260除去率(%)
凝集沈殿のみ	201	29	52	44	35
曝気のみ	490	62	79	73	71
標準活性汚泥	424	79	86	84	75
接触曝気のみ	229	64	75	83	68
嫌気性処理	190	37	27	39	84

は除去されにくいため，臭化物イオンと塩素注入量の比が変化し，クロロホルムよりも臭素化 THM が生成されやすいためと考えられる．したがって，臭化物イオンを THM の前駆物質の一つとしてとらえ，その適切な除去方法を開発することも重要となる．

(2) 業種別の回収水利用率の現状

鉄鋼・金属・石油精製・化学工業および自動車産業での回収水利用率は，1965 年より著しく向上し，1980 年にはすでに 80％以上に達し，現在では横這い状態である．このうち石油・化学工業および鉄鋼業は，80～90％程度の高い値で推移している[32]．これらの産業では，冷却水やシール水などでの水使用量が多いので，汚染度の低い排水は簡単な処理の後，再利用が可能である．これに対して，紙パルプ・食品加工・繊維産業における回収水利用率は，1980 年に約 40％に達した後，横這い状態が続いており，鉄鋼・金属・石油精製・化学工業および自動車産業に比較して非常に低い．また，機械工業の回収水利用率はさらに低く，20％以下となっている．この理由として，排水の汚染度が高く十分な処理ができないことや，製品の品質管理上，上質の使用水水質を必要とするためである．しかしながら，食品加工業などでは，加工機械や床などの洗浄に多量の水が使用されているのが現状であり，これらの水は，直接，食品や原料の洗浄に使用される水の水質を必要とするものではなく，要求水質による用水の使い分けや簡単な処理による再利用が可能となる場合もある．回収水利用率の低いこれらの産業でも改善の余地は十分に残されており，今後の対策が望まれる．生産プロセスにおける水使用量の削減と回収率の向上は，工業用水使用量の伸びの著しい抑制効果をもたらした．1973 年以降も生産量は増加しているにもかかわらず，用水使用量は頭打ちの状態である．主要産業における用水原単位（生産額当りの用水使用量）は，平均すると 1965 年から 1990 年までの 25 年間で約 1/3 に低下した．地下水の工業用水としての使用量も減少し地盤沈下が改善されつつある[33]．また，生産プロセスをクローズド化し回収率を向上させることにより，水環境への排出負荷量の削減が図られるとともに，適切な処理技術の向上により，河川における BOD の環境基準達成率は 70～80％に達しており，水質汚濁の改善効果が見られる[32),33)]．

(3) 今後の工場・事業場など汚濁源の対策

　一般的に工場・事業場排水については，排水規制の強化および各事業場における処理施設の普及により水質汚濁が徐々に改善されているといえるが，今後，ハイテク産業を中心とする新規産業から排出される未規制物質や新規有害物質の挙動を監視することが重要となる．

　工場排水処理では，排水性状や特性が異なる汚濁物質が混合すると，分離除去がさらに困難になる場合がある．しかし，従来，生産プロセスの各工程から発生する排水は混合され，総合排水として活性汚泥法などによる処理が行われてきた．これらのプロセス排水に対して発生源で分別回収・処理を行うことができれば，発生源ごとに特定の汚濁物質（濃度レベル）を対象とした処理により処理が容易になるとともに，処理水は同じプロセスへの循環利用が可能となる．結果として生産プロセスからの汚濁負荷の削減と水使用量の削減を併せて実現できると思われる．一方，生産プロセスのクローズド化による汚濁負荷量の削減ができない場合には，生産プロセス自体を新たな原理に基づくプロセスと代替する必要がある．

　汚濁負荷量の削減対策として，処理水の再利用による排出量の削減が考えられる．処理水の再利用用途としては，同工場ビル内の水洗便所用水，冷却用水，散水用水，修景用水などが考えられる．再利用を目的とした場合，膜分離型の生物処理の導入が期待されている．孔径が $0.1\,\mu m$ 程度の分離膜を使用することにより細菌類，粒子類をほとんど完全に除去できるうえ，反応槽内に高いバイオマス濃度（MLSS濃度）を維持することが可能であり，生物処理効率が高く，BOD濃度の低い清浄な処理水を得ることができる．後段に逆浸透（R/O）膜を付加し，排水の一部を純水として回収・再利用することも可能となっている．現在では，食品加工工場などで膜処理技術を用いた排水再利用施設が導入されている．また，雨水の有効利用や節水型機器などの使用および雨水の流出抑制により汚濁負荷の削減が可能となる．

　現状では，CODやBODで表示される有機物質による汚濁や重金属などによる水質汚濁は，減少する傾向にあるが，閉鎖性水域の富栄養化の原因となる窒素，リンや生体に濃縮しやすく慢性毒性・遺伝毒性や生態系の破壊を引き起こすおそれのある微量有害汚染物質の排出に関して，より一層の監視が必要となる．また，これら汚染物質の効果的な除去プロセスの開発が求められる．

2.3.2 畜産系排水

(1) 畜産系排水対策の現状

a. 畜産系排水の水質特性　家畜糞尿は，高濃度有機性排水であり，T-N，T-P の濃度もきわめて高い．日本で1年間に約7600万tの家畜排泄物が発生しており，これは全産業廃棄物の約20％を占めている[34]．これを農地に均一に施用したと仮定すると，その施用量は約19 t/ha，窒素量としては約146 kg/ha と膨大な量となる．

畜産系排水は，家畜の糞尿と畜舎洗浄水が主体であり，その他に飲水器のこぼれ水などの余剰水などが含まれる．畜産系排水は，家畜糞尿に畜舎の洗浄水が加わり希釈された状態で排出されるため，畜舎の規模，構造，糞の除去作業の有無，床の洗浄方法・回数などによりその排水量および水質は大きく異なる．一般的にブタは，糞に対する尿の比率が高いことや排泄物を洗浄する豚舎が多いことから，豚舎からは多量の汚水が排出される．畜産系排水の一般的な性状を**表 2.12**に示す．事業場間でかなりのばらつきがあるが，豚舎尿溝を流下する汚水の平均値はCOD 2 100 mg/L，BOD 2 200 mg/L，SS 2 700 mg/L，T-N 1 300 mg/L，T-P 125 mg/L と，いずれも汚濁度が高いといえる．

ブタ1頭／日当りの糞尿の BOD 負荷量は，ヒト1人／日当りのそれの約10倍であり，きわめて汚濁負荷が高い排水といえる．その BOD 負荷量の内訳は，糞の方が約 90 ％である．同様に，SS，窒素，リンもそれぞれ 90 ％以上が糞の方に存在し，糞を尿や洗浄水に混入しないようにすれば，排水中の汚濁物を大幅に減らすことができる[35]．

家畜糞尿は，有機資源の有効活用の観点から，堆肥化などにより農地や緑地にリサイクル利用することが基本となっている．また，糞尿が混入する畜舎排水は，液肥として自家保有の農地あるいは近隣の農地に施用ができない場合には，排水を処理しなければならない．家畜種，畜舎の規模・運営方法などによって成分・

表 2.12　畜舎排水の一般的な水質性状[38]　（単位：mg/L）

成分	COD	BOD	SS	T-N	T-P
豚 舎 尿 溝 中 の 汚 水	2 100	2 180	2 660	1 310	125
豚 舎 洗 浄 排 水	4 380	3 500	8 460	1 720	279
養 鶏 場 洗 浄 排 水	1 450	1 960	3 440	596	100

性状が異なることより，処理・処分方法もそれに対応して異なる．畜舎排水の処理は，一定規模(豚房の総面積：50 ㎡，牛房の総面積：200 ㎡，馬房の総面積：500 ㎡)以上で公共用水域へ排水するものに対しては，『水質汚濁防止法』の基準に従って届出が義務づけられたうえ，排水を適切に処理しなければならないが，それ以外の施設では農家の判断に委ねられている．

b. **畜産系排水処理技術**　畜産系排水の処理状況を見ると，浄化処理を実行している畜産農家の割合は 10 ～ 20 %であり[36],[37]，そのほとんどは素掘りの貯留池に溜めているだけである．雨水の流入によるオーバーフローで，近隣水域の水質汚濁の発生源として問題となっている．また，糞も同様に"野積み"などの屋根のない堆肥盤が多く，雨天時には排汁の流出が問題となっている．

　尿を含む畜舎排水の浄化処理には，好気性の生物処理，特に活性汚泥法が一般的に用いられている．基本的な処理フローは，貯留槽─固液分離槽─ろ液貯留槽─生物処理槽─殺菌処理，となっている．活性汚泥法は，連続式と回分式に分けられる．回分式活性汚泥法は，畜舎排水が 1 日に 1 回畜舎清掃により排水が排出されるという作業行程に適しているうえ，敷地面積が小さく，装置が簡単であるため維持管理が容易で，経済的であるなどの利点を有する．処理にあたっては，排水濃度が非常に高いので，スクリーン，沈殿分離槽などで固液分離を行った後，希釈して BOD 濃度が 1 000 mg/L 程度に調整してから曝気槽に導入する．活性汚泥法により期待できる除去率は，BOD 85 ～ 95 %，COD 80 ～ 90 %，SS 90 ～ 95 %程度である[37]．その他の処理方法として，生物膜法(散水ろ床法，浸漬ろ床法，回転円板法，接触曝気法)，酸化池法，土壌浄化法，嫌気性処理法，高温好気発酵法なども一部で採用されている．

　維持管理が容易であることや建設費が安価であることの理由から，土壌浄化法が簡易処理法として最近注目されている．浄化効率を高めるために土壌処理槽の後に植物処理を併用する試みがなされ，良好な処理性能を得ている．高濃度でスラリー状の糞尿の処理を必要とし，かつ処理後の糞尿を液肥として利用可能な場合やエネルギー源としてメタンガスの回収が望まれる場合には，嫌気性発酵(メタン発酵)処理が有効である．畜産系排水は栄養塩類濃度が顕著に高く，処理水(放流水)中にはまだきわめて高濃度の T-N，T-P が含まれている．栄養塩類の除去法としては，間欠曝気法，嫌気-好気循環法，嫌気-好気回転円板法などがあるが，畜舎系排水においては現在まで高度処理の事例は報告されていない．放流

先が閉鎖性水域である場合には，可能な限り T-N, T-P の削減を図らなくてはならない．

なお，『水質汚濁防止法』に定める畜産排水の排水基準は，BOD 160 mg/L, COD 160 mg/L, SS 200 mg/L, T-N 120 mg/L, T-P 16 mg/L となっている．『水質汚濁防止法』により届出を行った全届出事業場数の 99％は，日平均排水量が 50 m^3 未満の小規模事業場であり，規制の対象からは外れるが，都道府県によっては上乗せ排出基準を設定している場合もある．

(2) リスク：クリプトスポリジウム対策

日本では浄水場取水口上流で家畜糞尿が未処理のまま，直接，河川などに流入するケースが報告されており，この場合，水道水を介した広範囲での寄生性原虫クリプトスポリジウムの汚染源となりうる．関連省庁では，クリプトスポリジウムや病原性微生物に対する対策検討委員会を設置し検討しているが，畜産に関しては，家畜糞尿とともにクリプトスポリジウムや病原性微生物が排出されている場合であっても，堆肥化の過程で発生する発酵熱によって死滅すると考えられており(クリプトスポリジウムは，65℃以上で 30 分間の熱処理により感染力がなくなるという報告がある)，一定以上の面積を有し，公共用水域に汚水を排出する施設(畜舎など)以外は，農家の責任において適切に処理することとされているだけで，法律による規制などは存在しないのが現状である．

クリプトスポリジウムや病原性微生物の汚染を防止するためには，河川近くでのいわゆる"素掘り"，"野積み"などの不適切な処理を改善し，家畜糞尿が，直接，河川に流入しないような対策を講じる必要がある．諸外国における糞尿処理に対する規制としては，家畜糞尿(リン酸換算)の農地への散布限度量，散布時期，および水路や住宅からの距離による散布制限など，細かな規制を設定し実施しているのが現状であり，日本においても，こうした規制および家畜糞尿処理(堆肥化)に関する的確な指導・管理体制の早急な確立が急務である．

(3) 今後の畜産系排水対策

a. 家畜糞尿の有効利用の推進　個々の畜産農家は，農地利用の集積化を図り，個別経営内において家畜糞尿の循環的有効利用を積極的に推進することが理想であるが，近年の畜産経営の専業化・大型化が進展する一方，規模拡大に応じ

た農地の集積が進まず，個別経営内における家畜糞尿の循環利用に支障が生じている．この点が畜産環境問題の顕在化の一因となっている．大規模経営の畜産農家においては，農地利用の集積化を図り，個別経営内において家畜糞尿の循環利用を積極的に行えるよう努力すること，また，畜産農家と近隣の耕作農家の連携を強化し，地域単位で堆肥の経営外利用が可能となるような自立型の循環利用システムを構築する必要がある．そのためには，堆肥の特性に適合した施用基準の作成，施用技術の普及および耕作物の選定などを積極的かつ的確に行うべきである．経営規模が小さく，糞尿の適切な処理施設への投資ができない農家に対しては，共同の堆厩肥センターや糞尿処理施設を計画的に整備・運営することが重要であろう．糞尿処理施設の設置・運営にあたっては，家畜種，飼育規模，地域的特性などに対し総合的に検討すべきであり，公的な技術指導および設置基準の確立が重要になると思われる．また，堆肥の需要が主に春期と秋期に集中するので，生産された堆肥のだぶつきが生じ，保管施設の確保が困難となることや，価格が化学肥料よりも高くなる場合があることなどが販売不振を加速させていることも堆肥化による家畜糞尿の有効利用を妨げる原因となっており，広域流通や新たな需要の拡大を図る必要がある．

b. 畜産系排水処理対策　　第一に，工程内対策として畜舎構造の改善（床をスノコ式またはケージ式に転換），洗浄方法の改善（水圧式ノズルによる洗浄）により洗浄水の削減を積極的に努めることが重要である．

次に，畜舎排水や養豚農家から多量に発生する尿汚水のすべてを有効利用することには限界があるため，適切に浄化処理する必要がある．この場合，汚濁負荷を少なくするため，糞と尿をできる限り早期に分離することが重要となる．そのためには，既存の畜舎の改造や新設畜舎の構造や施設の運営に関する指導および管理マニュアルの策定が必要となる．

放流水水質面では，湖沼関係の窒素，リンの規制が 1995 年 7 月に暫定基準から一律基準へと移行し，一層厳しくなり，発生量に比べ汚濁負荷量がきわめて高い家畜糞尿や畜舎排水の処理水水質の向上が今後一層重要となる．したがって，将来の処理対策としては，湖沼・内湾などの閉鎖性水域の富栄養化防止，水道水源の保全の観点から，現状の BOD および SS の除去を対象とした処理技術のみならず，窒素，リンの除去対策を含めた家畜糞尿・排水の高度処理技術の積極的な開発が最優先課題である．また，近隣住民からの改善要望が多い排水中の色度

2.3 工場・事業場など汚濁源の対策

成分の除去技術や悪臭の除去・防止技術の開発を重点的に進めていく必要がある．

『特定水道利水障害の防止のための水道水源水域の保全に関する特別措置法』〔1994(平成6)年3月公付〕により，特定の水源域(指定地域)にある一定規模以上の畜産事業場からの排出水中のトリハロメタン生成能(THMFP)の規制が行われることとなった．畜産事業場は，水道水源の集水域へ立地する場合が多く，畜産排水のTHMFPの把握と発生量の低減が今後の重要な課題となる．しかしながら，現状では畜産排水のTHMFPに関するデータは，わずかであり，早急な対応が求められる．一定規模以上の畜産事業場からの排出水中のTHMFPの規制値は，$1.3 \sim 5.2$ mg/Lの範囲に定められているが，この範囲は他の業種に比べて10倍程度高い設定であり，数少ないデータを見ると，一部の処理水は大きく超過している．THMFPを最も厳しい規制値以下にするためには，BODを約700 mg/L以下，CODを約200 mg/L以下程度にする必要がある．『水質汚濁防止法』に定めるBOD，CODの基準値は，日平均値120 mg/L，最大値160 mg/Lであり，基準値を下回る水質であれば問題ないと思われる．未処理の糞尿，スラリー，汚水は，生物学的な処理を行ったものに比較して格段に高いTHMFPを有するので，直接，水域に流入することや，降雨時に雨水とともに野積みの糞が流出することを防止しなければならない．

排水処理施設の維持管理に関しては，専門技術者のいない畜産農家の現場で実用化されるためには，容易で処理効率の安定した低コストの技術が要求される．畜産排水の浄化処理技術は確立した技術とは言い難く，畜産農家のニーズにあう性能が安定し維持管理が容易な，しかも経済的である処理方法の研究開発を今後とも積極的に推進し，普及させていく努力が必要である．地域社会との調和，畜産のイメージアップを図り，地域の実情に即した適切な家畜糞尿処理技術を普及させるためには，処理施設の選択・整備・管理に関する的確な指導を行うことも忘れてはならない．

費用負担に関しては，畜産物関税の引下げ，自由化など国際競争が激化し，酪農・畜産農家を取り巻く状況も厳しく，脆弱な経営を続けている農家が多い中では，家畜糞尿対策に対する国や地方公共団体からの補助や融資制度の充実が重要となる．

最後に，家畜糞尿処理に関する地域住民からの苦情として，悪臭，水質汚濁，害虫発生などの環境問題があげられる．畜産農家が減少する一方，家畜飼養規模

が拡大し，環境施設の整備の遅れから，これら苦情は増加傾向にある．畜産業の安定的発展のためには，地域住民の意見を聴き，環境問題への適切な対応が不可欠である．

2.3.3 その他ゴミ処分場などの排水対策

廃棄物は，『廃棄物の処理および清掃に関する法律』に基づき，一般廃棄物（主に住民の日常生活に伴って生じるゴミ，屎尿など）と産業廃棄物（産業活動に伴って生じる廃棄物のうち，汚泥，廃油，廃プラスチックなど）に分けられる．一般廃棄物の発生量は，1996年度には年間5 115万 t であり，焼却や資源化などの中間処理が行われ，89.7％は減量化され，残りの10.3％が直接埋め立てられている[39]．一方，産業廃棄物の排出量は，年間約4億500万 t (1996年度)となっている．資源化，リサイクルなどを経て，最終的に14％にあたる約6 000万 t の産業廃棄物が最終処分場に埋立処分されている．最終処分場の残余年数が全国平均で1.6年(1999年9月現在)であり，きわめて逼迫した状況にある．このような状況の中で，1998年度の都道府県および保健所設置市が把握した全国の産業廃棄物の不法投棄量は44.3万 t，投棄件数は1 273件であり，不法投棄(特に70％が建設廃棄物)の件数が増加の一途をたどっている[40]．

本項で問題となる浸出水の処理は，管理型の最終処分場，すなわち一般廃棄物最終処分場と管理型産業廃棄物処分場である．最終処分場によっては，一般廃棄物の他に産業廃棄物を受け入れているところもあり，正確に一般廃棄物と産業廃棄物の最終処分場と区別して論じることが困難であることと，浸出水の処理に関しては基本的に変わりがないため，ここでは廃棄物最終処分場としてまとめて議論する．

(1) 廃棄物最終処分場対策

a. **排水処理の現状**　管理型最終処分地からの浸出水の水質は，埋立廃棄物の質や埋立工法によって大きく左右され，その浸出水量は，降水量や集水方式によって大きく変動する．一般廃棄物最終処分場では，近年，埋立物の質が有機物の多い廃棄物(生ゴミ主体)から無機物中心の廃棄物(焼却残渣や不燃物主体)に移行している．最近の調査では，最終処分場には60％を超える焼却灰が埋め立て

られており，焼却灰の浸出に伴う問題(スケールや塩腐食など)が重要となっている．また，必然的に浸出水中にはカルシウム，塩素イオン，重金属の量が多くなり，浸出水処理の対象項目として検討される必要性が生じている[41),42)]．

従来の有機物を主体とする処分場の場合，埋立初期の浸出水中には，生物易分解性有機物(BOD)(数百～数千 mg/L レベル)や NH_4^+-N(数百 mg/L レベル)が多く，COD 濃度は比較的低い．したがって，このような浸出水の処理システムとしては，高濃度 BOD, COD, SS, NH_4^+-N の除去が中心であり，処理プロセスとしては，生物処理＋凝集沈殿処理が一般的である．この後段にさらに高度処理を付加するケースも見られる．

これらの有機汚濁成分の生物処理技術は，ほぼ確立されてきている．一般的に，①回転円板法，②接触曝気法，③活性汚泥法，④膜分離活性汚泥法，⑤担体付着法，などの方式が採用されている．現在よく使用されている方式としては，回転円板法や接触曝気法などの付着型生物膜法が最も一般的となっている．生物処理方式に占める回転円板法と接触曝気法の割合は，それぞれ 49 ％と 48 ％(1996 年の実績)である[43)]．

これら付着型生物膜方式は，浸出水の生物処理特有の問題である高濃度汚濁負荷(水量，水質)の変動に対応が可能であるために，一般的に選定されている．流入負荷変動に対して安定していることに加えて，ⅰ維持管理が容易である，ⅱ発生汚泥量が少ない，ⅲ維持費が安価である，ⅳBOD, COD, T-N の同時処理が可能である，ⅴ設置スペースが小さくなる，ことなどが選定理由としてあげられる．少数(同割合3 ％)ではあるが，担体添加型活性汚泥法が新技術として採用されてきている．設計時点で有機物汚濁濃度は高いが，時間の経過とともに濃度は低下するので，曝気量や薬品注入量を流入負荷量に応じて変更できる処理システムが望まれる．

一方，焼却灰などの不燃ゴミが主体になってきた最近では，焼却残渣中に含有される高濃度の無機塩が溶出することにより，浸出水中の無機イオン，特にカルシウムと塩素イオン(塩化物イオン)濃度が非常に高くなっている．この高濃度無機塩類は，今日の浸出水処理における最も重要な検討課題となっている．浸出水中の Cl^- 濃度は，数千～数万 mg-Cl^-/L レベルとなり，代表的な高塩障害として，ⓐ処理施設の塩腐食，ⓑ生物処理の機能低下，ⓒ凝集沈殿処理の機能低下，ⓓ放流先での塩害，などがあげられる．

処理施設障害の対策としては，耐腐食性を有する機器や材質を選定し，防食加工する必要がある．処理機能障害の対策としては，高塩分に耐性を持つ生物処理方式の開発や，高塩条件下における凝集条件の最適化および凝集剤の選定を行う必要がある．高濃度無機塩分問題に加え，浸出水中の各種重金属や難分解性物質濃度が上昇している．また，焼却残渣中に含有されるダイオキシン類の問題も急速に浮上してきている[41]．

基本的な処理法としては，生物処理＋凝集沈殿処理＋砂ろ過・活性炭吸着処理のような高度処理を組み込んだ方式が多くなっている．生物処理＋凝集沈殿処理のみは全体の約21％であり，約70％は生物処理＋凝集沈殿処理の後段に高度処理(砂ろ過＋活性炭吸着処理など)を付加しているのが実情である．また，最近の生物処理は，生物学的脱窒素法を採用する場合が多くなり，全国で約34％の処理場で脱窒処理を行っている．高度処理には，有害物質対策として重金属除去技術(凝集沈殿法，フェライト法，キレート樹脂吸着法など)，スケール対策としてカルシウム除去技術(ライムソーダ法，晶析法など)，高塩類対策として塩類除去技術(電気透析法，逆浸透法，蒸発法，イオン交換法など)がある．

塩類除去技術に関してCl^-濃度は，蒸発法では数万 mg/L 以上の高濃度側で，イオン交換法では 500 mg/L 以下の低濃度側で適しているため，実際の浸出水処理には，電気透析法と逆浸透法が一般的に用いられている．一般的な電気透析法と逆浸透法の処理特性を比較すると，脱塩処理性能の指標である塩回収率および濃縮倍率は，電気透析法ではそれぞれ 90 ％以上と 10 倍以上であり，逆浸透法の塩回収率(50 ％以上)および濃縮倍率(2 倍以上)を上回っている．また，現在のところ維持管理費の面でも電気透析法が有利であるといわれている．しかし，これらの方式では脱塩濃縮廃水が発生するため，この排水の処理処分が今後の検討課題である．キレート樹脂吸着法は，一種のイオン交換で，キレート系吸着剤の官能基に排水中の重金属をキレート結合させ除去する方法で，幅広い形態の重金属を吸着除去できる．

処理水水質については，最終処分場が『水質汚濁防止』法に定める「特定施設」に指定されていないが，『廃棄物の処理および清掃に関する法律』に基づく維持管理基準により『排水基準を定める総理府令』の排水基準値を満足しなければならないと定められている．管理型処分場・一般廃棄物処分場浸出水処理施設からの放流水の水質基準は，BOD 60 mg/L，COD 90 mg/L，SS 60 mg/L となっている．

2.3 工場・事業場など汚濁源の対策

この基準は，1日当りの平均放流水量が 50 m³ 未満の浸出水処理施設の場合においても遵守しなければならない．さらに，処理水を放流する公共用水域の環境条件や利用状況などを調査し，上水，農業用水，水産用水などに利用されている公共用水域に放流する場合は，利害者との公害協定によりより厳しい基準値となる場合がある．

浸出水の問題として，TOC 濃度とも関連するが，トリハロメタン生成能(THMFP)があげられる．一般に，浸出水の THMFP は，汚濁が認められる河川水などよりも高いレベルにある．浸出水中に Br^- 濃度が高く，Br^-/TOC 値が高い場合には，臭素系 THM の占める割合が高くなる．THM 生成能は，活性炭などによる吸着処理により相当の低減が可能ではあるが，固化プラスチックや焼却灰から長期にわたり THM 前駆物質が溶出してくるという報告もあり，閉鎖後も長期にわたって注意を払う必要がある．

(2) 今後の課題と対策

a. ダイオキシン類の対応策　ゴミの焼却により生成するダイオキシン類が焼却残渣に含まれて埋め立てられるため，浸出水への流出特性や処理施設での処理特性を把握することが必要となる．日本では，ダイオキシン類総排出量の8〜9割がゴミ焼却施設由来といわれており，ゴミ焼却施設は，ダイオキシン類の主たる発生源と考えられている．しかし，浸出水中のダイオキシン類に関する具体的なデータは現在きわめて少ない．また，ダイオキシン類が現行の処理施設でどのように挙動するかに関しても知見が乏しい．浸出水中には，ダイオキシン類の溶解を促進させると考えられているフミン酸などが共存しており，フミン酸などの処理施設内での挙動と合わせて検討する必要がある．

ダイオキシン類は，水には難溶性で，浮遊性物質などに吸着して存在すると考えられている．浸出水中のダイオキシン類を除去するには，浮遊性物質の除去を徹底することがきわめて重要である．具体的には，浮遊性物質(SS)濃度を 10 mg/L 以下になるように処理施設を運転管理することが必要である．そのためには，固液分離を完全に行うことが可能となるよう，従来の凝集沈殿法に膜分離法を負荷することがきわめて有力な処理方法となる．この場合，浸出水中に高濃度に存在するカルシウムイオンなどのスケール発生原因物質を前段で除去しておく必要がある．膜の種類や処理フローの選定にあたっては，十分な検討が必要であ

る.

　また，きわめて微量に存在する可能性のある溶解性のダイオキシン類に対しては，ダイオキシン類が紫外線の照射により化学的分解を受けることがわかっていることから，オゾン・活性炭吸着処理や，光化学的分解法といった技術の導入が考えられる．浸出水水質の状況などに応じて，これら個々の要素技術を組み合わせて対応することが重要となろう．

b. **有害重金属類およびプラスチック添加剤対策**　　浸出水中にはダイオキシン類のみならず，多種多用の有害物質が含有されており，これらの除去は重要である．低濃度ではあるが，浸出水中にはプラスチック添加剤〔フタル酸ジ-2-エチルヘキシル(DEHP)，リン酸トリス-2-クロロエーテル(TCEP)，トリブトキシエチルフォスフェート(TBXP)，フタル酸ジブチル(DBP)，ビスフェノールAなど〕が検出されており，その毒性や発がん性が指摘されている．これらの物質の処理方法として，生物処理，化学酸化分解処理，吸着処理などが考えられるが，処理性に関するデータも少ない．プラスチック添加剤は，難分解性物質であるため環境中に蓄積し，将来何らかの影響をもたらすことも考えられるので，今後も，浸出水中でのプラスチック添加剤の濃度，処理性，および環境中での挙動に関して監視することが重要である．

　ホウ素は，工業的に様々な添加剤や陶器，ガラスなどに用いられており，焼却灰に含有されている．ホウ素は，難溶性塩を形成しにくく，浸出水中に溶出する．ホウ素の排出基準は，自治体によっては $1 \sim 2$ mg/L と厳しい規制をしているところもある．ホウ素は，浸出水中ではホウ酸またはホウ酸イオンとして存在しており，凝集沈殿処理やキレート樹脂吸着法により除去されている．低濃度領域で有利であり，共存する妨害イオン(塩素イオンや硫酸イオンなど)の影響を受けにくいという理由から，現在ではキレート樹脂吸着法が注目されている．

　この他にプラスチックや繊維などの焼却により，飛灰に含有されるアンチモン(Sb)，周期律表で同族であり毒性の高いセレン(Se)やヒ素(As)などの溶出にも注目しなければならない．これら物理化学的特性の近い元素の除去は，吸着法，膜分離法および凝集沈殿法が考えられるが，例えば，Sbの水質環境基準は 0.002 mg/L であり，これを満たすためにはこれらの組合せが必要となる．しかしながら，膜洗浄方法，発生する汚泥処理，ランニングコストなどの課題が残されており，今後，精度の高い分析方法の確立に加えて，新しい処理方法の開発が

2.3 工場・事業場など汚濁源の対策

望まれる.

　浸出水水質は,主に埋立ゴミ質によって決定され,従来埋立ゴミ質としては,不燃物,焼却残渣を中心としたデータの集積が行われており,破砕不燃物や溶融物などについてはほとんどデータがない状況である.今後,ますます焼却残渣,破砕不燃物,さらに溶融物主体の処分場が増加すると予想されるため,浸出水水質に及ぼす影響,処理性能への影響などの検討が必要である.また,排出規制の強化,無機塩類,重金属類および未規制物質(内乱分泌撹乱化学物質など)に対し対応していかなければならないことは明らかであり,今後はより高度な処理技術が要求されると思われる.新たな処理技術の採用については,他分野での実績,浸出水処理への適応性,維持管理の容易さなどの観点から十分な検討が必要である.

　管理型処分場からの浸出水の処理以外にも,問題がある.安定型処分場として定義されているが,法律で定められた安定で無害な産業廃棄物に混じって,不法な異物が埋め立てられているケースも報告されている.この場合,浸出水の地下水または公共用水域への混入は,致命的な汚染を引き起こすおそれがあり,法律に基づいた適切な処理・処分がなされなければならない.また,産業廃棄物が不法投棄された場合は,野ざらしとなった廃棄物から降雨などにより周辺水環境へ流入し汚染する.現行では,これらの水環境への影響を正確に把握することすらきわめて困難な状況にあり,地域との連携や不法投棄対策を早急に推進する必要がある.加えて,管理型処分場の遮水シートなどの破損による浸出水の漏出は,きわめて重大な汚染を招くおそれがあるので,管理型処分場の設計,施工および維持管理には細心の注意を払はなければならない.また,各地で河川へのゴミなどの不法投棄問題も顕在化しており,新たな対策が必要と考えられる.

2.4 面源の対策

2.4.1 面源負荷

表 2.13 に面源負荷の概略を示す．面源負荷は，自然地域，農業地域，都市域などから流出する特定できない汚濁負荷であり，特に公共水域が湖沼などの閉鎖性水域の場合，流入する汚染源負荷が全体の 2 ～ 4 割を占めているといわれている．工場排水や生活排水などの点源負荷は，排水の規制や行政指導，下水道の普及などによって処理対策が進み，汚濁負荷に占める割合は年々低下している．面源負荷の影響は決して小さくないため，現状では，点源負荷の処理を進めても水域の汚濁物負荷は期待したほど改善されていない．したがって，今後は面源負荷の割合が大きくなることが予想され，面源負荷による汚濁物質が河川などの公共水域に及ぼす影響は，さらに大きくなると考えられる．水域の適正な水質保全を図るためには，面源負荷量の削減が必須であり，これをおろそかにすれば新たな水質問題へと発展する状況にある．

一般に面源負荷は，低濃度で広範囲に散在している．その負荷量は，地域特性や土地の利用状況，降雨の影響によって大きく異なるため，現状では有効な対策がとりにくくなっている．したがって，面源負荷の削減対策は，点源負荷に比較すると難しくなっているといえる．面源負荷として考慮しなければならない対象は，窒素，リン，有機汚濁物質，さらに農薬および有毒化学物質などである．また，酸性水の流入による河川の酸性化も面源負荷の一つとして考えることができる．

表 2.13 面源負荷の個別排出源の種類[1]

地域分類	土地利用状況	個別排出源
都市地域	住居地域	道路
	商業地域	屋根
	工業地域	公園，駐車場など
農業地域	水田	作物別（水稲，蓮など）
	畑地	作物別（キャベツ，ナスなど）
	樹園	作物別（茶，ブドウなど）
	その他	放牧場，ゴルフ場など
自然地域	森林	植生別（マツ，ヒノキ，ツガ，カラマツ，カシ，シイ，ブナ，ナラなど）
	草原原野	形態別（湿原，草原など）
	その他	無植生荒地

2.4.2 山林，自然負荷対策

(1) 山林，自然負荷対策の現状

a. 森林からの直接流出および基底流出[45]　森林が国土面積の67％を占める日本では，河川の上流域の大半は森林地帯になっている．森林に降った雨が渓流に流出するまでの過程は，多様である．森林からは，栄養塩類，農薬，木材片，土砂などが降雨に伴い流出する．地表または地面表層を流れて速やかに流出するものを直接流出(direct runoff)，地面に浸透して地下水となるものを基底流出(base runoff)と呼んでいる．したがって，直接流出および基底流出には，かなりの時間差が生ずる．降雨によって河川の水量が増大するのは，直接流出によるものであり，晴天時に流量が安定した時には基底流出が主である．直接流出は，森林の有無および土壌の状態によって影響を受け，森林があって土壌が発達していると，雨水が土壌に浸透しやすくなるため，直接流出分は少なくなる．故に，森林があると，直接流出を軽減する効果がある．

b. 森林の形態　森林からの汚濁物質の流出は，樹木の種類，土地被覆，土壌状態によって大きく変化する．**表 2.14**に自然地域における土地の形態を示した．森林は，針葉樹林，落葉針葉樹林，常緑広葉樹林および落葉広葉樹林に分けられる．また，森林以外は，湿原，草原および樹木の生えない荒地である．森林土壌の性質は，森林の生産性の大小によって異なってくるため，それに伴い汚濁負荷量も変わってくる．さらに，人工林の場合には，施肥や伐採，下草取りなど管理方法によって面源負荷の強弱がある．負荷としては，窒素，リンなどの栄養塩のみならず，散布した農薬なども含まれる．また，森林がゴルフ場やスキー場として開発されると，直接流出が増大して負荷量も大きくなる．特に，土砂は，リンなどの栄養塩を吸着しているため，その流出は，面源負荷量を増大させる原因となる．

一般に，森林伐採が進むと，土壌から硝酸が流出してくるため，周辺の渓流に窒素負荷が生ずる．また，山地の崩壊地面積が大きくなると，河川水中の NH_4^+-N, NO_3^--N などの溶存窒素濃度が高

表 2.14　面源負荷の個別排出源の種類[41]

自然地域	森林	針葉樹林	ツガ，マツ，ヒノキ
		落葉針葉樹林	カラマツ
		常緑広葉樹林	カシ，シイ
		落葉広葉樹林	ブナ，ナラ，クヌギ
	草原原野	湿原	
		草原	
	その他	無植生荒地	

くなり，林齢が増すと，リン濃度が増大するとされる．懸濁物質，NH_4^+-N が下流の貯水池へ流入すると，淡水赤潮が発生しやすくなるので，崩壊地面積を減少させる必要がある．森林の土壌は，窒素およびリンに乏しいため，これらが流出すると，森林伐採は地力を低下させる方向に働く．

c. 森林における水の収支[45]

森林に降った雨は，図 2.13 に示すように最初に森林の樹冠（canopy）で捕捉される．このうち，地面に到達せず蒸発して直接大気に戻る水がある．この現象は，樹冠阻止と呼ばれている．一方，樹冠に捕捉された水は，葉や枝から滴下する樹冠滴下と，枝から幹を伝って根元へ流下する樹幹流に分かれて地面に到達する．樹冠の間隙を通って地面に達する水と，樹幹滴下を合わせて林内雨（through fall）と呼んでいる．したがって，森林に入る雨は，林内雨と樹幹流の合計である．この合計量は，常に降水（林外雨）より少ない．この原因は，樹冠で捕捉された降雨の一部分が直接大気に還ってしまうからである．樹幹流量は，樹種によって異なるが，一般に林内雨に比較して小さい．森林内に到達した雨水の一部は，樹木からの蒸散や地面からの蒸発によって大気に戻る．これに樹冠阻止分を加えて蒸発散と呼んでいる．

一般に樹冠遮断量は，降水量の増加に伴い増加する．遮断割合は小雨の時に大きく，降水量が多いと小さくなる．降水量が少なくなり，広葉樹林で 0.03 〜 2.0 mm，針葉樹林で 0.5 〜 3.0 mm になると，遮断割合は 100 %に達する．日本では降水量が多く，遮断率は 15 〜 20 %といわれる．

雨水が樹冠を通過すると，水質は変化する．樹冠遮断による濃縮，樹木からの物質の溶脱，樹木に付着していた物質の洗脱，樹木による物質吸収が起こるためである．この量は，樹木の種類，土壌，大気の物質濃度・降水量などによっても異なってくる．一般に，カリウムおよびカルシウムで多く，窒素，リンで小さくなる傾向にある．

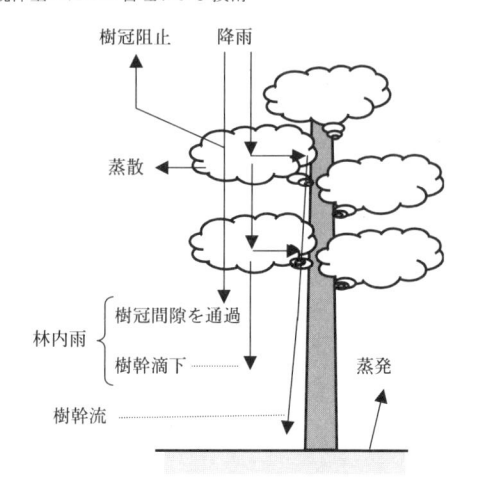

図 2.13 樹幹流および林内雨

2.4 面源の対策

d. 再循環[45]　森林内では，雨は，林内雨または樹幹流として入り，樹木や下層植物によって土壌から再び吸収される．その一部は，渓流に流出して面源負荷の一因となる．土壌からの物質流出は，再循環に関わっている．

e. 施肥[45]　日本の森林土壌は，おおむね貧栄養状態にある．降雨量が大きく，気温が比較的高いために土壌の塩基飽和度は低くなっている．また，山地に占める急傾斜地面積が大きく土壌層が浅い．管理されている人工林では，樹木の生長を促進するために施肥が行われている．与えられた肥料は，樹木に吸収された後にリターフォール(落ち葉など動植物の遺骸の総称)や雨水によって土壌に戻るという再循環経路に組み込まれることになる．しかし，養分は，森林内で完全に循環されるわけではなく，流出水とともに外部に流出する．施肥による影響は，土壌や植生によって違いが見られるが，窒素施肥により NO_3^--N が流出することが知られている．投入した NH_4^+-N および有機態窒素が土壌中に集積されるとともに硝化作用が徐々に進行し，数年を経て NO_3^--N の流出を招くものである．伐採後に NO_3^--N の生成に伴い土壌が酸性化すると，カルシウムやマグネシウムなど塩基の流出が促進される．特に，屎尿処理水の散布を行うと，森林土壌中で硝化が起こるため，酸性化に伴い塩基の流出が起こると考えられる．森林への施肥の影響は，年月を経て流出水に現れてくるため，一度流出が起こると，原状回復をするまでにさらに長い時間が必要になる．人工林の生長を促進させるために施肥を行うのであれば，今後さらに施肥量が増加すると考えられ，面源負荷量も増大していくと予想される．

f. ゴルフ場などの開発地域　ゴルフ場などの山林開発を行うと，森林伐採，芝生への施肥，土壌流出，除草剤の流出など複合した面源負荷問題が生じてくる．ゴルフ場は，山地に造成される場合が多いので，降雨時には汚濁物質が近くの河川に流入する．その河川に取水施設がある場合，浄水処理に問題を引き起こすおそれがある．

g. 酸性水の流入　一般に面源負荷としては，有機汚濁物質としての COD，リンおよび窒素が注目されるが，日本では酸性河川も大きな問題となっている．酸性河川は，全国の至る所に分布しているが，何らかの対処を行っている所は多くない．河川水の酸性化の原因は，鉱山排水・酸性温泉などによる人為的なもの，火山地帯による自然のものに分けられる．火山および温泉から排出される酸性水は，火山ガスが溶解したものであり，鉱山では硫黄化合物が水，空気と反応して

できたものである．特に東北地方には酸性河川が多く，主要河川数 260 に対して酸性河川は 35 である．このような酸性河川の pH は，1〜3 と低く，ほとんどの魚類や水生昆虫は棲息できない厳しい酸性環境になっている．酸性河川では，鉄が沈殿して河床が赤褐色になり景観が悪化する場合もある．また，pH が低いために，酸性河川では護岸用コンクリートや鋼材が腐食する問題が起こり，水産業や発電を行うことができない．低 pH によって有害な金属類が溶出してくる場合もある．以上のようなことから，酸性河川水は，灌漑や発電などの利水に適さず，生物叢が貧弱であることから親水にも適さない．したがって，酸性河川水を利用するためには，何らかの中和処理を必要とする．

h. 酸性水対策

① 希釈法：単に物理的希釈作用だけでなく，緩衝能力のある天然水を加えて化学的中和効果を期待する方法である．近くに希釈に適した河川がある場合，流域変更などにより効果をあげることが可能である．

② 地下浸透法（地下水処理法）：地下水を用いて物理的に希釈する方法であるが，地層中の塩基性岩石などの中和能力を合わせて効果をあげることもできる，また，粘土中の金属イオンと酸性水中の水素イオンの置換効果を利用した地下溶透法もある．

③ 石灰投入による中和：酸性河川に石灰を投入することにより pH を上昇させ，河川水を中和することができる．この方法は 1958 年頃から始められた．石灰による中和処理の普及により河川工作物の補修費用は軽減された．しかし，石灰で硫酸を中和する場合，化学反応によって石膏（$CaSO_4・2H_2O$）が生成し，これが石灰石表面を被覆して反応が進まなくなるおそれがある．また，粉末の石灰を使用しても反応速度が低下するため，接触時間を長くしなければならない．石灰を用いる方法では，pH は 4.0〜4.5 までしか上昇しないため，その他のアルカリ剤でさらに中和しなければならないなどの欠点がある．

　　秋田県の玉川では，石灰中和および地下溶透法が試みられた．年間 3 000 t の石灰石を地中に埋めてその上に源湯を注いだが，冬季間はほとんど機能せず，冬以外でも 10〜50 ％の源湯が中和されるだけであった．群馬県の白根山麓から流れ出る湯川，谷沢川，大沢川は，酸性河川であり，途中に 2 箇所の中和工場を設置して石灰投入による中和処理を行っている．中和処理によって発生した沈殿物は，下流の品木ダムに貯留される．

④ 鉄酸化細菌の利用：岩手県の旧松尾鉱山や岡山県の柵原鉱山では，鉄酸化細菌による鉄酸化作用を利用して，第一鉄を第二鉄に酸化して沈殿させ，これに炭酸カルシウムによる中和処理と組み合わせた処理方法を実用化している．旧松尾鉱山から排出される酸性水は，pH 2 程度の強酸性であり，鉄を多く含んでいる．また，毒性物質であるヒ素なども含んでいる．排出量は毎分約 20 t の酸性水が坑道から流出している．鉄酸化バクテリアは，以下に示すように酸性水中に含まれる 2 価鉄を 3 価鉄に酸化する．

$$2FeS_2 + 7O_2 + 2H_2O \rightarrow 2H_2SO_4 + 2FeSO_4$$
$$2H_2SO_4 + 4FeSO_4 + O_2 \rightarrow 2Fe_2(SO_4)_3 + 2H_2O$$

次に炭酸カルシウムにより酸性水を中和処理する．

$$Fe_2(SO_4)_3 + 3CaCO_3 + 3H_2O \rightarrow 2Fe(OH)_3 + 3CaSO_4 + 3CO_2$$

水酸化鉄は，沈殿し，貯留ダムへ送られる．放流水の pH は，約 4.1～4.2 であり，ヒ素は，0.01 mg/L 程度まで低減される．旧松尾鉱山から排出される酸性水の処理には年間 6 億数千万円が費やされている．しかし，北上川の水質を保全するためには，半永久的に処理を続けなければならない．

⑤ 金属除去施設：温泉郷排水の場合，高濃度の重金属は流出しないが，ヒ素などのように微量でも毒性のある物質が含まれている場合が多い．未処理のままの温泉水が河川に流入すると，金属類による汚染が起こるため，何らかの対策を講じなければならない．定められた水質基準を満たすためには，有害な金属類を除去する施設を設置する必要が生じてきている．

⑥ 生物による金属除去[46]　乾燥した蘚苔類には金属除去能があり，近年注目され様々な研究が行われている．例えば，ピートモスは，主にリグニンやセルロースから構成され，特にリグニンは，官能基を多く含んでおり，水中から銅，亜鉛，鉛，水銀のような物質をイオン交換により除去する．コケによる金属除去は，次式に示すように，細胞壁に存在する官能基中の H^+ イオンと水中の金属イオンとのイオン交換により起こるものであると報告されている．

$$M^{2+} + 2HA \rightarrow MA^+ + A^- + 2H^+$$

A は官能基で，M は金属イオンである．官能基の H^+ イオンと金属イオンとの交換により，M^{2+} は官能基と結合して MA^+ になる．

(2) 今後の山林，自然負荷対策

　山林からの流出水の水質は，短期的には降雨により変化する．また，長期的には伐採や植林・施肥，山火事，焼き畑，ゴルフ場開発などにより森林の形態が急変すると，それに伴い流出水の水質も変動を起こす．したがって，人為的影響が強い長期的な視野に立って森林からの負荷量を考慮する必要がある．現状では有効な方策は提示されていないが，森林からの汚濁負荷を低減できる可能性はいくつか考えられる．

a. 地力の維持　森林の地力維持は，土壌流出を防ぐためには重要な項目である．地力を維持することは，森林を育てるために必要なことであるが，地力が維持されれば自ずと水質保全にもつながると考えられる．

　間伐されずに放置されたヒノキ林の場合，枝や葉が地面に堆積し，下層の植生が貧弱になり落ち葉が流出しやすくなる．このような現象を避けるためには，単一林ではなくアカマツと混植することで，マツの落ち葉によってヒノキ落ち葉の流出をある程度抑制することが可能である．

b. 森林伐採時の工夫　森林伐採の影響は深刻であり，スギ林などでは，伐採に伴い流出水に含まれる NO_3^--N の濃度が急激に増大する．このような窒素分の流出はすぐには停止せず，年単位で続くことが知られており，伐採の影響の大きさがうかがわれる．

　伐採や山火事などで消失した森林は，ゆっくりと回復して，やがて安定した森林に生長する．しかし，森林が安定するまでの時間は，地質・気候・植生などによって異なるため，現状を回復するまでには百年から数百年の長い時間を必要とする．ヒノキ林など針葉樹林では林床の植生が発達しにくいため，植林を行う場合には，森林が安定するまでの期間は，流出を防ぐ天然林を下部に残しておくことが肝要である．

　森林からの汚濁負荷は降雨時に急激に増大するが，流出は，植生，林齢など森林の状態によって大きく変化する．伐採後の裸地では，小さな降雨でもたちまち流出が起こる．したがって，大きな面積の森林を伐採すると，森林が回復するまで流出水量およびそれに含まれる汚濁物質は増加し，長期間にわたり低下しないことになる．また，降雨によって地滑りが起きて山の斜面が崩壊した場合などは，大量の汚濁物質が流出して河川に流入する．特に，伐採・植林をしてから十数年経過すると，崩壊が起こりやすくなるといわれる．このような問題を回避するた

めには，一時期に大規模な伐採を行わず，伐採を行う場合には天然林を残すことが必要である．

2.4.3 農耕地負荷対策

(1) 農耕地負荷対策の現状

　日本の国土面積に占める農地の割合は，約14％である．山林は66％であり，農地をはるかに上回っているが，一般に農地から発生する面源負荷量は山林よりも大きい．

　農地に対する栄養塩の供給は，天然供給および人為供給で行われる．灌漑水から流入する窒素やリンなど，さらに，土壌の微生物活動による窒素固定および雨水による供給が天然供給である．一方，人為供給は，堆肥・化学肥料・厩肥などの作物の生育を促すために行う栄養塩投入である．

　図 2.14 に農地から流出する栄養塩の経路を示した．農地からの栄養塩の排出は，人為排出および自然排出で行われる．栄養塩は，収穫物と植物残渣の搬出・焼却により農地から人為的に排出される．自然流出は，降雨時に表面流出や地下浸透によって行われる．アンモニア態窒素および硝酸態窒素は，微生物による脱窒素反応または揮散により大気に排出される．一方，リンではこのような反応は起こらない．

　農地における栄養塩の供給・排出は，地域差が著しい．また，農地によって土壌状態，栽培作物，天候，気温など諸条件が異なるため，栄養塩の収支は，地域特性が強いといえる．表 2.15 に水田および畑の原単位を示した．畑における窒素の原単位は，作物によって大きく異なることがわかる．特に茶を栽培すると，

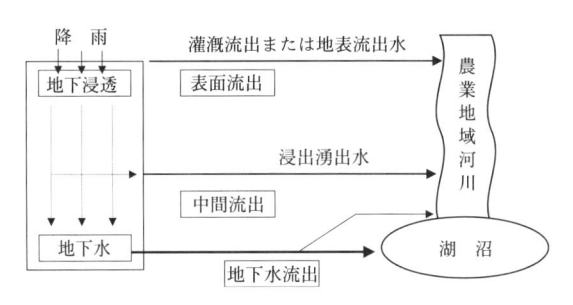

図 2.14　農地からの栄養塩の流出[41]

第2章 水質環境保全のための管理および技術

表 2.15 水田および畑の原単位[17](単位：mg/L)

地 目		対象農地	窒 素	リ ン	COD
水 田	埼玉県	水田団地(56.52 ha)	26.5	2.92	34.7
	秋田県	八郎潟中央干拓地(15.666 ha)	39.2	6.41	241.1
	石川県	圃場整備地区(65.5 ha)	46.8	5.96	341
	茨城県	霞ヶ浦	37.7〜67.6	1.54〜7.43	99.7〜475
	岩手県	北上川上流部(6.2 ha)	40.64	1.989	158.89
	滋賀県	琵琶湖(0.2947 ha)	5.11	—	—
畑 地	滋賀県	琵琶湖	30.99	2.427	—
	山口県	徳山湾(麦類)	15.4〜21.9	0.47〜0.99	—
		徳山湾(イモ類)	21.2〜30.1	0.66〜1.40	—
		徳山湾(豆類)	6.7〜9.6	0.42〜0.89	—
	大分県	タバコ，カンショなど	27.4〜76.6	—	—
	愛知県	ナシ，ブドウなど	142〜163	0.43〜0.81	—
	滋賀県	茶	238	0.39	—
	愛媛県	伊代柑，みかんなど	145	1.25	—
	広島県	世羅台地(梨園)	28.84	1.18	39.9
	岡山県	柿(夏期)	2.4	0.65	8.2
	島根県	揖斐川(茶)	181	1.15	66

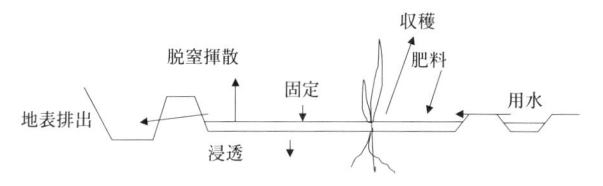

図 2.15 水田における窒素の収支[41]

窒素の原単位が大きくなる傾向にある．

a. 水田[48]　水田は，水質を浄化して地域の環境保全に貢献していると評価される一方で，化学肥料を流出させる面源負荷の原因となる危険性もはらんでいる．水田の状態は，季節や土壌，地形，気候，管理状態により大きく変化するため，それに合わせて流出する汚濁物質の性状も変わってくる．また，水田の管理状況(水管理，施肥管理，栽培品種)も面源負荷に影響を及ぼす要因である．

水田から流出する物質としては，窒素，リン，汚濁成分などのほかに季節ごとに散布される農薬(除草剤，防虫剤)などがあげられる．水田からの面源負荷を考慮する場合，このような物質の挙動を把握した精度の高い研究が必要とされている．しかし，面源負荷は，降雨に伴い発生するために調査が難しく，基礎となるデータが不足しているのが現状である．

図 2.15 には，水田における窒素の収支を示した．流入窒素は，施肥，固定窒

2.4 面源の対策

素，雨および用水である．固定窒素は，微生物により空気中から水中に固定される窒素である．流出窒素は，稲(収穫物)，脱窒素，揮散，浸透，地表流出である．脱窒素は，微生物の活動により水中から大気中に放出される窒素である．この中で，人為的な影響は，施肥と収穫であり，毎年その時期がほぼ決まっている．田面水の窒素濃度は，施肥を行う5月および追肥を行う7月にが高くなる傾向にある．しかし，施肥量や施肥の方法および使用する肥料の種類によっても窒素濃度は変化してくるため，前述した水田の管理状況を正確に把握する必要が生じてくる．肥料の散布方法によっても窒素の流出状況は異なる．一般に，肥料は田面に散布されるが，土壌中に肥料を注入する方法もあり，このような場合，田面水中の窒素濃度は高くならないとされる．

面源負荷として考慮しなければならないのは，流出窒素の浸透および表面流出である．水田における窒素浸透量は，水田の土壌の状態によって左右されることが知られている．沖積平野に分布する水田では浸透が少ないが，台地，扇状地および棚田では浸透量は大きくなる．したがって，透水量が大きい水田では，面源負荷量も大きくなってくると考えられる．表面流出した窒素は，排水路に流入するが，これが河川に放流されると面源負荷の原因となる．

以上のように，水田からの面源負荷発生は，窒素の流出と流入のバランスに依存しているといえる．水田が窒素流出型になるか窒素流入型になるかは，窒素の排出負荷量(流出窒素から流入窒素を引いた量)で評価することができる．一般に，汚濁した用水を使用している水田では，窒素流入型(浄化作用)になり，水質の良い灌漑水を引いている水田では，窒素流出型(汚濁作用)になる場合が多いとされる．しかし，窒素流出型の水田であっても，施肥管理に注意して稲の栽培を行えば窒素流入型にすることも可能である．

リンも窒素と同様に面源負荷となるが，窒素のように空気中から固定されたり，気体として空気中に放出されることはない．

水田における雑草の繁茂の防除や病害虫を駆除するために，農薬が散布される．田植えが終わると，その後1～2週間に除草剤を多量に散布する．除草剤が浸透または表面流出によって河川に直接流出すると，飲料水を汚染したり，魚や水生昆虫の棲息に影響を及ぼすなどの深刻な問題を起こすことがある．

b. 畑，樹園地[49]　　水田は単一作物に関する問題であるが，畑および樹園地では，作付けされる作物は地方により様々である．さらに作物によって養分吸収パ

ターンが大きく異なるため，施肥の方法も稲に比較するとかなり複雑になってくる．野菜の場合，その無機態窒素の吸収パターンは以下のように大きく4つに分けられる．
① 栄養生長型野菜(ホウレンソウなど).
② 直接結球型野菜(タマネギなど).
③ 間接結球型野菜(ハクサイなど).
④ 栄養生長・生殖生長同時進行型野菜(キュウリ，トマトなど).

栄養生長型野菜および栄養生長・生殖生長同時進行型野菜では，収穫期まで土壌中に10 a当り5〜10 kgの無機態窒素を投入する必要がある．このような場合，作物を収穫した後にも無機態窒素が土壌中に残存するため，面源負荷を考慮する必要がある．逆に大豆，小麦，馬鈴薯などは窒素吸収型であり，灌漑水や窒素固定で土壌に入った窒素をおよび土壌残存窒素を利用するため，面源負荷の原因になるおそれは小さい．

窒素の吸収パターンは，栽培される野菜によって大きく異なる．窒素の摂取は，施肥倍率(施肥量/作物吸収量)で表される．大豆，小麦，ジャガイモなどは，灌漑水や空気中からの窒素固定によって土中に供給された窒素および土壌残留窒素を利用するため，施肥倍率は1未満である．したがって，施肥窒素が面源負荷とはならず，環境汚染の心配はない．これに対し，ホウレンソウ，ネギ，ナスなどの野菜と茶樹に対する施肥量は大きく，施肥倍率は2.5以上となるため，摂取されなかった窒素が流出して面源負荷となるおそれがある．しかし，施肥を行わないと，後者のような作物を栽培することは不可能であり，施肥量は今後も増加する可能性が高い．

畑地からの窒素溶脱量には，土地の利用形態と深い関係がある．窒素施肥量を一定にした場合でも，休閑地，草地，野菜畑，輪作畑によって窒素溶脱量が異なってくる．溶脱量は，草地＜輪作地＜野菜畑＜休閑地の順で高くなる．作物を栽培しない休閑地で溶脱量は最も高くなる．畑では投入窒素の約31％が流出するとの報告もあるため，窒素肥料が過剰に使用されていることがわかる．この結果，畑地帯では地下水の硝酸塩濃度が飲料水基準(10 mg/L以下)を超える場合も珍しくなくなっている．畑土壌および地下水の硝酸塩汚染を防止するためには，窒素肥料の使用量を減らさなければならない．また，畑地からの窒素流出を防ぐためには，豆類と多種類の野菜を組み合わせ，輪作・転作に工夫をすることが必要

2.4 面源の対策

である.

c. **畜産**　日本では，家畜の飼育は畜舎内で行うことが多い．また，排水処理施設を設置している場合が多いため，一般には点源負荷として考えられる．しかし，家畜の糞尿が農地還元処理されたり，適切に処理されずに野積みにされている場合は，農地からの面源負荷となる．また，野積みされた作物の残渣なども同様に面源負荷となりうる．山間部に畜産農家が点在する場合，野積みにされた家畜の糞や敷き藁から有機物質，窒素およびリンなどが流れ出すことがある．ことに，下流にダム湖があると，汚濁水が流入して湖水の富栄養化が進む一因となる．

d. **負荷削減対策**

① 窒素・リンの対策：水田土壌は，窒素を多量に保持しており，水中から窒素を吸収し，作物の根に供給している．水田に窒素が流入する場合，施肥によるもの，用水によるもの，空気中の窒素を固定するもの，に分けられる．窒素の流出には，地表流出，脱窒揮散，地下浸透，作物収穫がある．リンの場合は，空気中からの固定および揮散は起こらない．用水にも窒素が含まれているが，田面水中の窒素濃度が高くなるのは施肥を行う4月と，追肥をする7月である．

　面源負荷となる窒素流出は，地表流出と地下浸透である．地表流出は，田面水が排水路へ流出することにより起こる．元肥の時期に水管理を行わないと，流出した窒素が河川中に流れ込み面源負荷の一因となる．一方で，地下浸透は，水田の土壌の性質に依存している．浸透のほとんどない湿田では，元肥後の地表流出量が大きく，浸透はわずかである．このような水田は，沖積平野に分布している．浸透量の大きい水田は，地表流出量はわずかで浸透量が大きい．このような水田は，台地，扇状地，棚田などであり，元肥よりも遅れて窒素流出のピークが現れる特徴がある．

　水田が面源負荷の原因とならないためには，前述したように窒素およびリンを流出させない浄化型の水田にする必要がある．施肥量を管理しなければならない．また，肥料の土壌注入のような施肥方法を工夫する必要があると考えられる．一方で肥料の改良も進み，被覆肥料のように施肥後に急激な窒素・リン濃度の増大を起こさないものも開発されている．被覆肥料は，粒状速効性肥料の表面を合成樹脂または硫黄などで被覆したもので，被覆原料を組み合わせることで溶出速度を調整することができる．稲の窒素吸収パターンに合わせて溶出パターンを調整した被覆肥料を使用すれば，施肥直後の表面流出や浸透をあ

る程度防ぐことが可能である．
② 適切な除草剤の使用[50]：水田に雑草が繁茂することを防ぐため，除草剤が散布される．田植え後1〜2週間に多量の除草剤を散布し，苗を保護する．農産物を生産するうえで，その安定および省力化には農薬の使用が必要となる．水田に過剰に散布された農薬が分解されずに河川に流出する危険性は，否定できない．農薬によって河川水が汚染されると，飲料水としての利用が不可能になったり，魚類や水生昆虫の棲息に悪影響を及ぼすことがある．除草剤は，過剰に投与しないように指導する必要がある．
③ 排水の削減対策：水田からの排水量を少なくする．田植えに田植機を使用するようになってから，草丈の低い苗を使うようになった．このような苗を使用する場合，田植機は浅い水田で使用するため，代かきが終わった水田から元肥を含んだ水が排出されることが多くなった．田面水の排出を防ぐためには，深水でも田植機を使用できるように，操作性を向上させる必要がある．

　田面水の排出は，降雨時に著しいため，排水口の堰を高くして少しの雨では越流することがないように水田を管理する必要がある．また，畦道からの漏水も無視することはできないため，畦道の補修をこまめに行うことが肝要である．

　稲の収穫後は，降雨時のみに表面流出が起こる．この時期の降雨は，水田土壌の上に直接降るため，流出水は栄養塩と土壌を含んでいる．場合によっては，稲のある時よりも高濃度の汚濁水が流出することがある．したがって，収穫後も堰を完全に落とさず，水田に貯水池としての機能を持たせ，汚濁成分が直接流出しないように考慮しなければならない．
④ 施肥の方法および肥料の選択：肥料の施肥方法および成分も流出に影響を及ぼすと考えられる．NH_4^+ は土壌中で酸化されて NO_3^- に変換されやすいため，流出しやすくなる．この反応には酸素を必要とするため，土壌の浅い部分で進行する．したがって，水田では肥料を埋め込む位置を深くすることによって肥料の流出を防ぐことができる．しかし，深く埋め込むと，酸素不足によって嫌気性状態になり，リンが溶け出して流出しやすくなるという問題もある．

　肥料を投入する場合，稲の生長に必要な時期に必要な量を投入し，農地から流出する肥料の量を少なくしなければならない．一般に稲の場合，肥料は4〜5回に分けて与える．その中で施肥量が最も多いのは，代かき時の元肥であり，肥料の流出も最も多い．肥料が高価であった時代には，元肥を散布して耕起し，

2.4 面源の対策

その後に水を張って代かきをする全層施肥が行われていた．肥料が土壌とよく混合するため，アンモニアから硝酸への酸化を抑えることができる．しかし，化学肥料が安価になった現在では，代かき時やその後に元肥を表層に与える(表層施肥)ようになっている．最近では，稲の移植を行った際に，苗の近くの土壌に液状または粒状の肥料を局所深層施肥する方法が開発され普及しつつある．この方法では，収量増加，使用肥料量の削減，肥料の流出を図ることが可能である．

ペースト状肥料を使用することにより，田面水中の全窒素濃度を低くする．また，被覆肥料を使用する方法もある．被覆肥料は，粒状速効性肥料の表面を合成樹脂または硫黄などで覆ったもので，溶出速度を制御することができる．土壌中に肥料を注入すると，田面水中の窒素濃度の上昇を抑制することができる．排水路に流出した水を再び水田で利用する．この場合，農村全体の水管理が必要となる．

⑤ 農業用水の循環利用：田面水を排出することにより同時に肥料も流出する．この問題を克服するためには，流域全体の水循環を考慮し，農業用水の反復利用を可能にすれば，栄養塩の河川への流出量を軽減することができる．排水路の管理を十分にし，沈殿した流出土壌を水田に戻すことも面源負荷を低減する一つの対策となる．

⑥ 水田浄化能力の利用：栄養塩によって汚濁された水が水田によって浄化されることはよく知られている．一般に，汚濁した用水を使用している水田では，窒素流入型(浄化作用)になり，水質の良い灌漑水を引いている水田では，窒素流出型(汚濁作用)になる場合が多いとされる．窒素流出型の水田であっても，施肥管理に注意すれば窒素流入型になるといわれる．

現代農業では，用排水の分離と化学肥料の過剰使用によって水田の自浄機能の多くを失わせてしまった．これを回復するためには，自浄機能を保持・強化した排水路や池沼の計画を進め，排水路や沈殿施設の維持管理を簡便にする必要がある．また，水路・沈殿施設に沈殿した流出土壌などを定期的に両側の水田に戻せるようなシステムも導入しなければならない．

⑦ 土地利用連鎖の活用：畑地帯からの浸透流出水は，窒素(特にNO_3^--N)によって汚染されていることが多い．畑地の下流に水田が分布する地域では，畑地浸透水を水田の灌漑用水とし，休耕田を通過させることにより，主に水田土壌の

脱窒作用によって NO_3^--N を除去することができる．灌漑用水中の窒素濃度が高ければ，水田は浄化型として機能するため，窒素の除去に適している．このような地目の異なる農地を適正に配置することは「土地利用連鎖」の活用と呼ばれる．農地が持つ浄化作用を利用した窒素除去方法である．

(2) 今後の農耕地負荷対策

① リモートセンシング技術を利用して流域の農地の利用形態を調査し，面源負荷の分布を把握する．調査から得た情報を基礎資料として，削減対策を検討する．
② 農村地域の協力を得て，農地における除草剤および肥料の使用量を減らすことにより，汚濁負荷の削減を進める．合理的な輪作体系を確立する必要がある．
③ マルチ，雨よけ栽培などの窒素流出低減技術の普及を進める．また，各作物の窒素吸収パターンに適した新肥料の開発を行う．
④ 土地利用連鎖や水田，畑地などの適正配置により，農耕地の自然浄化機能を強化する．水路，ため池，休耕田などの浄化能力を利用して汚濁物質を除去し，河川へ直接流入を防ぎ，地域全体の水質改善を図る．このためには，維持管理の容易な排水路や沈殿施設を導入し，自浄機能を保持・強化した排水路や貯水池の設計・工法・資材を再検討する必要がある．
⑤ 水田地域の排水路網の末端に揚水ポンプを設置して，排水を灌漑水として循環させれば，窒素，リンの再利用されて水質の浄化につながると考えられる．

2.4.4 市街地負荷対策

(1) 市街地負荷対策の現状[51]

都市域では，生産活動や物流により都市に蓄積する汚濁物質が増加し続けている．都市化によって舗装面積の割合が大きくなり雨水の地下浸透が妨げられると，雨水流出率が高くなる．このため，雨水の流出に伴い蓄積されていた汚濁物質が洗い流されて河川などの公共水域に流入する．また，都市における水使用量の増大に伴い汚水を含め排除しなければならない水量が増加している．このため，都市域では，雨水流出による汚濁物質の流出が面源負荷の要因となっている．

図 2.16 に都市域からの流出経路を示す．都市部に雨が降ると，まず道路・屋

2.4 面源の対策

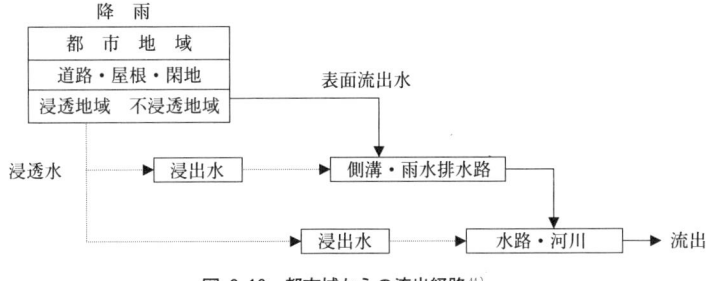

```
                降 雨
        ┌─────────────────┐
        │   都 市 地 域    │
        │ 道路・屋根・閑地 │   表面流出水
        │ 浸透地域 不浸透地域│ ─────────┐
        └─────────────────┘           ↓
  浸透水  ┌──────┐   ┌──────────────┐
  ─────→ │浸出水│ → │側溝・雨水排水路│
        └──────┘   └──────────────┘
                      ↓        │
                   ┌──────┐    ↓
                   │浸出水│  ┌────────┐
                   └──────┘→│水路・河川│→ 流出
                            └────────┘
```

図 2.16 都市域からの流出経路 [41]

根・閑地に堆積していた汚濁物質の流出が起こる．都市部の地面は，浸透地域と不浸透地域に分かれている．浸透地域に降った雨は，地面に浸透し，やがて浸出水となり，側溝・排水路または水路や河川に流出する．一方で，舗装された路面など不浸透地域に降った雨は，表面流出水となって側溝・排水路に流入し，次に水路・河川に流出する．

a. **大気**　都市部から大気中に拡散される工場煤煙，粉塵，排ガスなどは，放出後一時的に大気中に漂うが，一部は降下してくる．カドミウム，ストロンチウム，亜鉛，ニッケル，鉛，栄養塩類，その他有機性化学物質は，大気降下物とともに燃焼源や都市ゴミから輸送される．

大気系負荷を削減するためには，堆積した降下物を定期的に清掃管理することが必要である．また，排出源の濃度および総量を規制することで，面源負荷を低減させることが可能である．

b. **降雨**　大気中に拡散された工場煤煙，粉塵，排ガスは，降雨によって大半が降下してくる．このため，市街地の地表面には，少なからず降下物が堆積している．また，エアロゾル化しているものもあるが，雨が降り始めると，これらも一気に降下してくる．地表面の堆積物は，表面流出を起こし，一部は地下浸透するが，大半は雨水排除施設に流入する．このような雨水流出水には，有機物，栄養塩類，砂，細菌ウイルス，重金属や石油系化学物質など多種多様な物質が含まれている．表面流出した汚濁物が河川に流入すると，水質が悪化する．このため，表面流出は，河川に対する大きな面源負荷となる可能性が高くなっている．

屋根に堆積している大気中の降下物や粉塵などは，降雨により洗い流され，合流式下水道が整備された地域では下水道に流入し，分流式下水道地域や下水道未整備地域では雨水排除系に流入し面源負荷となる．屋根排水の水質は，降雨初期

第2章　水質環境保全のための管理および技術

表 2.16　雨天時の流出屋根負荷原単位[52]

調査地域	BOD (kg/ha)	COD (kg/ha)	SS (kg/ha)	T-N (kg/ha)	T-P (kg/ha)	先行晴天日数	降雨量 (mm)	10分間最大降雨量(mm)
神戸市	0.29	0.11	4.5	0.12	0.003	6	28.0	5.5
	0.09	0.62	3.2	0.11	0.004	2	14.0	2.0
北九州市	0.48	2.03	3.52	0.143	0.007	26	47.8	4.8
	0.10	0.35	1.68	0.033	0.001	2	24.8	2.6
山形市	0.01	0.15	0.44	0.05	0.003	3	9.5	—
	0.002	0.09	0.81	0.03	0.002	4	20.5	—
横浜市	0.51	1.0	5.2	0.11	0.01	4	10.0	—
	0.72	0.81	3.0	0.136	0.003	6	10.0	—

に高濃度であり，降雨開始から1時間後には初期濃度の1～3割程度に低下するといわれる．屋根排水は，敷地に設けた浸透枡で固形物を取り除き，浸透性マンホールや浸透性側溝などで初期の汚濁成分の濃度の高い流出分を土壌浸透させて処理する技術が実用化されている．また，大きな建物の屋根排水を地下タンクに集水し，浄化処理をして中水道として再利用する試みも行われている．土地の利用状況によっても降雨時の流出は，大幅に異なってくる．土地の利用状況は，第1種・第2種住居専用地域，住居地域，商業地域，近隣商業地域，工業専用地域，工業地域，準工業地域に分けられる．一般に汚濁負荷は，工業地域で高く，住居地域で低くなっている．**表 2.16** には，雨天時の流出屋根負荷原単位を示した．原単位には，地域的な特性が表れており，山形市に比較すると，工業地域に隣接する神戸市，北九州市および横浜市では高くなっている．また，**表 2.17** には，市街地からの汚濁負荷量原単位を示した．大都市では，SSの汚濁負荷量原単位が大きくなっている．

表 2.17　市街地からの汚濁負荷原単位[7]
(単位：kg/ha・年)

調査地域	BOD	COD	SS	T-N	T-P
北九州市	605	378	2 390	33.5	6.5
神戸市	168	208	1 304	34.2	5.8
山形市	102	90	904	17.6	3.0
千葉市	59	55	105	19.1	0.9
大津市	24	34	210	6.4	0.7
茅野市	157	222	435	39.6	3.0
岡谷市	87	126	1 410	11.1	2.7

　降雨含有負荷を削減するためには，大気に含まれる物質濃度を低下させなければばならない．このため，排出源の規制管理，排出源拡散の強化を進めなければならない．また，降雨時初期の負荷に対処するために，合流式下水道を改良する必要がある．初期の表面流出のみを処理することが望ましい．

c. 道路　物質輸送および自家用車による交通量が増加すると，排ガスが発生して大気系負荷となる．都市部で過積載車両などの走行が増加すると，大気に放

2.4 面源の対策

出される汚染物質量が増加する．また，走行によってタイヤが摩耗して粉塵が発生する．一方で，路面も削られるため粉塵が発生する．

自動車の走行に伴い毒性炭水化物，金属類，アスベスト，オイル，潤滑油などが排出されるため，面源負荷となりやすい．このような物質は，道路周辺に降下するため，降雨時に初期流出の原因となりやすいと考えられる．

降雪量の多い地域では，融雪剤を散布して路面に降り積もった雪を溶かしている．散布される物質の主成分は，塩化カルシウム，硫酸カルシウム，塩化ナトリウムである．また，道路に散布される砂と融雪剤の混合物には，リンなどが含まれていて面源負荷となるおそれがある．

道路からの負荷を低減するためには，路面清掃を行い粉塵の堆積を防ぐ必要がある．また，建設材料運搬に際して輸送の最適化を図り，物資積載量を適正化する指導と取締りを行う．歩道を透水性舗装にすることにより表面流出はある程度抑えられる．しかし，堆積物中には，汚濁物質以外に重金属，可塑剤などの有害物質も含まれており，このような物質による地下水汚染に注意する必要がある．

表 2.18 には，路面負荷原単位を示した．路面負荷原単位は，地域特性による違いが大きいため，ある地域における原単位を定量化するには，その地域の路面状況などの特性を把握しなければならない．

d. **土壌**　降雨時には，市街地の未舗装地や裸地域などからの流出負荷が大きくなる．運動場や公園などの平坦な裸地では，周辺に小さな堰を設置して土砂の流出を防止する．小さな貯留池を設け，降雨時の流出量を減少させる．緑化を図ることにより土砂の流出を防止する．

e. **建設工事**　市街地において建設工事が行われると，土地の形質変更に伴い土砂の流出などの負荷が発生する．資材輸送により周辺の路面にも土砂が堆積するため，表面流出の原因となりやすい．このため，土地の形質変更を行った場合，土壌面を緑化して流出を防止しなければならない．また，流出した汚濁物質は，貯留池などを設置して対処する．建設工事においては，工事によって発生した汚水を流出させない．土壌の流出を起こさないように安定化する施工を行う．また，降雨時に建設資材からの汚濁物質流出を防止する．

表 2.18　路面負荷原単位[52]（単位：kg/ha）

BOD	COD	SS	T-N	T-P
0.115～11.37	3.93～431.7	0.077～111	1.09～5.73	0.033～3.11

f. **街路樹などの整備** 生活環境を考えた場合，都市域の緑化は重要であるが，街路樹からの落ち葉は路面がアスファルトやコンクリートで舗装されている場所では，土壌に還元されにくい．したがって，街路樹によって生産された有機物が十分に管理されていないと，降雨時に河川に流入することがある．住宅地では，落ち葉と刈る草が街路のゴミ廃物の主流を占める．秋になると，落ち葉は，栄養塩を豊富に含んだ有機物質として地面に堆積する．落ち葉の約90％は有機物で，リンを0.28％含んでいるので，流入水域に洗い流されて落ち葉が腐ると，栄養塩が過剰になり，酸素消費の原因となる．

このような負荷への対策としては，薬剤を散布する量を減らし，樹木周囲の舗装を行わず落ち葉を土壌に還元させることが重要である．また，定期的に路面清掃を行うことも必要である．

g. **芝肥料** 公園や住宅地などで芝に与える肥料は，降雨時に殺虫剤，除草剤，過剰な栄養塩とともに流出する危険性がある．

h. **ゴミの投棄** 都市から排出されるゴミには，空き缶，ガラス屑，ビン，紙屑，建築廃材，プラスチック，植物，動物の死骸や昆虫，動物の糞などが含まれている．これらは降雨時に雨水管渠に流入し，面源負荷に寄与する．

i. **下水道**[53] 下水道は，発生した汚水を速やかに排除・運搬するための管渠・ポンプと，下水を処理して公共水域に放流するための処理場で構成されている．下水道は，汚水と雨水を同じ管渠で排除する合流式下水道と，汚水と雨水を別々の管渠で排除する分流式下水道に分けられる．下水は，住宅や事業場などから汚水枡を経て公共下水道管渠に流入し，最終的には下水処理場で処理された後，公共水域へ放流される．合流式下水道では，降雨時の流出量が多い場合はすべての流出水を処理することはできないため，一部は未処理のまま越流して公共水域へ流入する．また，雨水滞水池を備えた下水処理場では，処理しきれない雨水は，一度滞水池に貯留し，降雨後に処理場へ送り処理する．分流式下水道では，雨水流出に伴う汚濁負荷は処理されずに雨水管を通じて直接公共水域へ放流される．越流水は，病原微生物，ゴミなど都市下水を含んでいる．

従来，下水道による制御は，家庭や事業場などの点源から排出される汚水を対象としたものであった．降雨時の合流式下水道では，汚水や都市流出雨水の外に合流式管渠に堆積していた汚濁物が流出し，それが雨水吐口，ポンプ場や下水処理場から排出され面源負荷となっている．このような現象は降雨時に起こるため，

2.4 面源の対策

その対策は，複雑で困難であるとされる．都市排水系の流出負荷は，合流式下水道の改善や分流式雨水管の管理などが重要である．

合流式下水道では，面源負荷を軽減するために，以下のようなことが行われている．
① 下水道の機能強化と下水道計画の合理化．
② 既存施設の改善．
③ 貯留施設による方法．
④ 処理施設による方法．
⑤ 分流式下水道への変換．
⑥ 雨水分離装置の改良・改善．
⑦ 総合雨水管理．
⑧ 水質の計測管理．
⑨ 清掃，管渠内堆積物の管理．

一方，分流式下水道では，以下のような対策が行われている．
ⅰ 大気降下物の清掃管理．
ⅱ 路面清掃．
ⅲ 土木建設材(土砂，砂利)輸送の適正化と貨物車の載荷量の適正化．
ⅳ クロスコネクション(汚水など)の修正．
ⅴ 不法投棄の取締り．
ⅵ 建設工事現場のクローズドシステム化．
ⅶ 雨水枡などの堆積汚濁物の清掃管理．
ⅷ 浄化槽放流水の規制強化と適性管理．

(2) 今後の市街地負荷対策
① リモートセンシング技術を利用して市街地の土地利用形態(住宅地，工場，道路など)を調査し，面源負荷の分布を把握する．また，人口密度や道路交通量を調査して流出特性を把握し，削減対策の基礎資料とする．
② 路面・側溝の清掃：都市域では，土地利用面積の 20～30 %が路面であるため，路面の汚れは，面源負荷に寄与するといえる．路面に堆積している汚濁物量は多く，側溝堆積および雨水枡堆積などを考慮すると，その量はかなり多くなると考えられる．路面や側溝の清掃を行うと，降雨直後の初期流出による高

濃度汚濁物質の流出を防止することができる．初期流出負荷量を小さくするためには，初期堆積負荷量を小さくすればよい．路面清掃や側溝，雨水枡堆積物の除去を地域の降雨流出の頻度に合わせて合理的に行うと，その流出負荷量を極力低下することができる．

③　雨水枡の清掃：雨水枡に沈殿・堆積した土砂などは，道路施設または下水道施設の維持管理に伴い行われる．一般に雨水枡の清掃頻度は少なく，管理の良い自治体で年間1回程度であり，通常は数年に1回である．また，清掃を行わない自治体もある．

　雨水枡には，かなりの汚濁物が沈殿・堆積しており，降雨時の負荷発生源として無視することはできない．したがって，雨水枡の定期的な点検，維持管理が重要である．

④　親水公園の設置：都市域には雨水を貯する沼沢地などがなく，表面流出が起こる．このため，親水公園のように汚濁物質の浄化を行う場所を整備する必要がある．

　湿地は，沈殿，ろ過，吸収および生物学的プロセスにより水質を改善する．また，保水力があるため，洪水を防止する役割も担っている．

⑤　雨水の流出制御：都市化が進行すると，裸地が減り，舗装された地表面が多くなる．このため地表面の浸透力が低下し，雨水が地下に浸透したり，地表面にとどまることがなくなる．したがって，雨水は河川などの公共水域に直接流出するようになるため，面源負荷の一因となる．降雨時の直接流出量を制御できれば，流出による負荷を軽減できる．また，地域に合った雨水制御をする必要がある．

2.5　河川水の直接浄化対策

2.5.1　直接浄化対策の現状

(1)　直接浄化の必要性

a.　**汚濁河川水の水質向上に果たす役割**　河川, 湖沼, 海域での 2000 年度の環境基準達成率[54]を見ると, それぞれ 82.4, 42.3, 75.3 ％であり, 河川の達成率はやや高いものの, 都市化の進展する地域に存在する河川で汚濁が進行する傾向もあり, さらに湖沼, 海域などの閉鎖性水域の達成率は, 依然として低く, 改善の兆しも見えない. 環境基準は, 河川については BOD, 湖沼, 海域については COD があてはめられているが, いずれにしてもまず有機汚濁が問題であり, これは公共用水域に流入する有機物, および水域, 特に閉鎖性水域で進行する富栄養化により生産された有機物(主に植物プランクトン)に由来している.

流入する有機物の発生源は様々であり, 霞ヶ浦を例に示すと, 生活系が 3 割を占め, 工場・事業場などの産業系, 畜産系, 水産系の負荷を含めた点源負荷で全体の 5 割を超える. 一方, 残りの 4 割強を占める農耕地, 都市, 森林などのいわゆる面源から発生する負荷も大きい. このような状況は, 他の流域でも同様である. したがって, 環境基準を達成するためには, まずこれらの発生負荷を削減し, さらに公共用水域に流入しても速やかに浄化することが重要である.

点源負荷としての生活排水の対策は, 下水道をベースとして構築され, 1999 年度末に全国平均で人口普及率は 60 ％を上回った[55]. 都市規模別の普及率を見ると, 人口 100 万人以上の大都市では 98 ％と高い水準にある. このような生活排水対策の進展が河川の環境基準達成率向上に果たした役割は大きい. これに対して, 人口 5 万人未満の市町村の普及率はわずか 24 ％にすぎない. 下水道整備が遅れている地域の河川は, 生活雑排水が未処理のまま放流され, BOD で 20～50 mg/L の水域も存在する. したがって, 合併処理浄化槽, 農業集落排水処理施設なども含めた生活排水対策のさらなる推進が必要である. また, 生活系以外の産業系, 畜産系, 水産系の排水についてもその適正な処理を図ることが必要であることはいうまでもない.

表 2.19 有機汚濁に関わる環境基準および排水基準

水質項目	環境基準*	排水基準
BOD (mg/L)	10 (河川：E類型)	160 (河川および湖沼)
COD (mg/L)	8(湖沼：C類型) 8(海域：C類型)	160 (海域)

* 利用目的：環境保全他

表 2.20 湖沼の富栄養化に関わる環境基準および排水基準

水質項目	環境基準*	排水基準
T-N (mg/L)	1 (V類型)	排水基準 120 (60：日間平均)
T-P (mg/L)	0.1 (V類型)	16 (8：日間平均)

* 利用目的：環境保全他

適正な処理を行うために排水基準が定められている．**表 2.19，表 2.20** にはそれぞれ有機汚濁および富栄養化に関わる環境基準と排水基準を抜粋して示した．環境基準は，最も基準値の高い類型を示している．BOD，COD，T-N，T-P の排水基準は，一般の家庭下水を簡易な沈殿法により処理して得られる水質を目安に定められている．しかしながら，このような全国一律の排水基準では水質汚濁防止効果が不十分であると認められる水域において，都道府県の条例によってより厳しい基準(上乗せ排水基準)が設定されている[32]．

排水基準と環境基準の差ほどではないにしても，下水道などの生活排水処理施設，あるいは事業場などの排水処理施設からの放流水は，環境水に比べてかなり有機物濃度が高いのは事実であり，これは処理水の水質向上を水域の自浄作用に期待しているからにほかならない．言い換えれば，環境基準を達成できない水域は，受容する処理水に対する自浄能力が十分でない所であり，このような地域では環境基準レベルまで排水水質を向上させるか，水域における自浄作用の強化を図る手法の導入が必要となる．生活雑排水や小規模事業場排水の未処理放流が行われている現状に鑑みると，排水基準を環境基準に一致させることは困難であり，水質環境保全のためには直接浄化対策を重要な水質汚濁防止対策として位置づけ推進していく必要がある．

b. 面源負荷対策としての役割　　点源に比べて，面源から発生する負荷の削減対策は，これまでほとんど行われてこなかった．その原因は，汚濁負荷量として点源に比べて小さいこと，および有効な対策がなかったことに起因すると考えられる．しかしながら，霞ヶ浦を例にすると，COD として4割強は面源であり，さらに面源の負荷に対しては過小評価しているのではないかという指摘もある．

農耕地や都市および森林などの面的広がりを持つ場から発生する汚濁負荷を，点源のように水域に流入する前に処理することは不可能である．面源の負荷割合が高い水域では，河川や水路が汚濁水の集水管の役目を果たすため，その水域は

2.5 河川水の直接浄化対策

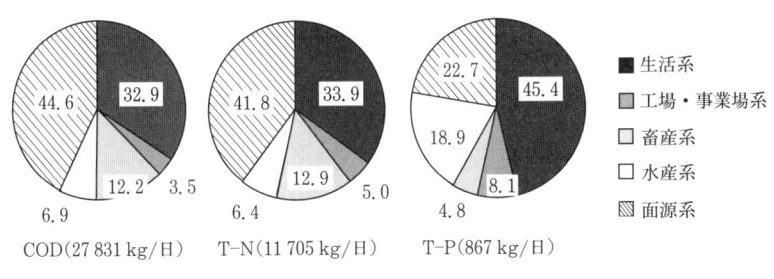

図 2.17 霞ヶ浦における汚濁負荷割合(1997年度)[56]

汚濁せざるを得ない．したがって，水域内で浄化対策をとる必要がある．河川や水路の自浄作用を強化し，浄化施設を導入し，あるいは自浄能力の高い湿地や干潟などの生態系の機能を活用してできるだけ速やかに浄化を図ることは，汚濁した水域を最小限にとどめ，より下流に位置する水域の水質環境を保全するために重要である．

c. **富栄養化対策としての役割**　湖沼の環境基準達成率が低いのは，富栄養化の進行が主たる原因である．栄養塩類の増大により植物プランクトンの増殖が促進され，内部生産に由来するCODが大きくなる．富栄養化湖沼の全CODに対する内部生産CODの割合は約50％を超える場合もある．

　流入する窒素，リンの発生源について霞ヶ浦を例に示すと，窒素の3割，リンの4割以上がとも生活系負荷であり，生活排水対策が重要であることがわかる．このため霞ヶ浦に処理水を放流する下水処理場では高度処理を行っており，放流基準としてのT-N 20 mg/L，T-P 1 mg/Lを満たす処理水質を達成している．しかしながら霞ヶ浦のT-N，T-Pにかかわる環境基準はそれぞれ0.4，0.03 mg/Lであり[32]，それと比較すると処理水の水質は10倍以上の高濃度である．

　全国的に見ても，普及処理人口のうち高度処理人口は，12.8％にすぎない[55]．また，主要13都市93箇所の下水処理場におけるT-N，T-Pの平均除去率はそれぞれ47，72％であり，BODの95％に比べても除去率はきわめて低い[57]．したがって，高度処理の普及，およびさらに高度な処理への改善が必要と考えられるが，それに要する費用などを考えると早急な整備は不可能といわざるを得ない．

　また，有機物負荷と同様に面源からの窒素，リンの負荷割合も高く，これへの対策も重要である．霞ヶ浦では面源に由来するT-N負荷が42％，T-P負荷が23％と高いことが，富栄養化が抑制されない一因であると考えられている．

このように考えると、有機汚濁対策と同様に富栄養化対策としての直接浄化対策は非常に重要である。

d. 地球規模環境問題を見据えた環境保全技術としての役割　現在、大気中の二酸化炭素濃度は、マウナロア山の観察結果にあるように、30年間で約16％上昇している。人為起源の年間二酸化炭素排出量(化石燃料消費およびセメント生産に伴うもの)を見ると、1992年時点で61億t(C)と推定されており、排出量は、ここ50年間で約4倍に増大している。それによって気候が変動すれば、様々な生態影響が生じることが予測されている。地球温暖化を防止するためには、発生源での抑制とともに、二酸化炭素の固定化を図る必要がある。

1997年のCOP3(気候変動枠組み条約第3回締約国会合、いわゆる京都会議)において、日本は温室効果ガスの排出量を1990年度を基準年として2008～12年の目標期間までに－6％とすることを国際的に約束した[58]。しかしながら、1998年において温室効果ガスの総排出量は13億3600万tであり、基準年に比べて約5％増加している[59]。したがって、－6％を達成するためにはこれからの10年間で約12％の削減を実現しなければならない。

このような背景から、すべての分野において温室効果ガスの排出抑制が求められており、排水処理の分野も例外ではない。ライフサイクル分析よる下水処理場の二酸化炭素総排出量の試算例によれば、施設運転時のプラント動力と管理設備動力が約74％を占め、建設時の約14％、廃棄時の約3％に比べて非常に大きいことがわかる[60]。したがって、いかに運転時のエネルギー消費を抑制していくかが鍵となるが、一方でより良い水質を目指した技術の導入も必須である。

エネルギー消費を抑え、栄養塩類の除去が可能な技術として自然の浄化機能を強化・活用したエコテクノロジーの開発が進められている。点源あるいは面源から出てきた汚濁物質を、素材(土壌、機能性材料など)や生物(水生植物、魚類など)、場(水路、湿地など)を利用し、特に生産性の高いエコトーンを確保・造成・活用して汚濁物質の固定化と循環を図り、湖沼や内湾に対

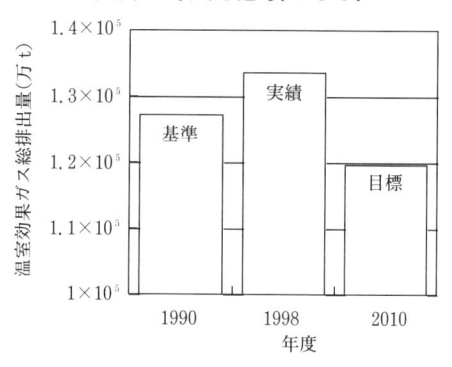

図 2.18　温室効果ガスの総排出量
（文献59を参考に改変）

2.5 河川水の直接浄化対策

する汚濁負荷を削減する技術である．エコテクノロジーは，生態系の機能を活用することに基本が置かれるため，太陽エネルギーを主として，化石燃料などのエネルギーは補助的に用いられる．代表的な例としては，ヨシ湿地による生活排水の浄化があげられるが，水の流れを自然流下で行うことができれば，エネルギーフリーで浄化することが可能である．また，排水中に含まれる窒素，リンは，生物体としての回収が可能であり，その有効利用によって廃棄物の資源化を図ることも考えられる．

直接浄化技術としてエコテクノロジーの活用は有望であり，地球環境を視点に置けば，環境保全技術としての役割がますます大きくなるものと考えられる．

(2) 直接浄化対策の現状

河川の水質浄化を目的とした直接浄化対策としては，浚渫，浄化用水導入，河川直接浄化，流水保全水路(バイパス)などがあげられる．建設省(現国土交通省)では，1958年に隅田川の汚泥浚渫を，また1983年に多摩川の新二子橋上流に礫間接触酸化法による野川浄化施設を建設したのをはじめとして，河川や湖沼，ダム貯水池などの水環境改善を図るために様々な水質浄化対策を実施している[61]．

1999年度は，83河川などに対し『河川環境整備事業』により，水量が少なく汚濁した河川に清浄な河川水や下水の高度処理水を導入する「浄化用水導入」，悪臭や栄養塩類の溶出により富栄養化の原因になる底泥を除去する「浚渫」，流水から直接汚濁負荷を取り除く施設を設置する「直接浄化」が実施された[62]．また，水利用が高度化している河川において，河道内に新たに低水路を設置して清浄な水と汚濁した水を分離する流水保全水路が2河川で整備された．

直接浄化事業に関するアンケート結果[61]によれば，事業実施箇所数は年々増加しており，その事業主体は6割以上を市町村が占めている．このことは水質改善が遅れている河川などの水質改善を図るための対策として，直接浄化などの水域における対策の重要性が高まっていることを物語っている．

全国の河川・水路の直接浄化事業の現状を調査したアンケート結果[63]では，事

表 2.21 直接浄化技術の分類と件数[61](1996年調査)

浄化技術	件数	事業主体別		
		建設省	都道府県	市町村
接触酸化法	213	14	69	130
植生浄化法	5	2	0	3
土壌浄化法	5	3	1	1
複合型	33	0	6	27
堰浄化	1	0	1	0
ろ過	1	0	0	1
活性汚泥法	1	0	0	1
その他	4	1	1	2

第2章　水質環境保全のための管理および技術

表 2.22　接触酸化法の使用材料による分類[63]

使用材料	件数	事業主体別		
		建設省	都道府県	市町村
礫	74	14	30	30
プラスチック	82	0	20	62
その他	40	0	17	23
木炭	17	0	2	15

表 2.23　接触酸化法の曝気の有無による分類[63]

曝気	件数	事業主体別		
		建設省	都道府県	市町村
なし	138	11	54	73
あり	58	3	13	42

業主体別に適用されている直接浄化技術の分類と件数は，**表 2.21**のとおりである．

浄化技術の中でも接触酸化法の占める割合が高く，これは事業主体別にも同様である．接触酸化法に分類される技術は，さらに曝気のあるなし，用いる接触材の種類によって**表 2.22**のように分けられる．

用いられる接触材としては礫とプラスチックが多いが，その事業主体別の件数を見ると，建設省では礫を，都道府県では両方を，市町村ではプラスチックを使う傾向にある．これは浄化水量が事業主体別に異なるためと思われ，建設省の実施した浄化施設は，10^3 m^3/日以上の施設が多く，都道府県・市町村では，10〜10^5 m^3/日と広範囲の水量を対象とする中で，比較的規模の大きなものには礫が，小さいものにはプラスチックが使われる傾向があるようである．

また，曝気を行うか否かという観点から分類すると，**表 2.23**のようになり，曝気なしの施設が多いが，市町村の実施するものについては曝気ありも多い．これも施設規模が関係しているものと考えられる．

なお，曝気を行わない接触酸化法は，河川の堤内地，高水敷（河川敷），低水路（河道地下，流水面）のすべての場所に設置されているが，曝気を行う接触酸化法では，低水路に設置される場合は少ない．

このような浄化施設が適用される河川・水路の水質（計画水質）は，建設省施設ではBOD 30 mg/L以下であるのに対して，都道府県では70 mg/Lまで，市町村では100 mg/L超える場合も見られる．より小さな河川・水路において汚濁が著しい実態を反映しているものと思われる．生活雑排水の垂れ流しなどにより汚濁が進行している状況が想定されるが，この対策として下水道や合併処理浄化槽の普及に加えて直接浄化技術が期待されているものと考えられる．

浄化効果としては，相対的に曝気を行う浄化技術の方が流入水の濃度が高く，処理水は低い．すなわち，除去率が高い傾向にある．また，高濃度の流入水を対

2.5 河川水の直接浄化対策

象とした場合には，礫，土壌などの接触材を使用する浄化法は敬遠される傾向にあるが，このような接触材は，目詰まりが発生しやすいためであると考えられる．

浄化施設の維持管理については，スクリーン・水路の清掃，電気・設備の点検，接触材の入れ替え，汚泥の処理・処分が行われるが，これらの頻度は施設ごとに大きく異なり，結果として維持管理費も年間10万円以下から1 000万円以上まで広範囲にわたっている．

(3) 浄化技術の種類と方法

a. 浄化技術の種類　水域における浄化を促進する方法を表す用語として「直接浄化法」が用いられる[64]．また「河川直接浄化手法」は，本来有している浄化機能が様々な原因で低減，消失した河川において，人為的手法を用いてその機能を回復，増大させることを目的とした手法と定義される[64]．一方，「河川直接浄化」は，汚濁した河川水を浄化施設に導き，浄化した後に還流することを指す場合もある[64]．

直接浄化法の基本は，水域が本来有する自然浄化機能の増強にある．多様な形態と流水状態，そしてそこに生育・生息する様々な生物により流水中の固形物や溶解性物質が希釈，沈殿，ろ過，掃流，吸着，分解，酸化などの機構によって減少あるいは変化する．河川では，これらの機構が組み合わされて水質浄化が行われている．このような作用を河川の自浄作用と呼ぶが，これら作用は，物理化学的なものと，生物学的なものに大別される．さらに生物学的なものは，その働きを主に担うものによって，微生物浄化，植物浄化，生態系浄化に分けられる．

河川直接浄化においてよく用いられている礫間接触酸化法は，物理化学的なろ過・沈殿作用と礫表面に形成される生物膜の生物学的な酸化分解作用が複合的に働いて浄化を行うものであり，単純に分類はできないが，生物の働きを活用する点では膜ろ過などと明らかに異なっており，その意味で生物膜浄化法に分類すべきであろう．

一方，河川や湖沼のその場で浄化する方式（直接方式）と，汚濁水をいったん汲み上げて排水処理と同様に装置化された反応槽の中で浄化する方式（分離方式）のように，方式によっても分けられる．これらは図 2.19のようにまとめられる．ここで，河川直接浄化の定義に従えば，それは分離方式の浄化方法全体を指す．

b. 浄化技術の特徴　以下に，図 2.19に示す浄化技術の具体的な方法と特徴

133

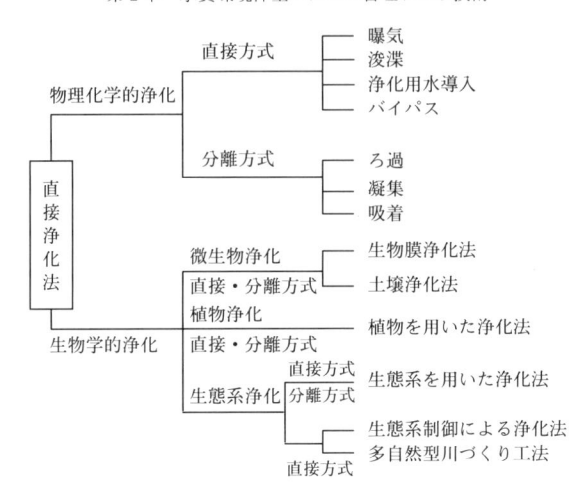

図 2.19 直接浄化法の種類(文献 64 を参考に改変)

```
                                    ┌─ 曝気
                    ┌─ 直接方式 ─────┼─ 浚渫
                    │               ├─ 浄化用水導入
         物理化学的浄化               └─ バイパス
         │          │               ┌─ ろ過
         │          └─ 分離方式 ─────┼─ 凝集
直接浄化法                            └─ 吸着
         │          微生物浄化        ┌─ 生物膜浄化法
         │          直接・分離方式 ───┴─ 土壌浄化法
         │          植物浄化
         生物学的浄化 直接・分離方式 ──── 植物を用いた浄化法
                    生態系浄化 ┬─ 直接方式 ── 生態系を用いた浄化法
                              └─ 分離方式 ┬─ 生態系制御による浄化法
                                         └─ 多自然型川づくり工法
                              直接方式
```

についてまとめる．

① 曝気：曝気は，水域に直接的に酸素を供給する方法であり，好気性細菌の有機物分解に伴って消費される水中の溶存酸素(DO)を補給し，好気的分解作用を強化する浄化方法である．

　曝気の方法としては，人工的なものに加えて，河川・水路に落差を設け再曝気を促進する方法が用いられる．

　曝気は，水中の溶存酸素濃度を高め，その結果として河川水の貧酸素化，嫌気分解による悪臭の発生を防ぐ浄化の働きを持つ．しかし，曝気のみによるBODやSSの除去効果は小さいため，積極的に浄化作用を期待する場合には，生物膜法などの生物学的浄化方法と組み合わせて用いることになる．

　曝気は，特に閉鎖性水域の水質改善に用いられている．方法としては，深水層曝気と全層曝気とがある．前者は水温躍層の下にある深水層が嫌気的になっている所のみを対象として曝気を行い，酸素を注入して好気条件に保ち，しかも底泥からの栄養塩類の溶出を防ぐのに役立ち，欧米で実施されている．一方，日本では，主に間欠揚水筒を用いた全層曝気が行われている．間欠揚水筒を用いた曝気の効果は，循環による藻類の光合成阻害やカビ臭防止効果もあるとされている．一方，クロロフィル a 量が増加したという報告もあり，藻類の除去を目的とすれば，その効果は確認されていない．しかし，本法を酸素が不足

2.5 河川水の直接浄化対策

した湖沼や内湾に適用して,毒性物質を出すアオコや,浄水処理に支障を来たす好ましくない藻類を他の種類の藻類に変える可能性はあり,水源であるダム貯水池での応用が期待される.

② 浚渫:水域の底部に堆積した有機物を多量に含む底泥を浚渫し,系外に搬出する方法である.河床に堆積した底泥は,悪臭の発生,巻上げによる景観の悪化,DO の消費,さらには底泥に含まれる栄養塩や有機物が溶出し,底泥上層水の水質を悪化させる要因となる.底泥からの負荷は,内部負荷と呼ばれる.

河床の浚渫は,河道の流水断面を確保するため従来から行われているが,昭和 40 年代より水質保全などの環境面の目的から底泥除去を目的としても実施されている.また,湖沼など閉鎖性水域においては,富栄養化防止のために行われる代表的な対策技術である.

なお,河川における浚渫実績から見ると,BOD または COD の水質改善効果は,0〜2mg/L 程度の範囲の事例が多いといわれている[64].

底泥を浚渫する方法はいろいろ開発されているが,浚渫のポイントは工事中の周辺水域への影響を最小に抑え,底泥からの内部負荷を効率的に削減し,浚渫した底泥処分の側からは浚渫汚泥量をできる限り少なくする,ということである.以上の要件を十分に満足する技術,すなわち底泥表層(栄養塩や有機物が高濃度に蓄積されている部分で,数 cm の厚さ)を効率良く,周辺に洩らさず浚渫するような薄層浚渫の技術開発が行われている.

③ 沈殿:河川においては,流速の低下する場で沈殿によって懸濁物質が除去される.このメカニズムを堰上げや囲いなどによって働かせる浄化方法が沈殿に分類される.

堰上げは,ラバー堰などを河川の横断方向に設置し,水深を大きくすることで流速を低下させ,浮遊物の沈降を促進する方法である.簡易な方法として多くの河川で利用されている[63].可動堰にすると,堆積していた汚泥が出水時に掃流され,堆積物の排除を人為的に行う必要がない.しかし,BOD,SS の除去効果は 20〜40% 程度であり,窒素,リンもほとんど除去できない.また,河川水の汚濁が進んでいると,臭気やスカムの発生を引き起こすことがある.

河川改修工事が行われる場合,工事中の土砂,濁水の流出は,工事区間のみならず,下流域の水質の悪化,底質の変化をもたらすため,土砂,濁水流出を極力抑える必要がある.この場合,沈殿処理を行ったり,濁水防止フェンスの

敷設などの処置がとられる．しかし，濁水の流出を完全に抑えることは容易ではないため，どの程度まで許容されるのか見極める必要がある．すなわち，生態系に多大な影響を及ぼさないよう明確な目標を定め，それを満たすように施策を講じ，影響を最小にするという合理的方策の立案が必要であり，この面での研究・技術開発が今後の課題である．

④ 浄化用水導入：清浄な水を対象水域に導入することにより，主に希釈で水域の浄化を図るものである．その効果としては，清浄な用水による汚濁水の希釈，導入した用水量に基づく汚濁水域の交換量の増大(すなわち，滞留時間の減少)，自浄作用の向上があげられる．また，この方法は，感潮河川においては流況の変化(逆流を弱める)による水質改善や，流水中のDOの補給効果もある．

閉鎖性水域の富栄養化防止対策として，理論的には藻類の増殖に要する時間よりも滞留時間が小さくなれば，藻類の発生は抑制できる．このような考え方から，霞ヶ浦では，那珂川から浄化用水を導入する計画がある．熊本市の江津湖は，生活排水が多量の湧水(ただし，栄養塩は含まれている)によって希釈され，滞留時間は3日程度と非常に小さい．しかし，湧水の温度が低いため完全混合せず，停滞水域が発生し，藻類の異常増殖が見られる．このように浄化用水の導入にあたっては，対象水域の水理学的混合特性を十分予測する必要がある．

もちろん，本法を適用するためには浄化用水の確保がまず問題となるが，量的に確保されさえすれば水質改善効果は大きい．用水の確保が困難な場合には下水の高度処理水などの活用も可能である．

⑤ バイパス：水域の汚濁の原因となっている支川，水路，あるいは放流口を新しい水路，管渠などに分離バイパスして水域への混入を防ぎ，水質を保全するものである．河川においては，流水保全水路として利水河川に適用されており，利水地点の下流に放流する計画が基本である．汚濁河川を本川と分離することから，本川水質は，上流部の良好な水質が維持される．

新水路，管渠などの設置，支川，排水路などの取水施設が必要となり，新水路設置には高水敷が必要なこと，施設の設置費用が高いことなどがあり，実施の場合には制約も多く，大河川で実施される例が多い．

ただし，バイパスは，本川水質を改善する効果は大きいものの，水量を減少させるというマイナスの面も見過ごすことはできない．したがって，利水目的

2.5 河川水の直接浄化対策

に応じた適切な使用とともに,汚濁原因の抜本的な対策も考慮すべきである.

⑥ ろ過,凝集,吸着:生物学的浄化が比較的大きなスペースを必要とするのに対し,物理化学的浄化は,設置スペースに制約を受ける都市河川や池沼の浄化に適用性が高いことから開発研究が行われている[65].

ろ過においては,水中の懸濁物質を除去するために様々なろ材が用いられるが,代表的なろ過法は砂ろ過で,緩速砂ろ過と急速砂ろ過の2通りがある.前者は,ろ過速度が数 m/日程度で,物理的なろ過とともに砂層表面および砂層中に生息する微生物による浄化が行われる.これに対して後者はろ過速度が数百 m/日で,物理的ろ過が主たる機能として運転される.水中から分離した懸濁物質は,汚泥として定期的にろ材を逆洗して除去しなければならない.したがって,汚泥の処分についても考慮しておく必要がある.砂ろ過法は,浄水処理での長年の実績もあり,懸濁物質の除去には効果的で汚濁した湖沼水や海水の浄化に適用可能である.

急速砂ろ過においては,その前段で凝集沈殿(あるいは凝集のみ)が行われる.凝集剤を添加することによって,藻類などの懸濁有機物の除去のみならずリンも除去される.ドイツでは,ダム湖に流入する河川水を汲み上げて凝集剤を添加し,砂ろ過により藻類やリンを除去する方法を採用して,その効果が実証されている.

これらのほかにも,より効率的なろ過を目指して特殊な繊維を用いたろ布や極細繊維を用いたろ過法が実用化されつつある.さらに粒状プラスチックろ材やセラミックろ材を用いて,その表面に生物膜を形成させて生物ろ過を行う方法も池沼の浄化に適用されている.これは単に固液分離だけでなく,微生物による分解効果も含まれて,発生する汚泥も減少することが期待される.管理の面から,目詰まり防止のための逆洗をしやすくすることが今後の課題である.

また,膜ろ過も検討されており,MF膜を用い,さらに凝集,オゾン酸化などの物理化学的処理と組み合わせたハイブリットシステムにより他の浄化法では困難な BOD 1 mg/L を以下を確保しながら,設置スペースの削減が可能となることが明らかになっている.しかし,高コストである点が難点であり,さらに適正な運転条件の設定や余剰汚泥の管理方法などに対する検討が必要である.

⑦ 生物膜浄化法:生物膜浄化法は,礫やプラスチック,ひもなどの生物付着担

体を充填し，その表面に生物膜を形成させ，主に生物膜の有機物分解作用により浄化を図るものである．用いる担体によって，接触材充填生物膜法，礫間接触酸化法などと呼ばれる．

　生物膜法は，河床の生態系を構成する生物の浄化機能を強化した生物学的処理法である．本法は，充填された生物付着担体表面に形成される生物膜量の増大により浄化能を増強することを基本とし，礫や砂，波板状プラスチック接触材，ひも状接触材などを水路に充填し，流下させ浄化する仕組となっている．木炭や繊維を編み込んだものなど様々なろ材を用いた浄化法が検討されており，河川，湖沼をはじめ内湾の直接浄化にも応用されている．

　除去能は，流下距離に比例するため，水質に応じて生物付着担体の充填距離を定める必要がある．また，浄化能に影響を及ぼす因子としては，温度，流入有機物濃度，流速，充填する生物付着担体の材質，大きさ，充填密度などがある．野川浄化施設および平瀬川浄化施設では，水路内に取水堰を設置し，取水部で懸濁性物質を沈殿除去した後，礫充填槽へ導入し浄化させるバイパス方式とし，BOD除去率60％以上，SS除去率65％以上の性能が得られている[66]．内湾の直接浄化では，滞留時間1～5時間とすることで，藻類を由来とするSSでは60～80％，全有機炭素(TOC)では10～20％の除去率が得られるが，ムラサキイガイが付着するなどのろ過障害が課題となっており，その解決策としては礫を10cm以上と大きくすること，流入汚濁負荷を大きくしないことなどが有効とされている[67]．これら生物膜法の適用にあたっては，取水位と放流水位との水位差を利用した自然流下方式とするなど自然エネルギーを活用することに意義があり，水深，流速，有機物・懸濁物質濃度などの環境条件に応じ担体の材質，形態，充填率などの諸元を変化させるなど，浄化効率よりも維持管理の省力化に主眼を置いた適用が望ましいといえる．しかし，担体の目詰まりが機能低下を引き起こす最大の要因となっており，極度に汚濁した水域での適用は不向きである．皇居外苑の濠のアオコ発生による景観の悪化を抑制する対策として，環境庁(現環境省)では，立地条件や景観上の配慮，施設の効率運用などを考慮し，プラスチック製担体を充填した生物膜ろ過法を用いた浄化システムが設置され，1995年度より稼動しており，効果をあげている．

　生物膜法の担体としては，水深の浅い場合はひも状，深い場合は波板状プラスチックが利用される場合が多い．また有機物の吸着効果のある木炭の利用例

も多い．水深が深い場合や汚濁が著しい場合には，溶存酸素を補い処理効率を向上させるために曝気装置を組み込む必要がある．生活雑排水などが未処理のまま多量に放流されているコンクリート三面張りの小水路，中小都市河川のBOD 30～50 mg/L あるいはそれ以上の自然浄化機能が失われた水路の機能を回復させるうえで，適用の仕方によっては大きな効果を発揮する．このような生物膜水路浄化法の設計の基本は，ⓐ光を遮断する，ⓑひも状担体で水深10 cm 以下，波板状プラスチック担体で水深 30 cm 以下とする，ⓒ流速は1～5 cm/s 程度とする，ⓓ滞留時間は最低1時間確保する，ⓔ可能な限り低負荷で運転し，排水 BOD 濃度は 30 mg/L 以下が望ましい，などである．また，生物膜水路浄化法の問題点および改善方法としては，㋐雨が大量に降って増水すると，浄化はほとんど期待できない，㋑悪臭およびユスリカ，チョウバエなどの衛生害虫の発生が認められるので，蓋で覆う必要がある，㋒BOD 負荷が小さければ浄化が期待できるが，高負荷での浄化は期待できない，㋓高負荷の場合は曝気装置を組み込む必要がある，㋔水温が浄化効率に著しく影響するので，寒冷地では適用が困難な場合がある，㋕汚泥の発生に伴う担体の目詰まりを防ぐため定期的な汚泥の抜取りなどの管理が必要である，などである．

生物膜水路浄化法の一種で，担体として礫を用いる礫間接触酸化法は，実際に野川，大堀川，桑納川，昆陽池流入河川などで実用化されている．**表 2.24** はこれらの諸元についてまとめたものである．本法は，流入水の BOD 濃度が 30 mg/L 以下の低負荷の場合に BOD 除去率 60～80％の効果を発揮するが，より高負荷の場合には，常時曝気を行う必要がある．また十分に能力を発揮するためには，礫の間にたまった汚泥を定期的に逆洗して閉塞を防止する必要がある．

表 2.24 礫間接触酸化法の処理性能[41]

河川名	運転開始	処理水量 (m³/日)	BOD(mg/L) 流入水	BOD(mg/L) 処理水
野　川	1981	90 000	13	4
桑納川	1982	70 000	20	5
大堀川	1982	100 000	25	5
久出川	1984	40 000	30	10
昆陽池の流入河川	1985	1 000	30	10
平瀬川	1987	100 000	20	5
みちのく公園水路	1987	9 500	2	1
荒川	1988	200 000	15	3

⑧ 土壌浄化法：土壌の吸着・ろ過作用および土壌中の微生物による有機物分解・蓄積能力により浄化する方法である．細かい土壌粒子によるろ過であるため，処理水はきわめて清澄となる．また，一般的に除去の困難なリンの土壌吸着による除去も可能である．しかし，細かい土壌粒子を用いることで，必然的に水の流れは遅くなる．通常の土壌の通水速度は 0.5 m/日以下であり，土壌浄化法は広い面積を必要とする．さらに細かい粒子が SS 分などを土壌表面で捕捉するため，目詰まりが発生しやすいという欠点もある．この対策として表面の掻取りや，前処理による SS の除去が行われる．これらの欠点を克服するために，通水速度が高く，リン吸着能の高い土壌を用いる土壌浄化法の研究開発が行われている．また，土壌浄化法において植物の植栽により効果を高める方法も試みられている．

⑨ 植物を用いた浄化法：河川・池沼の直接浄化，排水処理施設からの放流水の高度処理などに水生植物を用いた浄化法が適用され始めている．中でも水耕栽培浄化法としては，網かごにろ材を充填し，植栽を施した水路に連続的に設置することで浄化を図るバイオジオフィルタや，コンクリートなどの打設面に植栽し，汚濁環境水を流下させて浄化を図る水耕生物ろ過法などがあり，栄養塩類が植物体中に摂取され，かつ根部には生物膜が付着するため有機物の除去や透視度の向上などにも有効である．中小池沼では，浮遊植物のホテイアオイを活用した手法や，人工浮島に抽水植物を繁茂させ，水中部分に垂下した根茎部の働きにより窒素，リンの取込みを目的とした浄化法が有効とされている．

植物は，生活型によって陸上植物，浮遊植物，抽水植物，沈水植物，および浮葉植物に分類される．陸上植物は，水耕栽培によって水質浄化に用いられるため，浮遊植物と同様に水中に張った根から栄養塩類を直接吸収する．これに対して，抽水植物や沈水植物は，底泥中に張った根から栄養塩類を吸収する．また，浮葉植物は，水中根を伸ばすことによって底泥と水中の両者から栄養塩類を吸収する．水質浄化に利用可能な植物を日本国内の浄化施設および文献から調べた結果[68]では，**表 2.25** に示すように合計 46 種が利用可能であるとされている．

これらの植栽面積当りの除去能には差があるが，この差は植物体の吸収能力のみによる差ではなく，水温，水量，濃度負荷，処理方式，すなわち植物の生長を左右する環境条件にも依存する．

2.5 河川水の直接浄化対策

表 2.25 水質浄化に利用可能な植物の生活型による分類と植物種[68]

生活型	植物種
陸上植物(22種)	アリッサム，イタリアンライグラス，インパチェンス，オオクサキビ，オーチャードグラス，オオムギ，キンセンカ，クロタラリア，ケナフ，コムギ，サツマイモ，サトイモ，ストック，セリ，ソルガム，ハトムギ，ハナナ，ベニバナ，マリーゴールド，ミディートマト，ミント，ユニオプス，デージー
抽水植物(11種)	アヤメ，イグサ，イネ，オランダガラシ，ガマ，パックブン，ハナショウブ，パピルス，ヒメガマ，マコモ，ヨシ
浮遊植物(7種)	アオウキクサ，アカウキクサ，ウォルヒア，ウキクサ，コウキクサ，ボタンウキクサ，ホテイアオイ
沈水植物(4種)	オオカナダモ，コカナダモ，サンショウモ，フサモ
浮遊植物(2種)	ハス，ヒシ

　生長速度で比較すると，ヨシ，ホテイアオイ，ガマ，ボタンウキクサ，イグサなどの抽水植物と浮遊植物に分類される植物が比較的高い．しかし，栄養塩の除去速度は，必ずしも生長速度に比例しない．その理由は，植物を用いた栄養塩類の除去は，植物の能力に加えて根圏微生物や植栽基盤としてのろ材の能力に依存していることがあげられる．

　植物を用いた浄化において常に問題となるのが，発生する植物体の利用方法である．有効な利用方法がない場合，植物体は有機廃棄物となり，水質から廃棄物へと問題が移行することになる．有効利用の方法としては，花卉(景観)，食料，工業作物，薬用，飼料，肥料などが考えられる．

　中国の玄武湖において，汚濁湖沼内でササバモ，オオカナダモなどの沈水植物群落の有無による水質浄化効果を比較したところ，植栽区と非植栽区では明らかに植栽区の方で透視度が高く，植栽によって透視度が20 cmから1 mにまで向上し，きわめて高度な浄化作用の得られることが確認されている[69]．また植物体は食用魚であるソウギョの餌料資源として回収され，有効利用が図られている．このような沈水植物が繁茂できるようなエコトーンの創出が水質浄化効果をもたらすうえで重要である．

　なお，植生浄化法は，水質浄化効果と同時に，トンボやホタル，メダカ，サギといった昆虫，魚類，鳥類が生息できるビオトープ創出の面からも効果をもたらしている．すなわち，水生植物を活用した直接浄化法は，水質改善とともに生物の多様性を達成するうえで重要な位置づけにある．また，水質浄化に外来種を植栽するケースもあるが，洪水調節池での浄化対策や，下水処理場など

の親水機能と併せた高度処理など，管理された環境以外では生態系撹乱防止の観点から可能な限り地域固有種の植栽に努める必要がある．

⑩　生態系を用いた浄化法：植物による浄化法は，ある特定の植物の生長に伴う働きで浄化するのに対し，生態系を用いた浄化法は，湿地や干潟などの生態系が有する機能を活用した浄化法である．

一般に単位面積当りの除去速度は小さいものの，バイオマス変換作用は数段階にわたるため，余剰汚泥は生物間の捕食・被食作用を通して減量化されるだけでなく，生物生産資源として回収可能となるなど副次的な効果を得ることも可能である．

代表的な方法としては，ヨシ湿地による浄化法がある．本法は，湿地への流入により流速が低下することによる粒子状懸濁物質の沈殿除去，水生植物の茎や根の表面に付着する微生物による生物学的な有機物の分解浄化，および土壌浸透による伏流浄化効果を活用したものである．しかし，有機物の除去能については，流入水より処理水の濃度が高くなるなど浄化効果が認められない場合もある．これは根茎部における懸濁物質の捕捉を通じての可溶化の促進によるものと考えられる．

対象地域として適している場所は，家庭雑排水や浄化槽からの放流水により水質が悪化し(悪臭，ハエ・カの発生など)，排水の流路・流末には，休耕田・裸地などがあり，比較的広い土地が利用できる所である．

除去効果としては，懸濁物質の除去に優れ，窒素の硝化・脱窒による除去，リンの吸着除去も期待できるが，広い面積を必要とし，BOD負荷や滞留時間

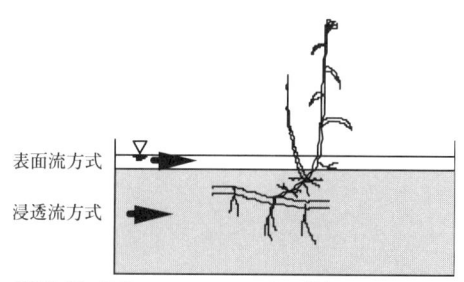

ⓐ　懸濁物質の沈殿　　　　　ⓓ　微生物および植物の栄養塩吸収
ⓑ　溶存態物質の底質への拡散　ⓔ　微生物によるガス化
ⓒ　有機物の無機化　　　　　ⓕ　低質への物理化学的吸着および沈降

図 2.20　湿地の浄化プロセス

2.5 河川水の直接浄化対策

を適切にとらないと，ほとんど効果が認められない，あるいは流入口で腐敗が生じるなどの問題も発生する．また年間を通じて気温が0℃以上であることも冬季の処理効率を低下させないために必要である．琵琶湖沿岸のヨシ原の水質浄化能の調査[70]においては，窒素の浄化能力が約58 mg/㎡・日，リンの浄化能力が約5 mg/㎡・日と見積もられている．琵琶湖全体の抽水植物群落の面積を126 haとすると，琵琶湖全体での浄化能力は，窒素で73 kg/日，リンで6.3 kg/日となる．琵琶湖に流入する総負荷量に対する割合は，窒素で0.3％，リンで0.4％と大きくはないが，浄化能力の評価方法自体が確立されたとはいい難い段階にあり，さらに調査・研究が必要である．最近の研究でヨシ帯の内部には動物プランクトンの現存量が多く，また，それを餌とするニゴロブナの生育にとって好条件であることが明らかにされており[71]，このことはヨシ自体の窒素・リン吸収能力に加えて，ヨシ湿地生態系が食物連鎖を通じた有機分解能も有することを意味している．生態系を用いた浄化法は，このように生態系の多様な働きを浄化に活用できる点に大きな特徴がある．

湿地帯の重要性への認識から，米国では湿地帯全体としての価値ならびに機能の損失をゼロにし，将来は増加させるとの考え方がとられている．また，琵琶湖では，『滋賀県琵琶湖のヨシ群落の保全に関する条例』が1992（平成4）年に施行され，「ヨシを守る」，「ヨシを育てる」，「ヨシを活用する」ことが行われている．これは，ヨシ湿地の浄化機能のみならず，自然景観の維持，魚類・鳥類の生息場所，湖岸の侵食防止などの機能を総括的に活用することが重要であるとの認識に基づく．このような多面的機能の活用もまた生態系を用いた浄化の特徴である．従来型のコンクリート護岸から，沿岸生態系による水質改善効果を重視した護岸や生態護岸づくりが，自然の水辺環境の保全ともあいまって重要視されつつある．

⑪ 生態系制御による浄化法：生物相の制御により生態系の持つ水質浄化機能を強化し浄化する方法である．例えば，有機物を食べるイトミミズやユスリカの幼生のハビタットを創出し，それをワカサギが捕食し，ワカサギを漁獲する，あるいは過剰な窒素，リンにより発生するアオコや繁茂する水生植物を捕食するハクレン，ソウギョなどを導入し，それを漁獲するなどの方法である．バイオマニピュレーションと呼ばれ，研究開発がなされているところであるが，浄化効果の定量的評価の例はない．また，新たな生物種の導入は生態系の撹乱に

もつながるため，問題視される向きもある．
⑫　多自然型川づくり工法：多自然型川づくり工法自体は，水質浄化を主目的として行われるものではない．しかしながら，副次的な効果としては浄化効果が期待できる方法である．河川環境においては，治水対策に伴い構造上単調な直立護岸整備が進み，野生生物の生育・生息が困難な水環境が形成され，また人々にとっても潤いとやすらぎをもたらす水辺空間が次第に失われていく状況にある．無数に分布する水路・小河川の護岸は，垂直にコンクリートで固められ，生態系とは無縁で自浄能力の低い状況をつくりだしている．このことからコンクリート張り水路などを接触効率の高い形態に変えるなどして，水生生物が生育・生息しやすく，自浄能力が高い河川への改変の重要性が指摘されている．千葉市を流れる都川で実施された河川改修工事前後における生態系への影響を比較したところ，改修前に繁茂していたヤナギモを中心とした沈水植物群落が消失したことで，沈水植物を餌とするカルガモが減少し，河床底質の改変によりウナギ，ドジョウが減少したことが認められている[69]．すなわち，食物連鎖の低次から高次にわたる生物が生育・生息できるような空間づくりのためには，改修手法に留意する必要があることがわかる．このようなことを踏まえ，人間生活と調和した豊かな自然の保全と再生・創出が河川整備事業の中で求められるようになり，「多自然型川づくり」が各地で積極的に推進されている．

　河川の流速は，流水断面，勾配，河床・護岸の表面粗度に左右されるが，特に担体が充填されている場合，河床の表面粗度が大きくなるほど流水抵抗は高まることから，充填層内部の流速に応じた充填形態とする必要がある．河床における掃流性は，底質の粒子の粒径，比重にも大きく左右され，自浄作用の進行によって発生する余剰バイオマスなどの底質は限界掃流流速以下の流速が要求されるが，礫や植生などにおける接触酸化作用はその間隙の流速をおおむね

表 2.26　多自然型川づくりの実施状況(形状)[72]

形状	事例数	BOD(mg/L)				
		1未満	1〜2	2〜3	3〜5	5以上
瀬・淵	24	6	3	2	3	3
トロ・州	4			1	1	1
蛇行	7	1		1	2	2
ワンド・池	13	2	3	3	4	
魚道	7	3	3			

2.5 河川水の直接浄化対策

表 2.27 多自然型川づくりの実施状況(素材)[72]

形状	事例数	BOD(mg/L)				
		1未満	1〜2	2〜3	3〜5	5以上
石・礫	59	4	16	8	10	7
植栽	34	4	6	8	2	4
木材	26	1	3	6	5	4
ブロック	14	1	4	3	1	2
その他	8		1	1	2	2

5 cm/s 以上確保することで掃流作用が働き,生物膜が適正に保持されることで有機物の浄化作用は向上することが示されている.また,窒素の浄化作用についても,瀬では好気的反応による接触酸化および硝化反応が,淵では浮遊物質の沈殿効果とともに沈殿物の嫌気的反応による分解および脱窒効果のあることが明らかにされており,流路や河床の多様化によって自然浄化機能が高められることが明らかになっている.

多自然型川づくりがどのように行われているか調査した結果[72],形状を変えるような修復は,瀬や淵を創出することが多く,特に BOD 1 mg/L 未満の河川では半数を超える.これは清澄かつ十分な河川敷地を確保できるような河川で実施されることを示しており,都市河川には適用が困難であると考えられる.また,用いた素材については,70 % 以上の河川で石や礫を用いており,河岸や河床に固定される練石はあまり用いられず,空隙を確保することにより生息場所や隠れ家などを創出する配慮がなされている.

ただし,調査事例では,比較的水質が良好な場所に多自然型川づくりが行われており,親水性を高めるような景観の創出,生物多様性の確保を目的としたものが多い.都市河川の河川修復として籠マット工法を適用した事例では,5年を経過して SS やデトリタスの蓄積により堆積物が増加し,その分解によって有機物・栄養塩の溶出が著しく認められた.

また,様々な工法を1kmにわたって適用した多自然型川づくりのモデルケースでは,調査区間における DO 濃度が顕著に低下し,生物の生育・生息空間確保が DO の消費を促し,それに見合う酸素供給が行われていないという状況を呈していた.汚濁の進んだ河川への多自然型川づくりの適用に関しては,慎重な検討が必要であると思われる.

2.5.2 直接浄化技術の評価

直接浄化技術は歴史が浅く，技術的にも開発途上にあり，その評価は定まっていない現状にあるが，ここでは評価に関する2，3の研究事例をもとに整理する．

直接浄化手法の適用可能な水質範囲，浄化効率，$1\,\mathrm{m}^3/\mathrm{s}$ の浄化に必要な面積および費用を表 2.28 に示す．

各浄化手法は，浄化原理，機構の特性ならびに浄化機能の長期的維持のために適用できる水質範囲がある程度限られることになる．例えば，他の手法に比べて曝気付き接触酸化法は，適用できるBOD濃度が高いが，これは曝気により好気条件が確保されやすいためである．また，SSに関しては，高速土壌浄化法の適用範囲が 10 mg/L 以下と低い値であるが，これは土壌浄化法が目詰まりに弱いという性質を有しているためである．

浄化効率については，各浄化法とも広い範囲で示され，様々な条件が浄化効率を左右することを示している．その中で高い浄化効率を期待できるものとしては，砂ろ過，接触酸化法，曝気付き接触酸化法，ヨシ原浄化法，高速土壌浄化法などがあげられる．共通する物理的なろ過作用が確実に浄化効率をあげることによりこのような結果になると考えられるが，これらはいずれも目詰まりに対する注意が必要である．

表 2.28 直接浄化手法の適用水質範囲，浄化効率，必要面積，費用[65]

浄化原理		浄化手法	適用水質 BOD (mg/L)	適用水質 SS (mg/L)	浄化効率 BOD (%)	浄化効率 SS (%)	$1\mathrm{m}^3/\mathrm{s}$ の浄化必要面積(m^2)	$1\mathrm{m}^3/\mathrm{s}$ の浄化費用 建設(百万円)	$1\mathrm{m}^3/\mathrm{s}$ の浄化費用 管理(円/m^3)
物理的	沈殿	堰浄化	<20	<30	10〜30	10〜50	3 600	60 (幅 30 m)	−
	ろ過	砂ろ過など*1	<20	<50	30〜60	60〜95	120〜1 000	1 800	−
	曝気	エアレーション	−	−	<10	<10	−	−	−
物理+生物的	(接触)沈殿+微生物	礫間接触酸化，プラスチック接触酸化法など	<20	<30	50〜80	65〜90	2 500〜12 000	900〜1 500	0.1〜1.2
	ろ過+微生物	木炭浄化法	<20	<30	50〜70	70〜85	3 000	600	0.6
生物的	微生物	曝気付き接触酸化法など*2	20〜200	10〜200	75〜95	75〜95	5 000〜40 000	1 800〜2 400	1.3〜1.8
	植物体利用	ホテイアオイなど浄化法	10〜100	10〜100	30〜50	30〜40	1 700 000	−	−
	生態系利用	ヨシ原浄化法	10〜30	10〜30	30〜50	70〜85	150 000	900	5.8
物理/化学/生物	ろ過+吸着+生物	高速土壌浄化法	<10	<10	80〜95	90〜95	20 000	2 600	1.6

*1 満州井戸を除く．
*2 酸化池法，薄層流浄化法を除く．

水量 1 m³/s を浄化するのに必要な面積は，標準的設計諸元値に基づき求めた．これによると，各浄化技術でも範囲が広いが，おおまかな傾向としては生物的浄化を主とする技術において必要面積が大きく，物理的浄化が組み合わされて必要面積が減少する．

水量 1 m³/s を浄化するのに必要な費用は，実施設や実験例を参考にしてまとめたもので，建設費には用地取得費を含んでいない．建設費は，設置した用地の形状やその構造によっても大きく変わるため，浄化技術を比較して明確な傾向を導き出すのは困難であるが，管理費では生物的浄化の費用が安いようである．ここでヨシ原浄化法の管理費が高いが，管理としては植物体の刈取り，清掃が行われている．ヨシの刈取りが浄化効果に及ぼす影響については不明の点もあり，維持管理の容易な技術開発の研究も重要である．

2.5.3　今後の直接浄化対策

(1)　直接浄化対策の課題

a.　**排水基準，環境基準と直接浄化対策の調和**　　排水基準と環境基準の差に見られる自浄作用への期待は，河川環境(河川改修や水量，下水処理水の影響など)によって異なる．例えば，排水基準は，環境基準のおよそ10倍以上であるが，それは水域での希釈効果を10倍以上見込んでいるからにほかならない．しかしながら，河川の自浄作用としての希釈効果は，各河川に特有のものであり，全国一律に10倍以上を見込むのは不合理である．河川の自浄作用が小さい場合，排水基準の強化とともに，直接浄化対策は有効な手段となりうる．河川特性を踏まえた，基準の見直し，合理的対策の立案が必要である．

b.　**治水対策と整合した直接浄化対策**　　河川管理において，河川生態系の本来の姿であるダイナミズムを前提とした管理のあり方が問われている．これまでは，治水を主目的に管理が行われてきたため，河川の氾濫は絶対あってはならないこととしてすべてが組み立てられてきた．しかしながら，河川審議会の答申においては「洪水と共存する治水」へと管理のあり方が抜本的に見直され，河畔林，湿地，氾濫原などを含む河川ビオトープシステム，あるいは景観にも配慮した管理の重要性が指摘されている．

このような背景において，河畔林，湿地，氾濫原などでの窒素，リンの挙動に

関しては十分に評価されていないのが現状である．しかし，肥沃な土地が氾濫原に形成され，そこに文明が誕生したように，河川が運ぶ栄養塩を蓄積する場として氾濫原は重要であり，また河畔林や湿地などのように生産力のある生態系は，窒素，リンの循環に大きな影響を及ぼすことが予測される．したがって，今後の河川において窒素，リン浄化として期待できる機能は拡大することが予想されるが，いずれにしてもこの面での科学的な知見は乏しいため，研究および研究成果に基づく合理的対策の立案が必要不可欠である．

c. **化学物質の直接浄化対策**　工場・事業場系のみならず生活系や畜産系などの排水には多種多様な化学物質が含まれている．界面活性剤を例にとると，大規模下水処理場における除去率は高く，処理は安定している．一方，合併浄化槽などの小規模施設においては，炊事や洗濯で用いた水の排出に伴う水量変動は大きく，処理にも大きな影響を及ぼすことが知られている．さらに生活雑排水が未処理のままたれ流されている地域も存在しており，水界生態系に及ぼす影響を考えると早急な対策が必要である．化学物質はもともと自然に存在している有機物や窒素，リンとは異なるため，自然の浄化機能の活用を基本としている直接浄化において対策を立てるのは根本的な解決にはならない．しかしながら，ゼロディスチャージとすることが非常に困難であり，できるだけ分解性のよい界面活性剤や農薬などの開発・使用を進めるとともに，水域における自浄作用も活用し，その影響を最小限にとどめる方策として直接浄化法を位置づけることも重要である．

(2) 水域における対策のあり方

a. **流域管理における直接浄化対策の役割**　水質汚濁は水域に流入する汚濁負荷の増加に起因するため，発生源での対策が基本である．さらに，河川や湖沼などの生態系が本来有している浄化機能が様々な原因で低減，消失したことも，水質汚濁を進めた原因と考えられ，その機能を回復，増大させることは重要である．ここで直接浄化対策は，面源負荷対策として他の対策にない特徴を有しているが，本質的には自然の浄化機能の回復・増大を目的とした対策と考えるべきである．なぜなら，直接浄化を必要とする場は少なからず汚濁しており，その場はけっして良好な水質，健全な生態系ではないからである．直接浄化対策のみに頼り，全体の対策の中で大きな比重を占めるような状況を招くことは避けるべきである．

2.5 河川水の直接浄化対策

水域における対策としての直接浄化の歴史は浅いが,今日においては発生負荷削減対策,排水処理対策,内部負荷対策などとともに流域における浄化対策の中で重要な位置づけにあり,「第5次水質総量規制の在り方について」(答申)においても,河川などの直接浄化対策の推進が必要とされている[73].図 2.21 には湖沼における浄化対策の体系を示したが,河川の浄化対策も同様であり,直接浄化を含む各対策の特徴,限界をふまえて流域管理における各対策の位置づけを明確にし,流域全体の健全化に向けた総合的な流域管理を推進することが重要である.

b. **生態工学を活用した直接浄化対策** 先に,直接浄化対策は自然の浄化機能の回復・増大を目的とした対策と考えるべきであると述べたが,生態系の機能を強化し,破壊された生態系を修復し,生態系の機能を利用することは,生態工学(ecological engineering),エコテクノロジーとよばれており,直接浄化においては従来の資源消費型排水処理ではなく生態工学による浄化技術を積極的に導入する必要がある.

自然の浄化機能は食物連鎖を通じた物質循環によって成り立っており,多種多様な生物が生活する場において高い機能が発揮される.しかし,これまでの河川改修では,画一的に護岸などのコンクリート構造物の築造が行われてきた傾向に

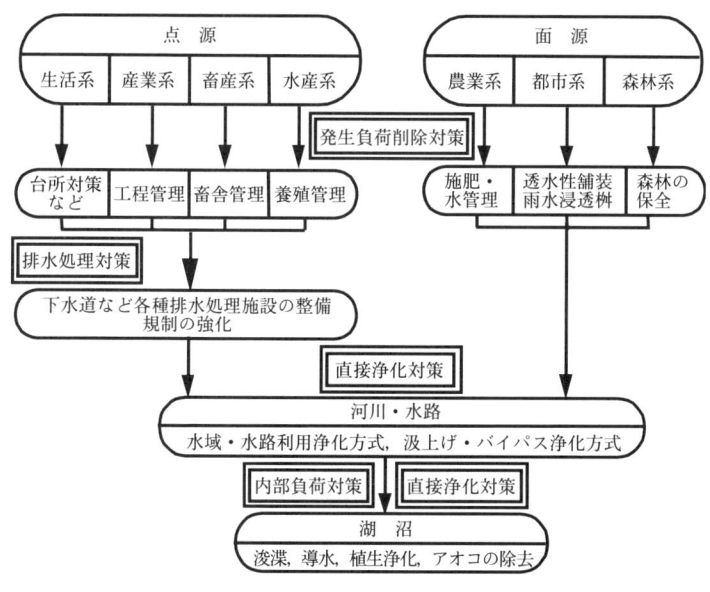

図 2.21 湖沼浄化対策の体系[69]

あり，結果として浄化機能の低下をもたらしたと考えられる．近年は「多自然型川づくり」とよばれる自然と調和した河川整備事業が進められており，その基本的な考え方は，現川改修を基本として現在の川が有している多様性に富んだ環境の保全につとめること，川幅を広く確保できるところではできるだけ確保して余裕のある空間とすること，護岸は水理特性などを踏まえてできるだけ多様な空隙をもつ構造とすることにある[74]．このような生態工学を導入した取組によって，有機物の分解など水質浄化に大きく貢献する細菌や微小動物などの微生息場所の構築を図り，付着藻類や水生植物の生育の場を確保し，水生昆虫，魚類などの定着をはじめ鳥類，哺乳類を含めた高次の食物連鎖につながる多様な生態系が構築されるとともに自然浄化機能が向上し，人々にとっても自然のうるおいを感じることのできる水辺空間が形成されることとなる．

c. **廃棄物の有効利用による直接浄化対策**　循環型社会システムの構築に向けては，直接浄化においてもリサイクル可能な未利用資源を有効活用する方策を模索しなければならない．地域において発生する廃棄物を高機能浄化担体としてリサイクルし，河川や湖沼，内湾の直接浄化へ活用する試みが行われている[69]．広島市ではカキ養殖産業から発生するカキ殻廃棄物をカキ殻セラミックスに加工した高機能担体化，広島県ではシュロガヤツリ，キショウブ，ツルヨシを活用した植生浄化法の植栽支持担体へのカキ殻セラミックスの利用，東京都では，護岸用ブロックや人工海浜に用いられる砂礫への下水汚泥焼却灰の活用を検討し，それぞれの有効性を明らかにしている．

　カキ殻をプラスチック網袋につめて排水路に敷き込んだ浄化施設（宮城県迫町森越戸排水路浄化施設）も実際に稼動しており，一定の浄化効果が得られている．また，廃材からつくった木炭の活用など様々な廃棄物の活用にも可能性があるものと思われる．廃棄物の資源化・リサイクルといった工学的な視点を取り入れた直接浄化手法の導入は，循環型社会づくりにむけて重要な取組になるといえる．

d. **共生・参加をめざした直接浄化対策**　生態工学を活用した直接浄化においては，生産者としての藻類，分解者としての細菌，捕食者としての原生動物，微小後生動物，昆虫，魚類，鳥類などや，周囲に繁茂する草木までを含めた多様な生物の生育・生息空間を形成することができる．

　合併処理浄化槽処理水を高度処理することを目的に設置されたヨシ，水田雑草（イグサ，ミゾソバ，セリなど），花卉（スイレン，ショウブなど）を植栽した人工

2.5 河川水の直接浄化対策

　湿地においては，高い水質浄化効果が得られたのに加えて，オタマジャクシ，ヤゴ，ミズカマキリ，ヒル，イトミミズなどが生息し，さらに山鳥や野ネズミなどが採餌しているのが観察された[75]．直接浄化対策として湿地を組み込むことで，浄化効果と同時にトンボやホタル，メダカなどの生息場を創出することも可能であろう．

　霞ヶ浦では湖内に浮きヨシ原を整備して，窒素・リン負荷削減につとめているほか，流入河川の水質浄化に植生浄化施設，すなわちヨシなどの抽水植物を植えた施設を活用し，霞ヶ浦に流入する栄養塩の削減を行っている．このような施設は環境教育や住民参加型の環境保全にも役立てることができる．土浦港にある水耕生物ろ過法による直接浄化施設[76]では，クレソンやセリなどの水生植物が水中の栄養塩を除去し，水中に広がった根が懸濁物質をろ過し，そこに住む多くの微小動物がプランクトンを食べ，その動物の排泄物や死がいはバクテリアなどによって分解されるという仕組で浄化が行われる．この方法で河川や湖沼を浄化するには広い面積を必要とするが，多くの市民が利用する公園ができ，浄化植物として用いた野菜は市民によって収穫され，蓄積した泥は堆肥化して家庭菜園などに還元できる．

　環境基本法の理念である共生・参加を基調とした環境保全対策を実現するうえで，生態工学を導入した直接浄化は，ますます活用が図られるべき技術である．先端的・先進的な印象はなく，反応は遅く，効率は低く，小規模・自己完結型の技術とみなされるが，「環境にやさしい」技術であることは間違いない．とはいっても，生態系の管理は難しいことで，生態工学を導入した直接浄化技術の開発も緒についたばかりである．当面の試行錯誤をやむを得ないものとして技術開発に地道に取り組む必要がある．

2.6 流域住民による対策

2.6.1 流域住民による実施対策

(1) 生活排水対策

　水質汚濁の原因は，主に産業排水と生活排水であるが，近年後者の占める割合が増加する傾向にあり，生活排水処理施設としての下水道や合併処理浄化槽の整備への期待が大きい．国民のトイレの水洗化への要望が高まる中で，下水道だけでは対応できず，つなぎの施設として昭和40年代以降，単独処理浄化槽が普及し始めた．単独処理浄化槽では生活雑排水を未処理のまま水域へ放流することになるため，屎尿と生活雑排水の両方を処理対象とした合併処理浄化槽が昭和60年代に登場した．しかし，合併処理浄化槽の建設費用は，単独処理浄化槽の場合に比べて高く，しかも単独処理浄化槽または合併処理浄化槽の選択は個人の手に委ねられているため，浄化槽設置のうち単独処理浄化槽の占める割合が依然として大きいのが現状である．トイレの水洗化という要求は，単独処理浄化槽で十分満足されるため，水質保全の立場から望ましい合併処理浄化槽の設置は，個人としては便益と認識されないためである．環境に対して特に関心のない住民は，水質汚濁は生活排水が原因と認識しているものの，自分たちの排水がどのように処理されているか，また処理されているのか，または未処理のまま放流されているのかさえ正確に認識していない場合が多い[77]．このように，合併処理浄化槽設置には個人の費用負担が大きいこと，単独か合併浄化槽かの選択は個人に任されていること，また住民の水環境に対する意識の低さ，などが合併処理浄化槽が普及しない大きな原因となっている．そこで，住民が家の新築や汲取り式便所の改造時に合併処理浄化槽を選択できるような環境倫理を啓蒙すること，さらに費用負担の軽減策を提示することが必要となる．1987年度，厚生省は合併処理浄化槽設置整備事業を創設し，個人の便益と直結しない生活雑排水の処理に相当する部分に対して国庫補助を行っている[78]．また，浄化槽の維持管理は，個々の住民の義務となっており，特に専門知識を持たない住民が適切に管理することができるような方策を立てなければならない．そこで，住民，行政(市町村)，関連業者が

2.6 流域住民による対策

集まって浄化槽の維持管理組織をつくり,地域ごとにまとまって維持管理する試みが広がってきている.このような方式は,個人が委託業者と契約するという煩雑さがなくなるとともに,維持管理がより確実となる.さらに,合併処理浄化槽など小規模システムは,住民に近接した場所に設置されることから,自分が排出した生活排水を自分の家で処理することで自制が働きやすく,住民の環境意識の向上につながるという面も有している.一方で,面的整備の試みとして,厚生省は1994年度に,市町村が各家庭に市町村所有の合併処理浄化槽を設置し,維持管理は住民から徴収して行う特定地域生活排水処理事業を創設している.

下水道が整備された後,これらの個別浄化槽は,下水道へ接続されるのが原則である.赤野井湾の水質改善に取り組んでいる豊穣の郷赤野井湾流域協議会[79]では,下水道の供用開始後,まず単独処理浄化槽の家庭,次に合併処理浄化槽の家庭や団地に下水道への接続を要請している.汲取り便所の家庭は,計画的に接続工事を行い,いずれの家庭でも下水道の供用開始後,3年以内に接続が完了するよう住民へ呼び掛けている.また,供用開始前に新築および改築予定の家庭には,まず合併処理浄化槽を設置し,供用開始と同時に接続が可能なように設計するよう依頼している.

一方で,下水道整備までのつなぎの施設として位置づけされていた個別浄化槽ではあるが,計画処理人口が小さい自治体の場合,下水道事業の経営は,財政上困難である場合が多い.そこで,下水道のみに頼らず多様な方策で総合的に成果をあげる方法についても考慮する必要がある.合併処理浄化槽は,下水道に比べて平均的には同等の性能を有しているが,各機種により処理性能にばらつきがあるのも事実である[80].さらに,BOD,COD,SS除去に加えて窒素やリンの除去も要求されるようになり,合併処理浄化槽にも高度処理技術の導入が求められている[81].このような状況の中で,合併処理浄化槽の処理水質の向上や維持管理に対する対策も継続していく必要がある.

今後,今や生活に欠かせないライフラインとなった下水道や合併処理浄化槽の整備には,環境政策の基本理念である循環の視点でその効果を住民に示すとともに,住民の視点に立った関係行政分野との連携が求められる.

(2) 雨水対策設備の推進

都市化の進展に伴って宅地や道路など不浸透域が増加し,都市型水害が多発す

るようになっている．下水道は，都市に降った雨を河川へ排除する役割を担っているため，下水管渠の拡張，および雨天時に未処理の下水が公共用水域に越流する可能性がある合流式下水道の分流化など，下水道システムの改善策が進められている．このような雨水排除に加えて，都市内における望ましい水循環を回復するため，雨水の貯留，浸透など流出抑制対策を含めた総合的な雨水対策の整備を推進する必要がある．雨水の貯留浸透は，流出抑制，合流改善，地下水涵養，渇水防止，平常時の河川流量の維持など流域における水循環機能を再生するに重要な役割を担っている．さらに，雨水の貯留浸透システムを単に水環境保全という観点からだけではなく，防災，アメニティ，水資源などを含めて総合的に評価する必要がある．貯留浸透を行うにあたって，貯留するスペースの確保および適切な設計とその維持管理が重要となる．しかし，水環境改善効果の評価や経済性の曖昧さ，さらに設計の標準化が遅れていることなどの原因でその普及が遅れている．したがって，その普及には技術面を早急に確立するとともに，施設の重要性を住民に認識させ，住民の協力が得られるような施策を提示するなど，行政の対応が望まれる．

a. **貯留浸透システム導入による水環境の改善効果**　図 2.22 に貯留浸透システムの導入によって期待される水環境改善効果の体系を示す[82]．一次的効果の各要素は，水環境改善に直接的効果を与えるものであり，二次的効果は，一次的効果の各要素が実施された場合に副次的に現れる効果である．貯留浸透施設による流出抑制効果は，ピーク流量の削減による下水道雨水渠や調整池への流量負荷削減効果，および河川の平常時流量の確保として評価できる．施設の設置場所として，校庭や公園などの公共施設および個人の住宅が利用される．事例として，昭島つつじヶ丘ハイツや八王子ニュータウンの貯留浸透施設がある[83]．八王子ニュータウンでは，貯留浸透施設を面的に整備して，洪水流出量を抑制するとともに地下水の涵養を積極的に行い，さらに涵養された地下水を河川へ誘導するものである．その結

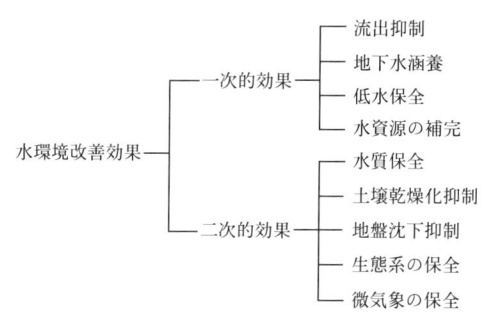

図 2.22　雨水貯留・浸透施設システムにおける水環境改善効果の体系[82]

水環境改善効果
- 一次的効果
  - 流出抑制
  - 地下水涵養
  - 低水保全
  - 水資源の補完
- 二次的効果
  - 水質保全
  - 土壌乾燥化抑制
  - 地盤沈下抑制
  - 生態系の保全
  - 微気象の保全

2.6 流域住民による対策

果，大幅なピーク流量を削減でき，河川の改修断面の安全度が向上して大幅な改修工事を行わずに対応できることを示している[83]．また，これらの施設において，雨水浸透施設の機能は継続的に計測されており，そのデータから，長期にわたる機能の有効性が確認されている．これらの実績を踏まえて，本工法を実施するうえでの工事費に対する補助金や融資制度が国，各自治体，金融機関で整備されている[82]．

また，石川[84]は宮城県塩竈市を対象として，宅内貯留施設の設置による流出抑制の効果を流出モデルで検討している．宅内貯留施設が流域に分散していると仮定して，敷地面積に対する貯留面積を1/4とし，1軒当りの貯留量を6m^3とした場合，ピーク流量や流出総量が減少し，降雨時の水循環をより自然な状態に戻す効果が期待できることを示している．

b. 宅内貯留施設普及の課題 雨水貯留施設の設置場所として，校庭，公園，掘込み，地下，ダムがある．財政上，また地形上の問題から，大規模な施設の建設が難しい場合は，小規模分散型施設を検討しなければならない．その代表が宅内貯留施設である．現在のところ，降雨時の流出抑制策としての宅内貯留施設の普及率は小さい．その理由として，石川[84]は，技術面の問題，住民の協力，行政としての制度化の問題の3点をあげている．技術面では，どの程度の規模にするのか，さらに全体としてどの程度の効果が期待できるか，行政面では，下水道事業の中での位置づけ，また宅地内に建設される公共施設をどのように管理するのか，などが問題点としてあげられる．さらに，このような施設の建設に対して住民の協力がどの程度得られるか，また協力を得るためにはどのような施策が必要かなど課題が多い．宅内貯留施設の建設に対する住民の意識調査の結果では，80％以上の人が協力的であり，非協力的理由は"敷地が狭い"などで，宅内貯留施設の建設そのものに対する反対はほとんどなかった[84]．宅内貯留施設の建設に際し，全体の50％の人が公費負担を希望しているものの，一部の住民の負担をしても構わないという意見を含めると95％以上となり，宅内貯留施設を公費負担で建設できれば普及する可能性が高いことを示している[84]．また，このような宅内貯留浸透施設は，住民が河川の水質とどのように関り，自分がどのように維持管理しなければならないかを考える環境学習の一つであるという側面も有している[85]．

東京都内で雨水浸透桝を設置している住民に対し，日常的な意識，関心，維持管理に関する調査を行った結果では，雨水浸透桝設置の必要性は比較的よく認識

されていた[86]．しかし，雨水浸透桝の清掃や点検をしていない人が多く，また浸透桝の上に芝生を植えたり，コンクリートが貼られたりしているものもあり，維持管理の必要性が十分に理解されていなかった．個人住宅に設置された雨水浸透桝の中には構造的欠陥を有するものもあり，維持管理しやすい構造に改良すべき点もある．一般に，住民の本施設に対する関心度は低い．これには行政側の指導不足もあるため，設置の拡大・普及に際し，わかりやすい説明書を作成して，設置の意義について説明する必要がある．

c. **雨水流出抑制事業の創設：行政の取組**　1994年度，下水道雨水貯留浸透事業が創設され，地方単独事業に相当する公共桝にも浸透機能があれば国庫補助を行うようになった．これを拡充する目的で，1996年度，浸透機能を有する管渠や貯留施設についても国庫補助対象とし，東京都，横浜市，塩竃市，千葉市，札幌市，静岡市，福岡市の7都市で実施された．さらに，下水道管理者だけでなく，個人の協力を得て効率よく整備するために，1997年度，雨水流出抑制事業が創設された．本事業は，市街地の浸水被害を軽減するために宅地内への雨水貯留施設を新設する場合，および下水道に接続した後不要になった浄化槽を雨水貯留施設として活用するための改造費に対して地方公共団体が助成する場合に，国庫補助を行うものである．費用負担の割合は，施設管理者，地方公共団体，国がそれぞれ1/3としている．これにより，降雨時のピーク流量を削減できるとともに，貯留した雨水を散水など雑用水として利用することが可能となる．

d. **小金井市の例**[87]　小金井市は，地下水の涵養と湧水の復活を図り，雨水の河川への流出を抑制するために，雨水浸透桝を普及させてきた．1988年から一般住宅の新築・増改築時に排水設備計画の届け出があった場合，屋根雨水の処理施設として，浸透施設の設置の指導を始めた．新築時には溜め桝などの通常の雨水処理施設に代わる施設として浸透施設の設置を指導していたが，普及させるためには既存住宅の住民の協力が必要であった．既存住宅に浸透施設を設置する場合，工事費が割高となり，住民の協力が得にくいことから，1993年から浸透施設の設置に対して工事費助成を始めている．設置の指導基準を施行して半年間は普及のための宣伝期間として，指定下水道工事店会議を開催し，技術者，配管工に対して講習を行って理解を求めた．役所の窓口でも"技術指導基準"や"お願い"のビラを配布して理解と協力を求めた．その結果，排水設備計画の届出件数のうち99％以上の住宅で設置されるようになっている．このような取組によって，

2.6 流域住民による対策

現在では渇水時に枯れていた湧水が復活した例も報告されている．宅内に設置している排水設備の一部であるため，基本的には設置者が管理するものとしており，ゴミや土砂を取り除くような維持管理は住民への"お願い"としている．小金井市の場合は，屋根雨水を対象とした浸透桝であるため，土砂の堆積や桝周辺の陥没などの苦情はないが，維持管理が住民へ託されている場合は，ゴミや土砂を容易に除去できる構造とする必要がある．

(3) 水辺環境の美化対策

a. 清掃活動　住民の河川水質や水環境に対する評価には，透明度やゴミといった視覚的指標が大きく働いていることから，これらの指標は，流域住民の河川に対する関心や意識を高める効果を持つことを示している[77],[88]．したがって，日頃の泳ぐ，水の中を歩き回るなどの戯水行為，水に張った氷を割る，水を汲んで撒くなどの接水行為，土手や堤防の散策，飛び石を渡るなどの周辺行為，水辺の動植物との触合い行為などは，住民による水辺の清掃活動の推進力となることが期待できる[89]．ある都市河川の20数年間のBOD値の変遷と流域住民の河川に対する関心度，意識，過去の体験，清掃活動について調査した結果，BOD値が激減した流域の住民は，日常の生活の中で川と接する機会が多く，水質が改善された流域ほど住民の清掃活動への自治意識が高いことが示された[90]．清掃活動への自治意識は，日頃から水辺を散策して河川環境の変遷を知っている高齢者に芽生えやすく，また活動の中心も時間的余裕ある高齢者である場合が多い．このような活動を核として，子供たちを含めた町内会の清掃活動へと発展させることが必要である．さらに，単に清掃活動にとどまらず，散歩道や憩いの場として利用できるような水辺空間を充実させることは，ゴミを捨てさせない環境つくりにも貢献できるものである．また，河川の清掃は町内会単位だけではなく，流域として取り組む必要がある．特に上流域にキャンプ地などのアウトドア施設がある場合，上流，中流，下流の各流域の住民間で不公平感が生じる．そこで，各組織が流域ネットワークを形成して流域の上下流間で水辺の交流活動を行い，相互理解や協力関係を築くための努力が必要である．そのためには若者の参加と行政や企業の援助が不可欠である．

　清掃活動を町内会単位ではなく，行政の壁を越えて広い範囲の流域で行うイベントが各地で行われるようになっている．九州，沖縄では，各地の地方新聞社と

住民団体などの共催で，美しい河川を次世代に伝えることの重要性を訴える"Love the River キャンペーン"が2000年夏に各地で行われた．町内会の清掃だけでなく，市町村の壁を越えて流域単位で清掃を行うことは，上流域，中流域，下流域の連帯や相互理解にも多いに貢献できるものである．

　熊本県のほぼ中央部を東西に流れ，島原湾に注ぐ一級河川の緑川では，1994年から4月29日を"緑川の日"と定めて，上流から河口まで流域全体を清掃している[91]．これには毎年1万人以上の住民が参加している．不法投棄された車，タイヤ，家電製品の撤去には，クレーン車やトラックなどの機材が必須となる．これには，主催者の緑川の清流を取り戻す流域連絡会の呼び掛けに行政や企業が賛同してこれらの機材を提供することで実現した．このような住民，行政，企業の協力体制が不可欠である．1994年当初40tあったゴミは1997年には20tにまで減少しており，これは参加者の意識の向上と周辺への働きかけによるものと評価できる．

b.　**ゴミの不法投棄に対する取組**　　河川や河川敷のゴミには，枯れ草や周辺からの流入物，キャンプなどのレジャーによる生ゴミ，空き缶・ビンの放棄物，建設廃材，タイヤ，廃車，家具，廃油など不法に投棄されたものまで様々である．ゴミ捨て場という印象を与えないように，こまめにゴミ拾いをするだけでは限界がある．警察を含めた行政，および廃棄物処理協会など業界団体と市民団体や自治会との協力関係が必要となる．荒川流域ネットワーク（埼玉県）では，河川パトロールを行い，ゴミの不法投棄者を通報するリバーレンジャー制度の創設を提案している[92]．現場での注意や指導は，危険が伴うので通報に徹し，注意や指導および取締りは行政に任せるようにする．大型のゴミは夜間に車で搬入されるため，ゴミ投棄禁止の立て看板には，夜間でも目立ち，また車内からもよく見える高さにすることなどの工夫が必要である．さらに，ゴミが投棄される場所には，車の侵入を禁止するなどの処置も必要である．不法投棄に対する対処方法のマニュアルを作成して，監視システムを早急に構築しなければならない．

c.　**河川周辺の環境整備**　　都市化の進行に伴って河川が人々の生活の場から離れていく傾向にある現在，河川に背を向けず，日々の生活の中で河川へ目を向けることが，住民による流域管理に向けての第一歩である．河川敷や護岸に花苗を植栽して，彩り豊かな散歩道や憩いの場を整備することは，住民が河川へ目を向けるきっかけとなる．このような活動は，老人会や子供会が主体となる場合が多

いが，同じ視点に立つ仲間が徐々に増え，定期的・永続的活動として地域に定着していく．また，定着させるためには，彼らの日頃の活動を基盤に，菜の花やコスモスといった季節ごとの花に関連したイベントを町内会などで企画して地域住民相互の交流を図るとともに，それぞれを有機的に結びつけて発展させることが必要である．

過疎化と高齢化が進む旧産炭地の福岡県宮田町では，町中を流れる犬鳴川の河川公園整備を地域住民で組織した団体，犬鳴川みどりの会で取り組んでいる．この会は，住民の意見を公園づくりに反映させるため，1995年発足し，ワークショップなどで定期的に運営委員会や専門部会を開催して公園の花壇つくりや周辺の除草を行っている．この活動は，住民参加のまちづくりのモデルと評価され，2000年に自治大臣表彰を受けている．このように過疎化と高齢化が進む社会においても住民参加型の環境つくりが芽生えている．

(4) 環境倫理の啓蒙

1997(平成9)年に改正された『河川法』によって，従来の治水，利水に，河川環境を加えた3つの要素を総合的に満足できる河川の管理が求められるようになった．さらに河川管理の基本となる河川整備計画の策定に際し，住民の意見を反映させるための施策が必要となり，住民自身が直接河川を管理するという認識を持たされることになった．今日の水環境問題は，従来のいわゆる公害問題と異なり，ゴミや生活排水といった住民自身が加害者であり被害者であるという観点でとらえなければならない．したがって，問題解決のためには，従来型の行政や企業の取組に加えて，住民の生活様式や考え方の見直しが求められるようになってきている．そのためには，環境のために自分たちの生活様式を見直すことができる環境倫理を持った住民の育成が必要となる．住民が主体的に行動できるための環境意識はどのようにして形成されるのか，また環境意識を持った人材の育成のためには環境教育はどうあるべきかについて，さらに，1999年12月にまとめられた中央環境審議会の環境教育・環境学習の推進方策に関する答申の基本方針について概略を示す．

a. **環境意識の形成**　　直接的に人の健康に関わる水道水への関心は非常に高く，特に都市域では水道水に対する不安や不満も多い．上水源とする河川の流域の人口密度が高い場合は，水源汚染が懸念され，ペットボトルの購入や家庭用浄

水器などを利用している家庭が多い．和田ら[77]は，生活雑排水による河川水質が悪化している下水道未整備地域で水質悪化の原因について住民にアンケート調査した結果，大半の住民が自分たちの生活排水が原因であると認識していた．しかし，この認識が水道水源汚染の一因であるとの認識とは必ずしも一致していなかった．実際の生活排水処理状況については，下水道未整備地域にも関わらず全回答者の15％の住民が"トイレ排水を下水道で処理している"と回答し，実際には家庭雑排水は垂れ流し状態にあるにも関わらず，1/3の住民はトイレが水洗化されることで生活雑排水も同様に処理されていると誤認しており，住民が自分たちの排水が処理されているかいないかさえも正確に認識していなかった．一方，環境庁が全国環境モニターを対象とした生活排水と河川環境の関りについて調査した結果では，ほとんどの人が河川の水質汚濁は生活排水が原因であることを認識し，居住地周辺の河川水質が悪化しているほど認識している人が多いという結果であった[93]．和田ら[77]はこの認識度の差を，環境庁の調査は環境に対して比較的関心の高い環境モニターを対象としているのに対し，和田らの調査は環境に特に関心が高くはない一般住民が対象であり，一般住民の自己の生活と環境との関りに関する認識の低さであるとしている．住民の大半を占めると考えられるこの"環境に対して特に関心が高くはない一般住民"への環境意識の啓蒙をいかに行うかが問題である．世古[94]は，環境行動のための環境意識を形成していく手法としてワークショップに注目している．もともとワークショップは，価値観の異なる多様な人々が共同して問題解決のための提案をまとめる作業を一緒にすることに意義がある．その中で，全体を活性化させ，さらに意識されていなかった潜在的な可能性を気づかせて導くことができるリーダーの存在が必要である[94]．住民，行政，企業が共同して，発案し，計画し，実施するまでには，ワークショップだけではなく，多くのプログラムが必要となってくる．このように，ワークショップをきっかけとしてさらに必要なプログラムを立ちあげることは一般の人々に環境意識を形成させ，環境行動へと導く有効な手法の一つである．

河川環境保全に関する情報を住民に提供することも河川環境保全への意識の向上につながる．水域の汚濁負荷削減策として，具体的に住民のどのような行為が，どのように，どの程度水質改善に貢献できるかを示すことが必要である[95]．例えば，"廃油を直接流さない"，"米の磨ぎ汁を流さずに植物などへ散布する"，"皿の汚れを洗う前に拭き取る"などの日常的な生活排水への汚濁負荷削減策である．

2.6 流域住民による対策

そこで，三浦ら[96]は，"河川環境保全型ライフスタイル自己診断システム"を構築し，これら汚濁負荷削減対策を考慮した水質改善予測を行った．その結果，直ちに大きな改善効果は現れなかったが，確実に水質改善効果が期待できることが示唆された．このように，住民の生活と河川環境との関りを啓蒙する必要性を強調している本システムは，住民が簡単なパソコン操作で生活排水が河川環境に与える影響を認識し，自己のライフスタイルを確認することが可能となり，住民の意識改革を可能にするものと評価できる．その際，影響評価には専門知識を必要とする数値だけでなく，魚の生息状況のようなわかりやすい身近な情報を指標とすることでより認識しやすくなるとしている．このように，住民が事業目的や内容およびその効果などに対する理解や知識が不足していることが多いので，これらの情報を丁寧かつ平易に住民へ提供する必要がある．

b. 環境教育の方向性 環境意識を形成させ，環境倫理を持った人材を育成するためには，教育や学習が重要となり，地方自治体による環境教育への取組が急速に広まってきている．環境庁は，1987年から地球環境カリキュラムを発足させ，環境教育を推進するための行動計画の策定を援助している．文部省は，1991年に『環境教育指導資料－中学校・高等学校編－』，1992年には『環境教育指導資料－小学校編－』を作成し，学校教育に環境教育を導入している．これらの教育内容は，教師による室内での教育が主であり，体験学習は比較的少ない．一方，民間では，自然教育，野外教育，リサイクルなど体験学習を通して行われている．しかし，2002年度からは学校教育にも総合的な学習の時間が導入されることになった．学校教育，行政，民間によってそれぞれ独自の方法で進められている環境教育の定義や方法は，様々であり，確立されていないのが現状である．北村ら[97]は，環境教育の定義を，広義では，「人間とそれを取り巻く自然および社会環境において生じた環境問題の原因を認識し，環境問題を解決する方法を考え，自己のできる範囲で行動のできる人間を育成すること」とし，狭義では，「地球規模の生態系が本来の循環で行なわれるために，人間を中心とした動物や植物の生態系を教えること」としている．そして，環境教育に含まれる教育とその位置づけを図 2.23 のように整理している．今後の河川環境保全活動は，まず住民が身近にある河川の自然について理解することから始まる．実際に，自然体験や自然観察を行っている団体が多く，これらは環境教育の基礎となるものであり，指導者養成という側面も持っている[97]．

第 2 章　水質環境保全のための管理および技術

清野ら[98]は，その基盤になるものが自然史博物館であるとしている．彼らは，このような施設が環境学習の支援策の一つとして十分に機能すると考えている．1960年代から 1990 年代にかけて，全国でいわゆる"ハコモノ"といわれる博物館，資料館の類いが数多く建設された．これらの施設は，その地方の歴史や文化，地理などに特色を持っており，住民の関心が向きやすい．そこで，社会教育施設としてのこのような施設を拠点として，住民の観察会や講演会などの教育活動が可能となる．環境に対する関心の強い人でつくられたサークル活動と違って，このような公的施設での集まりは関心や知識が未熟であっても参加しやすいという利点がある[98]．一方，このような社会教育施設がない地域では，自然への関心や興味が育ちにくく，また施設建造の要請もない．さらに，環境意識の高い流域で行われているような流域ネットワークが自発的に形成されることもなく，またコアとなる人材も得られない．そのような中で行政主導型の河川活動や団体の設立が行われたとしても，町内会や各種団体などを通じて動員され，義務感で参加することになる．このような地域では，たとえ呼び掛けても住民の参加は期待できない．そこで，数は少なくても将来的に活動のコアになる人材がいるので，それらの人々に情報や考え方を提供し続けるような支援を続けることが有効である．また，清野ら[98]は，環境教育に社会教育施設や教育機関だけではなく，河川管理者が自分たちしか保有していない情報，例えば調査報告書などを住民側に提供して社会還元の形で環境教育ができないかと提案している．彼らの研究対象である大分県八坂川では，洪水のメカニズムや生態系保全の必要性を住民に示すために，環境アセスメントを要約し，さらに独自の調査結果を取り入れたブックレットを作成している．その際，極力平易な表現とし，興味を持たせるような内容に書き換える操作を加えている．このような河川管理者側の情報を利用した環境教育はまだ試行段階であり，その方法論も確立していない．しかし，今後情報公開時代に向けて，データの閲覧を可能にするという消極的な姿勢ではなく，議論のためにデータを提供

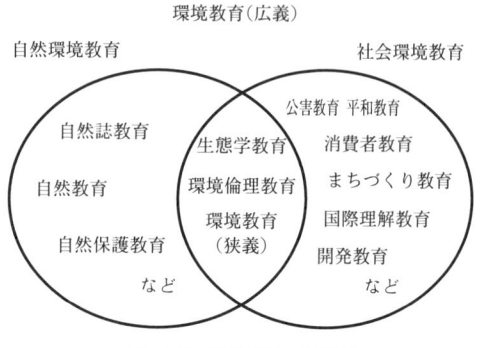

図 2.23　環境教育の整理[97]

2.6 流域住民による対策

するという積極的な方策となる可能性がある．

c. 環境教育・環境学習の推進方策に関する中央環境審議会の答申[99)]　　今後の環境教育の方法や学習の場所の選択には昨今の社会背景を考慮する必要がある．まず，環境問題そのものの変化である．(1)で述べたように生活排水の水環境への影響が大きくなっており，従来型の行政や企業の取組に加えて，住民の生活様式や考え方の見直しが求められている．すなわち，住民の自主的・積極的取組が求められている．次に，人口構成の変化である．少子化による就学人口の減少と高齢者人口の増加である．さらに，教育関係者や専門家に加えて，最近芽生えつつある NGO などの各種団体やボランティアグループなどが環境教育の担い手として協力できる態勢になってきている．環境教育を取り巻くこのような社会的状況の変化の中で，今後の環境政策の成果を左右する環境教育をどのように推進していくのかについて，中央環境審議会は審議を重ね，1999 年 12 月環境教育・環境学習の推進方策に関する答申をまとめた．内容は，新環境基本計画に盛り込まれている．

答申の中で，環境教育・環境学習を進めるにあたり，
① 総合的であること，
② 目的を明確にすること，
③ 体験を重視すること，

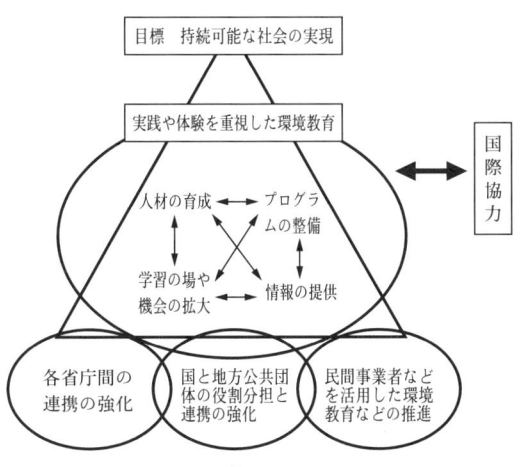

図 2.24 環境教育・環境学習答申の概要[99)]

④ 地域に根ざし，地域から広がるものとすること，
を基本方針としている．さらに，既存の各種活動を生かしてそれぞれを連携すること，学校，家庭，企業などの場を連携して関連する施策をつないで総合的に行うことが重要であるとしている．具体的な推進方法として，人材の育成，プログラムの整備，情報の提供，場や機会の拡大，省庁間の連携強化，国と地方自治体の役割分担[99]，企業と連携した環境教育の推進，国際協力，の8項目の施策を提案している．これらはそれぞれ独立したものではなく，図 2.24 に示すように相互に連携させるものである．そして，これらの環境教育・環境学習は，個人がそのライフステージに応じて様々な場で活動を行うため，活動の場や施策を連携させていくことが必要となる．

2.6.2 流域住民による今後の対策のあり方

個人の環境意識や行動を継続させ，さらに発展させるためには，様々な属性を持った住民の意見や情報の交換が必要である．まずは視点を同じくする仲間や町内会活動から出発し，それが拡大し組織化してNPO活動として定着していく．いくつかの環境NPOの活動事例を紹介し，これまでの活動を通して，問題点およびNPO活動を根づかせるための今後の課題について考察する．

(1) 各地の環境 NPO の活動状況

河川整備の基本的方向として，住民の主体的参加と地域の意向が反映される仕組づくりが求められるようになり，1990年頃から急速に増加している環境への問題意識を共有する環境保全市民グループ，環境NPOの活動が活発化している．活動の一つとして，水辺周辺の清掃などが行われている．こうした活動は，河川環境の保全というだけでなく，住民自身が水環境に関心を抱き，その保全に対する自己責任と役割を自覚させる効果もある．さらに，環境NPOの活動は多様化し，ネットワーク化している．その結果，相互補完や情報の共有化が可能となり，政策提言が可能な自立した市民層の形成へと発展しつつある．ここでは，国内のいくつの環境NPOの活動状況について紹介する．

a. **筑後川流域連帯倶楽部**　筑後川流域連帯倶楽部は，熊本，大分，福岡，佐賀の4県を流れる筑後川流域の連帯を深め，情報交換などのネットワークを広

2.6 流域住民による対策

げる目的で 1999 年に設立された．現在，清掃活動，河川浄化のための植林，各種フォーラムやシンポジウムの開催などの活動を行っている．2000 年夏，九州，沖縄では各地の地方新聞社と住民団体の共催で，美しい河川を次世代に伝えることの重要性を訴える"Love the River キャンペーン"が各地で行われた．福岡県では環境保護団体の NPO 法人，筑後川流域連帯倶楽部と上記のキャンペーン実行委員会の主催で市民に呼び掛け，"クリーンアップ筑後川"と銘打って九州最大の河川である筑後川の河川敷清掃が地元住民を加えて数百人の規模で行われた．当日は毎年恒例の花火大会の翌日でもあり，ゴミの種類や量が予想以上に多く，参加者の危機感が高まった．このような行事に参加し，現在の状況を体験することは，住民の環境倫理の確立に役立つものと考えられる．本キャンペーンでは，流域内に新工場をオープンさせたサッポロビール(株)が特別協賛社として活動を支援した．新工場で製造された製品を購入すると代金の中から 1 円がキャンペーン事務局を通じて，各河川保護団体へ寄付されることになっている．またイベント参加者に配られた"カッパマネー"は，筑後川流域連帯倶楽部が発行するエコマネーである．河川清掃をはじめとする環境美化のボランティア活動に参加した人に発行する地域通貨で，地域の協力店でのみ割引券として使用できる仕組になっている．これは流域の連帯を深めるとともに，商店や企業が間接的に活動を支援することができ，しかも使用可能な地域がその流域に限定されるので，地域経済の活性化につながるものである．また，流域の上流および下流域において，河川環境に対する住民意識に何らかの不公平感がある場合がある．例えば，上流から下流域への認識としては，レジャー目的で下流からの訪問者がゴミを放置して地域を汚す，また森林管理による効果を下流の住民は理解していないこと，下流から上流域へは，上流域の住民が未処理の家庭雑排水を放流する，人工林を放置していることなどである[100]．しかし，地域間でなんらかの不公平感はあるものの，多くの人は環境保全のため上下流域が連携し，協力して活動する意志は持っている．したがって，"クリーンアップ筑後川"のように行政と行政の壁を越えた流域としての活動は今後大きな期待が持てる．

b. 徳島市新町川を守る会[101]　　徳島市中心部を流れる新町川は，高度経済成長期に水質汚濁が進行したが，行政による工場・事業所からの排出規制や主要な汚濁源であった生活排水対策が進んだことで一応の改善が見られた．この行政の政策に呼応する形で，周辺の住民がボランティア活動として河川の清掃運動を展

開していた．会としてさらなる発展をするために，1989年，新町川を守る会として結成され，1999年にNPO資格を取得している．いわばNPO組織は，河川の環境評価をきっかけに清掃活動を中心に始まった町づくりボランティアグループといえる．現在，河川の清掃活動のほかに，川への住民の関心を高め，河川の環境保全に対する意識を向上させるために河川護岸での花壇の整備や各種イベントなど，年間約900万円の予算で14種類の活動を展開している．会員たちは，地域への愛着心や環境意識が向上していると評価している．活動量の多い会員は，比較的時間が自由な50歳以上の高齢者や商業者である．このような活動を長期間にわたって継続していくための課題として，役割分担を明確にして組織的に活動すること，情報提供を幅広くかつ迅速に行い参加しやすい開かれた会とすること，財政基盤を確立すること，の3点をあげている．

c. 豊穣の郷赤野井湾流域協議会[79]　　赤野井湾は，琵琶湖南東部に位置する面積約1.4 km^{2}の水域で，湾内に流入する8つの小河川の流域29.1 km^{2}をその集水域とする．流域は，水田が広がる農業地域であったが，昭和40年代から豊富な湧水を利用して上流域に工場が進出したことで人口も増加傾向にある．したがって，赤野井湾への汚濁負荷は，生活系，農業系，工業系など質・量ともに多いうえに，地形的には閉鎖性が強い．現在では赤野井湾は，琵琶湖の中で最も富栄養化した水域となり，1983年からはアオコも見られるようになった．そこで，豊穣の郷赤野井湾流域協議会は，赤野井湾に流入する河川および集水域を対象に，住民，企業，行政が一体となって水質の改善や豊かな生態系を取り戻すための対策を検討し，実践していくために1996年に創設された．本協議会は，調査活動部会，対策検討活動部会，普及啓発活動部会を設け，それぞれの事業に取り組んでいる．調査活動部会は，地域の現状を自分たちの目で確かめ，正しく把握する目的で，1997年に毎月1回水質を中心に，水生生物，ホタル，鳥，土地利用形態の調査を行った．これらの調査で得られたデータをパソコンに入力し，結果をまとめて冊子，水環境マップを作成した．対策検討活動部会は，対策を検討するうえで地域の現状や変化の過程を認識するために，調査活動部会にも参加し，実態把握を目的にした現地研修会へ参加して知識を習得した．さらに，住民の意見を反映するためのアンケート調査も行った．これらの結果をもとに，分類整理したものを対策検討中間報告書としてまとめて県と市町に提出している．普及啓発活動部会は，機関誌の発行や啓発資材の作成や学習会を開催し，地域住民の意識

啓発を行っている.このように,組織内の役割分担と協力体制が比較的よく整っている組織である.

(2) NPO 活動の課題と住民参加のあり方

これまでの環境影響評価は公害の未然防止に重点が置かれていたため,環境基準など定量的,絶対的な評価基準をもとに,提案された開発事業がもたらす環境への影響を予測することが目的となっていた.しかし,今後はアメリカの国家環境政策法(NEPA)[†]に見られるような,政策や事業の立案過程で情報公開と住民参加を基盤として環境に配慮した施策を選択し合意形成ができるルールを確立することが求められる[102].このような住民の意見を政策に反映する住民参加型の社会システムは,法改正のみで機能するわけではなく,地域に根ざしたNPO活動がその下地としてある場合が多い.その鍵となるNPO活動を含む市民活動を推進するための日本における今後の課題として,

① 情報の公開と共有化,
② 行政および専門家の支援,
③ 組織のネットワーク化,
④ 活動資金の確保,

などが重要な要素としてあげられる.

立案された政策や事業に対する評価や環境に配慮した代替案の選択には,情報の公開とコミュニケーションツールとして環境アセスメントを支援するソフトが必要となる.また環境シミュレーションには政策や計画の変更に柔軟にかつ迅速に対応できることが求められる.高度化・複雑化する社会システムにあっては,対話型の環境シミュレーションソフトの開発が急務である.地理情報システム(GIS)と環境シミュレーションやモニタリングとの有機的連動も重要であり,その種のシステムの研究開発が進められている.このように多方面の情報を互いに共有化するメディアとしてインターネットは有効な手段である.多くの人が現地調査した結果や解析結果をホームページ上に表示するなど,対話型,住民参加型の環境調査の新たな手法としてきわめて意義がある.しかし,パソコンやインターネットの活用は,住民レベルの情報媒体としてはまだかなりのギャップがある.一般に各組織の会員の大半が 50 〜 60 才代である場合が多く,共有化において作成したツールを持て余すケースがある[103].今後,パソコンやインターネットの

[†] National Environmental Policy Act

第2章 水質環境保全のための管理および技術

活用は大きな課題となるため,少子化と高齢化が進む中でパソコンへの慣れ,操作法の徹底,操作することの楽しさを教えることが必要となる.住民が自らツールを"使って","考える"能力を身につけ,彼らの意識を牽引できるような人材の存在が不可欠である.これを一部の会員やボランティアに依存すると,彼らの負担が大きくなる場合がある.このような場合は,若い世代に参加を要請することはもちろん,必要に応じて,コンサルタントなど企業の介入も考慮する必要がある.

全国の河川事業における住民活動の実態調査によると,事業者が住民活動を少なからず支援したケースが 67 %を占め,残り 33 %が独自の活動により公共事業に働きかけたものであった[104].これらの活動に重要な要素として,行政の支援,活動仲間や住民の理解,専門家の参加,活動資金などをあげている.今後の支援方法として,情報公開と行政との交流が全体の 48 %,活動資金が 31 %,他団体との交流 28 %,専門家との交流が 21 %であった.このように,公共事業に対する住民活動には,情報の公開を含めた行政とのより良い交流関係の構築が必要であり,さらに専門家を含めた活動仲間や地域住民との交流が不可欠であるとしている.豊穣の郷赤野井湾流域協議会では,まず行政が住民に呼び掛け,住民が意思決定していく場と資金を提供した.住民は,活動を計画し実行して改善策を検討して情報を発進した.その過程で専門家がサポートして住民の理解がより深くなることを助けた.これは住民・行政・専門家の協力がうまくいったケースである[103].住民が有する情報を専門家が利用して研究することも重要である.緻密で時間を要する調査は専門家向きであるが,地域の自然の変遷や文化はそこに住んでいる住民の方がよく知っているものである.活動の内容をよく検討して,住民,専門家,行政,企業などでその役割を分担して行い,互いに連携するような仕組が必要となる.この住民,企業,学識経験者,流域自治体,河川管理者が連携した川づくり,流域づくりのための新たな仕組が多摩川流域で発足した[105],[106].これは建設省京浜工事事務所が河川整備計画を立て実現していく過程で,地域と連携して取り組むためのコミュニケーションの場として,1998 年に多摩川流域懇談会を,関係者とともに設立させたものである.本懇談会は,住民,企業,学識経験者,行政のそれぞれの部会で構成され,互いに情報を公開して公正な立場で協力し合う場としている.また,活動と運営を円滑にするため,運営委員会を設置するとともに,必要に応じて個別に部会を設置して諸問題に対応できる態勢

2.6 流域住民による対策

を整えている．これは法改正のもと，各地で始まった合意形成の場つくりの一つのモデルを示している．

世古[102]は，日本におけるNPO活動の課題として，資金の確保，支援者としての大学の参加，および法制度の確立をあげている．市民活動を支える資金は，非常に重要であるにも関わらず不足しており，これが住民活動の低さやボランティアの不足につながっている．欧米との歴史や文化の違いが反映されているといえる．現在，NPOを含む市民活動団体では，会員の会費や基金助成事業を行っている各種財団からの助成金で運営している場合が多い．野外での調査やその結果のとりまとめ，さらにはそれらを利用した啓蒙活動など，住民活動が活発になるほど，また住民の意識が高まるほど資金不足となり十分な活動ができない状態にある．（財）河川環境管理財団は，河川に関する調査・研究のみならず，清掃などの市民活動に対しても助成を行っている．しかし，このような助成制度だけでは不十分である．そこで，日本においても団体や個人が寄付しやすい制度や仕組づくりが必要となってきている．米国にはNPO活動を支える仕組として，"intermediary"がある．いわばNPOを支援するNPOであり，資金集め，リーダーの育成，マーケティングなどの活動を行っている．

また，米国では最近各地の大学がNPOの支援組織としての役割を持ち，各地域のNPOとパートナーシップを形成し始めている．米国における市民，NPO，行政，企業間の多様で多元的なパートナーシップの有り様を図 2.25 に示す[102]．今後，日本において住民参加型の社会を形成するための仕組や法的な基盤を整備することが地域環境を守り育てる社会の確立に発展するものと考えられる．

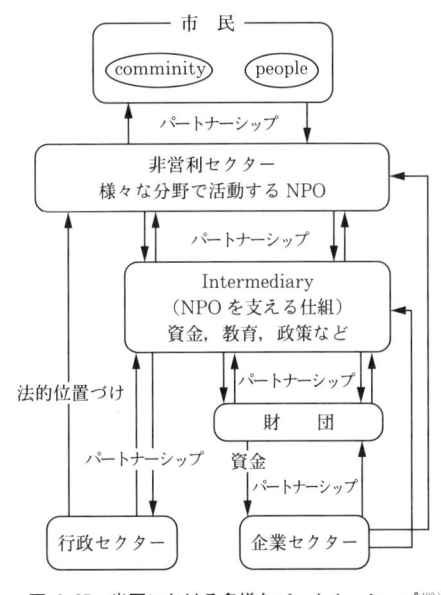

図 2.25 米国における多様なパートナーシップ[102]
（一部改変）

2.7 情報技術を活用した河川管理手法

　IT 革命など各種の言葉で表現されるように，情報分野での進歩は著しいものがある．河川環境の管理においてもその流れを受け，データの収集，情報の蓄積・加工利用面で，大きなの変化をとげている．特に重要な点として，データを連続的あるいは瞬時に取得し，管理に生かすための技術と，従来なかなか管理に利用しきれなかった各種の面的情報を相互活用し流域管理に結びつける技術がある．前者はモニタリングおよびそれを用いたシステムにあたり，後者はいわゆる地理情報システム GIS を利用した技術である．本節ではこれら新しい技術について紹介する．

2.7.1 河川環境モニタリング

(1) モニタリング技術

　水質などを常時観測することは，事故時の速やかな対応などできわめて重要となる．またこれらの技術で得られた連続的データは，従来のスポット的で非連続な測定では把握困難であった現象や機構を解明する有効な手段となる可能性も有している．連続測定は，人が行う作業を機械により自動化することで可能であるので，原理的には，タイムラグの問題を除けばほとんどすべての水質項目で実施できる．しかしながら，人の作業の機械的自動化は，分析項目ごとに実施せざるを得ず，加えて高価である．したがって，環境監視のような多数の地点かつ多項目について実施すべき業務では，あまり適切ではなく，実際かなりの限られた項目・場所でしか設置されていない．

　河川管理を目的とする場合，このような人間作業を自動化した測定装置より，精度などが若干劣ろうとも，迅速にかつ廉価で測定できる方法がより現実的な手段である．また，対象流域内の水質不均一性を考慮すれば，多数の地点で実施する点も重要となる．すなわち，水試料を採取し実験室に持ち帰り，分析する通常の水質分析に加え，連続的，広範囲，かつ廉価な水質監視（モニタリング）が，河川管理上，必要かつ重要となる．

2.7 情報技術を活用した河川管理手法

表 2.29 水質モニタリング用の測定技術[107]~[109]

	方法名	原理	測定項目	備考
①	水質試験紙	発色試薬を染み込ませた試験紙を試料につけて発色する色の強さで濃度概算	pH, 重金属, 各種イオンほか多数	専門的知識不要, 機器不要
②	パックテスト	発色試薬粉末少量を含むチューブにピンで穴を開け, スポイト要領で試料を吸い込み反応. 比色列との比較で濃度概算	pH, 重金属, 各種イオンほか多数	専門的知識不要, 機器不要
③	センサー利用機器の携帯型	電極などのセンサーを用いた測定機を野外利用にした機器	pH, DO, 温度, 濁度ほか	試薬不要で, 実験室と同等かやや低精度
④	手分析項目現場調査用キット	実験室内で実施する実験内容を現場で実施しやすいように器具・機械をセットとする	滴定分析, 比色分析など, 多くの化学分析項目	実験室と同等かやや低精度だが, 試薬を必要とする
⑤	携帯型測定機器	実験室内に設置するGC, TOC, イオンクロマト装置を野外測定用にしたもの	TOC, 各種イオン, 有機物種ほか	実験室と同等かやや低精度. 大型で運搬車が必要
⑥	手分析作業の自動化	実験室内で実施する手分析手順を機械により自動化	滴定分析, 比色分析など, 多くの化学分析項目	実験室と同等か同等以上の精度. 場合によっては代用値. 保守校正必要. 大型装置
⑦	センサー利用機器による自動測定	電極などのセンサーを用いた測定機を自動連続測定用にした機器	pH, DO, 各種イオン, SS, クロロフィルa, 硝酸イオン	実験室と同等の精度. 場合によっては代用値. 保守と校正が必要

表 2.29 は，それらの技術をまとめたものである．表に示した方法のうち，①～⑤は，現地で測定データを得ることができるので，野外調査に適した方法である．水質測定の精度は，方法により差があり，試験紙やパックテストは，5～10段階程度の濃度レベルを得るにとどまる．ただしこれらは，それ自身のみで完結する測定方法なので，初期投資をほとんど必要としない．多数の人間が種々の場所に行き，一斉にデータを得るような調査・活動では最適である．すなわち，市民による河川調査，NGO による環境監視などで十分な手段となる[107]~[109]．測定可能な項目も，比色法で可能なもののほか，通常，滴定法で分析される COD やアルカリ度にも対応している．

③のセンサー利用機器の携帯型は，現場測定用の pH メータなどの計器に当たり，項目によっては十分普及している．河川調査などでは，試料の持ち帰りの間に水質変化が生じるのを防ぐための現場測定用に利用されるが，そのほか事故時などの影響・発生源調査などにも活用される可能性が高い．④，⑤は，通常実験室で分析する項目を現地で分析可能とさせたものであり，サンプルの実験室への搬入が困難な場合などで活用されることとなる．②と④の中間的な形で，固形化

第2章 水質環境保全のための管理および技術

表 2.30 主な簡易水質測定手法とその適用範囲[110]

項目	試験方法	商品名	測定範囲 (mg/L)	排水基準 (mg/L)	環境基準 (mg/L)
カドミウム	検知管型	ヨシテスト	0.1 ～ 5	0.1	0.01
シアン	パック型	パックテスト	0.02～ 2	1	検出されないこと
	検知管型	ヨシテスト	0.05～ 50		
	タブレット型	ポナールキット	0.05～ 1		
	試験紙型	メルコクァント	1 ～ 30		
	アンプル型	ケメット	0 ～ 0.1 および 0.1 ～ 1		
鉛	検知管型	ヨシテスト	0.5 ～ 10	0.1	0.01
六価クロム	パック型	パックテスト	0.05～ 2	0.5	0.05
	タブレット型	ポナールキット	0.1 ～ 2		
	検知管型	ヨシテスト	0.2 ～ 25		
	試験紙型	東洋イオン試験紙	0.5 ～ 50		
ヒ素	試験紙型	メルコクァント	0.1 ～ 3	0.1	0.01
	検知管型	ヨシテスト	0.5 ～ 10		
水銀	検知管型	ヨシテスト	0.03～ 5	0.005	0.0005
銅	パック型	パックテスト	0.5 ～ 10	3	―
	検知管型	ヨシテスト	0.5 ～ 10		
	タブレット型	ポナールキット	0.3 ～ 15		
	アンプル型	ケメット	0 ～ 1 および 1 ～ 10		
亜鉛	パック型	パックテスト	0.5 ～ 10	5	―
	検知管型	ヨシテスト	0.5 ～ 20		
フェノール	パック型	パックテスト	0.2 ～ 10	5	―
	検知管型	ヨシテスト	0.5 ～ 10		
	アンプル型	ケメット	0 ～ 1 および 0 ～ 12		
鉄	パック型	パックテスト	0.2 ～ 10	溶解性鉄 10	―
	検知管型	ヨシテスト	0.5 ～ 40		
	タブレット型	ポナールキット	0.3 ～ 20		
マンガン	パック型	パックテスト	0.5 ～ 20	溶解性マンガン 10	―
	検知管型	ヨシテスト	0.5 ～ 20		
COD	パック型	パックテスト	5 ～100	160 (日平均 120)	―
	タブレット型	ポナールキット	10 ～ 50		
DO	タブレット型	ポナールキット	1 以上	―	―
	アンプル型	ケメット	1 ～ 12		
フッ素	パック型	パックテスト	0.5 ～ 5	―	―
	検知管型	ヨシテスト	1 ～100		
	タブレット型	ポナールキット	0.1 ～ 0.5		
残留塩素	パック型	パックテスト	0.1 ～ 6	―	―
	試験紙型	東洋クロール試験紙	10 ～ 50		

注) 製品の有効期限に注意する．なお，ものによっては，有害な試薬を含むものがあるので，有効期限切れとなったものや使用したものの処分などについては，同封の説明書に従うか，記載されていない場合は発売元に問い合わせ，適切な処分を行う．
　　測定濃度範囲は，各メーカーのカタログおよび取扱い説明書による．

2.7 情報技術を活用した河川管理手法

した試薬を検水に加え色見本と比較し(あるいは吸光度)濃度を求める「タブレット型」, 固形化試薬ではなく液体試薬を加える「滴瓶型」, 粒状化した試薬を細管に詰め, 検水を一定量吸引し, 着色範囲から濃度を求める「検知管型」もある[110].
表 2.30 にはそれらの測定項目例および測定範囲を示す[110].

これらに対し⑥, ⑦は, 連続測定を目的として機器類を用いた手法である. ⑥は, 手分析(含手作業を伴う機器分析)測定項目を機械により自動化したもので, ほとんどの水質指標は可能である. 実績の高い項目としては, COD 計があげられる. 一方, ⑦は簡便な機械構造で連続測定を試みる方法である. DO, pH, 温度, 濁度のようにすでに分析法として確立した項目もあるが, UV による COD 推定のように公定法レベルの精度はなくとも, 別の原理により簡便に濃度把握しようとするものがある. 後者については, 最近様々な指標について検討がなされている. 以下でその方法(センサー)について紹介する. なお, ⑦の技術は, 当然, ③のセンサー利用機器の携帯型に転用可能である.

(2) 最新センサー技術

上記の⑦に対応する技術では, 対象とする水質をいかに簡便に検知するかが鍵となり, その観点から電極などの電気信号(電流量)を検知する方法か, 光を利用した方法がよく利用される.

pH 計, DO 計, ORP 計など電極を用いた方法は, 電極間の電位差から生じる電流を測定する原理に基づく. その際, 基準を与える参照電極と, 測定物に対して特異的(測定イオンのみ通す半透膜を有するなど)に働く電極(pH 測定の水素電極や各種イオン電極)の組合せで測定項目が定まる. 表 2.31 には, 電極法によって検出可能なイオンと, その感応膜を一覧[111]として示す. 本法は, F^-, Cl^-, Br^-, I^-のハロゲンイオン, NH_4^+, NO_3^-などの窒素系イオン, Na^+, K^+, Ca^{2+}などのアルカリおよびアルカリ土類金属, Ag^+, Cu^{2+}, Hg^{2+}, Cd^{2+}, Pb^{2+}などの重金属イオンなど, イオン化する物質のほとんどをカバーできる. 問題点としては, 共存イオンの影響があること, 測定限界濃度が高く, 環境中で低濃度の物質の測定に向かないことがあり, 実際に環境監視に利用されているものは限られている.

この電極を用いた方法の多くは, 特定物質(多くはイオン)濃度を直接得ようとするものであるが, COD センサー, BOD センサー, バイオ毒物センサーのよう

第2章 水質環境保全のための管理および技術

表 2.31 イオン電極の種類と感応膜の組成の例[111]

電極の種類	測定イオン	感応膜の組成
ガラス膜電極	Na^+, K^+, NH_4^+, Ag^+	酸化アルミニウム添加ガラス
固体膜電極	F^-	LaF_3
	Cl^-	$AgCl+Ag_2S$, $AgCl$
	Br^-	$AgBr+Ag_2S$, $AgBr$
	I^-	$AgI+Ag_2S$, AgI
	SCN^-	$AgSCN+Ag_2S$
	CN^-	$AgI+Ag_2S$, AgI, Ag_2S
	S^{2-}	Ag_2S
	Ag^+	Ag_2S
	Pb^{2+}	$PbS+Ag_2S$
	Cd^{2+}	$CdS+Ag_2S$
	Cu^{2+}	$CuS+Ag_2S$
	Hg^{2+}	AgI, Ag_2S
液体膜電極	NO_3^-	Ni-バソフェナントロリン/NO_3^-
	ClO_4^-	Fe-バソフェナントロリン/ClO_4^-
	Cl^-	ジメチルジステアリルアンモニウム/Cl^-
	BF_4^-	Ni-バソフェナントロリン/BF_4^-
	Ca^{2+}	ジデシルリン酸/Ca^{2+}
	K^+	バリノマイシン/K^+
	NH_4^+	ノナクチン/モナクチン/NH_4^+
	2価陽イオン	ジデシルリン酸/2価陽イオン
隔膜形電極	NH_4^+	pH感応ガラス
	HSO_3^-	pH感応ガラス
	HCO_3^-	pH感応ガラス
	NO_3^-	pH感応ガラス
	S^{2-}	Ag_2S
	CN^-	Ag_2S

に特定物質ではなく，総括指標を測定する技術も最近開発されつつある[112]．CODセンサーは，検水にアルカリを加えて電気分解し，その際消費される電気量から濃度を求めるものである[112]．COD(JIS法)自身が有機物の種類によって分解率が異なるなど，方法に依存する部分が大きいので，試料の種類ごとに電流量とCOD値との関係を求めておく必要がある．過マンガン酸カリなどの薬品を使用しない，測定が短時間(10分)で可能なことなどの面から，実用化が期待される．

BODセンサー，毒物センサーは，ともに微生物の酸素消費とDOメータを組み合わせたもので，バイオセンサーである．BODセンサーは，試料を微生物膜に一定時間通過させ，その間のDO減少量から，BOD値との回帰式で濃度を算出する方法である．本方法により，公定法では5日はかかる分析を数十分以内に

2.7 情報技術を活用した河川管理手法

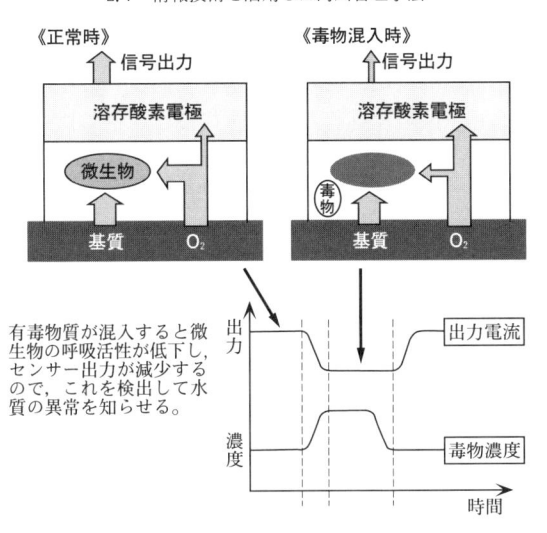

図 2.26 バイオセンサーの原理[113]

完了できる．ただし，もともとの BOD 値が生分解可能有機物総量を求めるのに対し，本法では消費速度を得ているものであり，厳密には測定内容が異なる．一方，毒物センサーは，好気性微生物の膜に，検水とその基質を混ぜて送り込み，その間の DO 消費量をモニタリングすることで，検水中の毒物の有無を発見しようとするものである．毒物が検水中に混入していない場合は，正常に酸素消費をするが，毒物が混入すると活性が低下することを利用している．図 2.26 にその原理を図化する[113]．本法は，センサー内微生物が感応する毒物なら，その種類を問わない点から，モニタリング手法として期待される技術である．本法およびBOD センサーは，ともに微生物膜を利用しているため，その寿命などにより 20 ～ 30 日程度ごとにその膜を更新する必要がある[112],[115]．

　一方，光を利用するものも，その開発研究例が多い．すでに公定法として利用されている濁度に加え，COD の代用法としての UV 法も重要な手法である．従来は吸光特性を中心とした技術で，操作パラメータは透過光波長数のみで，自由度は 1 にすぎなかった．しかし昨今，レーザー光線など強力な光源の汎用的利用の増大により，散乱光あるいは二次光を検出する技術が一般化しつつある(いわゆる，蛍光光度分析)．この場合，光源の波長(励起波長)，散乱光の波長(測定波長)の 2 つの操作条件を与えられることとなり，測定条件の自由度が増大する．

加えて，励起光と散乱光とのなす角度もパラメータとしうるなら，さらに自由度は増す．宗宮[114]は，この散乱光を用いた測定装置を試作し，クロロフィルa，SS，TOC，DOC，NO_3^--Nの迅速測定が可能なことを示した．光を用いた測定法の特色としては，短時間で無試薬，さらに試料をほとんど変質することなく測定可能なことがあげられる．

(3) 常時観測モニタリングステーション

上記のような連続測定技術の進歩もあり，河川など水環境中で自動観測される場所が増大してきている．日本における最初の水質モニターは，1970年に隅田川の小台で設置された[112]．その後，1982年には，水温，伝導率，pH，DO，濁度が標準仕様として測定されるK-82が開発され（シアンとアンモニアは特記仕様），普及していった．なお，本機器は，1992～93年にK-82Sとして，改良された．

これらの自動観測機器は，現在多くの場所に設置されている．例えば琵琶湖では，近畿地方整備局，水資源開発公団と滋賀県が合計18箇所の自動観測所を有している．測定項目は，基本的には先のK-82と同じ5項目であるが，場所によってはシアン，アンモニア，T-P，T-N，クロロフィルaが追加されている．

自動観測されるデータは，膨大なものとなり，それを管理するシステムが重要となる．そのシステムは，管理対象の場所や，規模によって異なることとなる．図 2.27にそのシステムの一例として，国土交通省近畿地方整備局の水環境監視システムの構成[120]を示した．近畿地方整備局は水質自動監視装置を各水系の主要地点に配置し，工場などの汚染源の常時監視や，水質異常時の緊急対応に利用している．また，淀川ダム統合管理事務所では，水系内ダムの管理とともに，水系内水質自動監視装置をテレメータで結び，電算直結による水質管理および水質調査資料の整備を行っている．

(4) 事故対応

水質管理の目的は，事故などの発生を迅速に発見し，その対策を早く実施することにある．図 2.28は，1998年に一級河川で発生した水質事故の原因物質を示したものである[117]．結果を見ると，油分の流出が最も多く，事故全体の8割以上を占めている．油は水と混ざらず，流域の表層に広がる形となり，その影響は，

2.7　情報技術を活用した河川管理手法

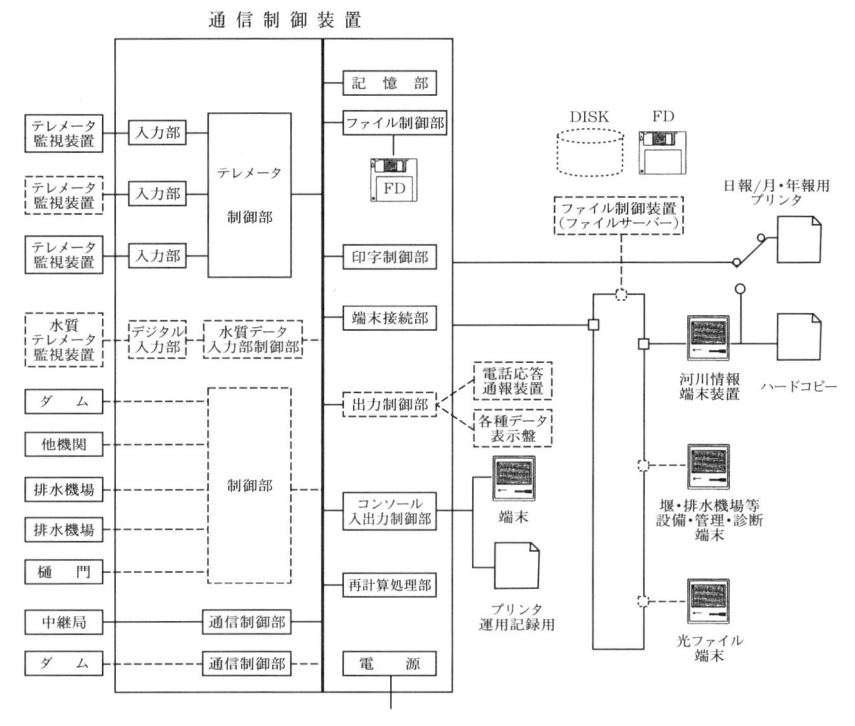

図 2.27　近畿地方建設局の水環境監視システム[120]

顕在化および広域化しやすい．油類以外では，化学物質，その他物質および原因物質不明であり，それぞれ5％前後の割合である．

発生場所と影響は，環境庁が1994年1月から1995年6月の間に実施した調査[116]で示している（**図 2.29**）．発生場所では，不明の場合が約4割と最も多く，次いで特定事業場と非特定事業場がともに約4分の1で続く．そのほかでは，不法投棄が4％，船舶・車両が10％となっている．油類による

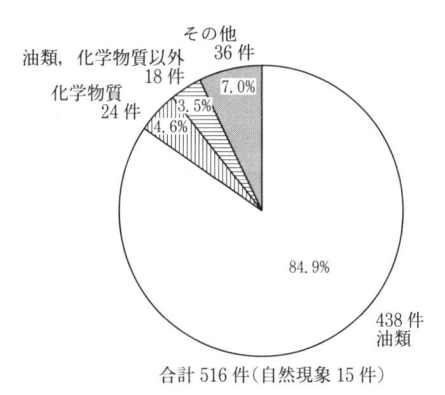

図 2.28　原因物質別水質事故の発生件数
（1998年）[117]

第2章 水質環境保全のための管理および技術

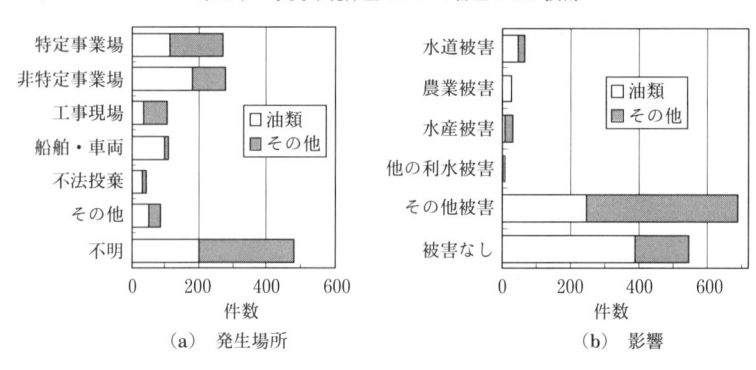

図 2.29 水質汚濁事故の発生場所と影響[116]

事故は，発生場所別でも工事現場以外は多く，とりわけ船舶・車両では9割を超えている．一方，被害の内容では，水道，水産，農業の順にそれぞれ5，2，2％を占め，これらを含めた利水上の被害は約1割である．水質事故の半数は，その他の面で被害を生じており，被害が報告

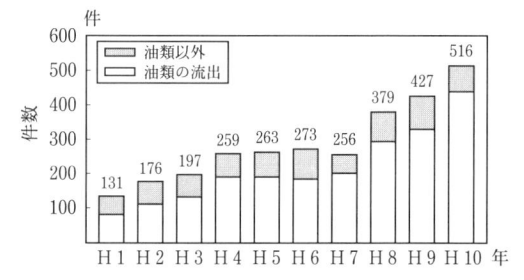

図 2.30 一級河川における水質事故発生件数の経年変化[117]

されない場合も4割ある．一方，油類とそれ以外での影響を見ると，水道，農業ではその割合が高く，水産とその他の被害では，それ以外の物質による影響が大きい．さらに図 2.30 に一級河川における事故発生件数を経時的に示した．図より，ここ10年間で事故件数が増大し，その要因として油類の流出が重要であることがわかる[117]．

なお，健康項目の環境基準達成状況で見ると，1995年時点で不適合地点は0.77％，ただし，その9割以上は河川である[119]．環境基準が設定された1970年代初頭は，鉛，シアン，カドミウムで，それらは0.5％以上の地点で不適合となっており，毒物の流出が頻発していたが，現在これらは0.05％以下の不適合率となった．先に示したように，油類が現在，最も注目すべき対象となっている．

事故が起きた場合には，その後の迅速な処置が重要である．とりわけ昨今における油類による水質事故に対応するため，1996(平成8)年，『水質汚濁防止法』が

2.7 情報技術を活用した河川管理手法

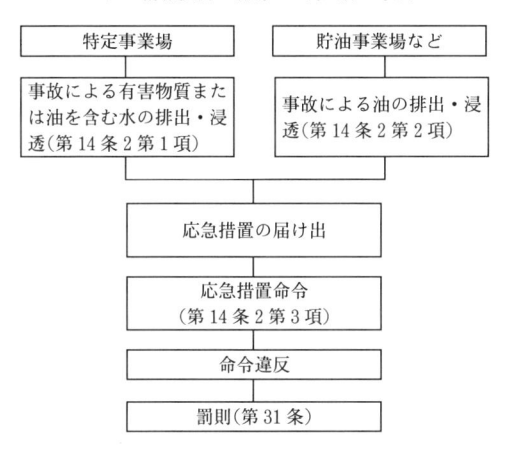

```
┌──────────────┐      ┌──────────────┐
│  特定事業場   │      │ 貯油事業場など │
└──────┬───────┘      └──────┬───────┘
┌──────┴───────┐      ┌──────┴───────┐
│事故による有害物質また│      │事故による油の排出・浸│
│は油を含む水の排出・浸│      │透(第14条2第2項)   │
│透(第14条2第1項) │      │              │
└──────┬───────┘      └──────┬───────┘
        └──────────┬──────────┘
              ┌────┴────┐
              │応急措置の届け出│
              └────┬────┘
              ┌────┴────┐
              │ 応急措置命令 │
              │(第14条2第3項)│
              └────┬────┘
              ┌────┴────┐
              │  命令違反  │
              └────┬────┘
              ┌────┴────┐
              │罰則(第31条)│
              └─────────┘
```

注) 特定事業場における有害物質による事故時の措置
については，1988年に規定されたものである．

図 2.31 『水質汚濁防止法』における事故時の措置の仕組[116]

一部改正され，図 2.31 に示す法的措置がとられるようになった[116]．この規定のポイントは，従来の有害物質に加え，油類が対象となったこと，特定事業場のみならず，貯油施設などでの事故時の措置対象となること，事故時の速やかな措置の実施とその報告の義務づけなどである．

2.7.2 GISの活用による河川環境総合管理

(1) GISとは

GISとは地理情報システム(Geographical information system)のことで，従来，数値や図面として管理されてきた地域情報を図形情報として直接処理することにより，より高度な情報管理・解析をするものであり，ここ10年あまりの新しい技術である．GISの一般的な利点として，

① もととなる地図の縮尺や投影法が異なっている場合でも，GIS上では位置座標を参照としてデータの管理を行うため，同じ縮尺であるかのように統一的に扱える，

② GISでは，データは一般的に項目別にレイヤーに整備される．これによって，データベースの変更・修正はその部分だけを行えばよく，その部分のデータを差し替えるだけで計算結果や表示結果にも反映することができるとともに，

第2章 水質環境保全のための管理および技術

表 2.32 ベクター型とラスター型データ

比較項目		ベクター型	ラスター型
特徴	データ形状	任意	一定の形
	精度	基図に依存	メッシュ間隔に依存
	図形表現方法	点，線，面で表現	面で表現
	属性データ	点，線，面のそれぞれの図形情報で結合	属性データで面を表現
	図形処理機能	点，線，面を用いた図形処理	面のみを用いた図形処理
データ	データ構造	現象学的な良い表現が可能だが，複雑なデータ構造	単純なデータ構造
	データ量	データ量を少なくできる	一般にデータが多い
地図表現	地図表現	基図縮尺に依存するが正確に表現	メッシュ間隔に依存，ベクター型と比べ粗い表現になる．メッシュ内部の状況が不明
	地図縮尺	地図を拡大しても形状が同じ	地図を拡大するとグリッドが大きくなりすぎて現象の構造が認識困難
加工処理	空間解析	高度なプログラムを必要	さまざまな解析が簡単
	シミュレーション	トポロジーを持つものは，シミュレーションが困難	各単位の形とサイズが均一なためシミュレーションが容易
	ネットワーク解析	ネットワーク連結によってトポロジー(地理的要素の連結)を表現	ネットワーク結合を行うことは困難

大幅に検索効率が向上する，
③ GIS が公開されたデータ形式をもっているために，データの再利用や配布が簡単である，
のような点があげられる．

GIS で扱う地理情報の事物の形を表現する方法として，ラスター型とベクター型の2つがある(**表 2.32**)[121]．ラスター型は，メッシュごとに情報を保存する形であり，いわばドットインパクト方式のプリントにあたり，一方ベクター型は，閉ベクトル集合で形状を保存する方式であり，写植印刷に相当する．従来の地図情報は，ラスター型で作成されることが多かったが，近年の計算機の発展によって，今まで制約条件となっていた記憶容量・演算時間の問題が解消され，ベクター型で整備されつつある．しかし，モデル化・数値予測などの面ではベクター型では困難な問題もあり，今後も併用が続くと考えられる．

現在，データの入力・編集，解析，データの集計までを一貫して行うことのできる様々な GIS ソフトが利用可能となったが，それぞれ得手不得手がある．各ソフトの利点を活かし，作業分担を行うことにより，GIS 環境をより充実したものにすることができる．このため，増田[121]は Arc/INFO と MapInfo の2つの GIS ソフトとデータベースソフト Access を使用し，**図 2.32** のような関係で主

2.7 情報技術を活用した河川管理手法

要な作業の分担を行った．
MapInfo にはデータ表示に利
点があり，地理情報の入力，編
集，主題図の作成，表示には
PC 用の MapInfo を用いた．2
つの GIS ソフト MapInfo と
ARC/INFO の間で図形データ
の交換を行う必要が生じるが，
これには MapInfo に標準添付
されるデータ変換ソフト
ARC/Link を用いている．なお，**表 2.33** に増田[121]がまとめたそれら関連ソフトの特徴および作業内容を示しておく．

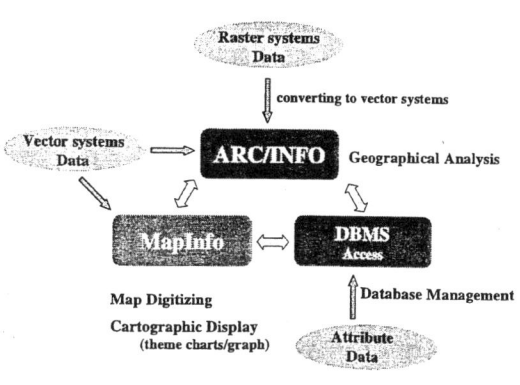

図 2.32 GIS 関連のソフト間の作業分担[121]

(2) 河川環境管理に関連するデータの取込み

GIS を活用するうえでは，どのようなデータを取り込むかが重要となってくる．当然，取り込むデータは，GIS を用いて，何を実施するのかに依存する．**表 2.34** には，筆者らが鴨川流域をモデル化するために入手した情報を例として示しておく．依然，紙のままの情報も多いが，標高データの数値地図など，直接 GIS に利用しやすい形の数値データも完備しつつある．

(3) 河川環境管理のためのモデル化手順

河川の水質管理では，従来，流域全体を複数の仮想タンクと考えるような集中型モデルで一括して処理してきた．しかし，近年地域情報の面的なデータ整備と計算機能力の向上で，個々の小領域ごとにモデルをたて，それを連結した分布型モデルが作成されるようになってきた．集中型モデルは，きわめて地域依存性の強いパラメータを有するのに対し，分布型モデルでは一定のルールを設けることで，領域ごとにはパラメータを設定しない．そのため，分布型モデルの方が最終的な汎用性は大きいと予想される．

この分布型モデルによる水質管理モデルの作成では，大きく，①メッシュ間の流下方向の決定，②その流出量のモデル化推定，③汚濁負荷流出のモデル化推定，からなる．これらには，各種の方法があるが，ここでは，筆者らが，下水道未整

181

第2章 水質環境保全のための管理および技術

表 2.33 主要GISソフトフェア環境の内容[121]

ソフトウェア		用途	説明	OS
GISソフト	MapInfo	流域情報の統合化	米国 MapInfo 社が開発し，国内では㈱三井造船システム技研が販売．ベクターデータを取り扱うことができ，多量の文字，数値データを地図上で分析し，視覚的なインターフェースで容易に操作．デジタマイザを接続して独自に地図をベクトルデータとして入力可能．プログラム言語 MapBasic を用いることにより MapInfo のカスタマイズと自動化が可能．	Windows
	ARC/INFO	流域情報の統合化	米国 ESRI 社(Environmental Systems Research Institute Inc.)の開発した汎用の地理情報システムパッケージ．1981年に市場に出して以来，継続的にバージョンアップが重ねられ，現在では全世界で60 000 以上のユーザーが利用．世界的にGIS ソフトウェアの分野で最大のシェアを誇り，事実上の業界標準(デファクト・スタンダード)．	Windows Unix
	Idrisi	ラスターベクター変換	クラーク大学地理学部(米国，マサチューセッツ州)のJ.R.Eastman教授がディレクターを勤めるジョージパーキンス・マーシュ研究所が UNEP/GRID 国連環境計画や UNITAR 国連訓練調査研修所の支援を受けて開発したラスター型 GIS ソフトウェア．	Windows
	Arc/View	外部データの導出	㈱パスコの GIS ソフト	Windows
	SIS	外部データの導出	㈱Infomatix 社の GIS ソフト	Windows
データベース	Access	属性管理&計算	Microsoft Office アプリケーションシリーズ	Windows
表計算ソフト	Excel	属性入力&計算	Microsoft Office アプリケーションシリーズ	Windows
データ変換，プログラム	Perl	データの並び替え，抽出	データの並び替えに強いプログラミングソフト	Windows Unix
	MapBasic	MapInfo の自動化	GIS 用のデータ交換ソフト	Windows
	ArcLink	MapInfo，ARC/INFO 間データ交換	GIS 間のデータ交換ソフト	Windows
	AML	ARC/INFO 自動化	GIS 用のプログラミング言語	Unix

備の農村地区で作成したモデル($9.7 \mathrm{km}^2$の流域)[222]を紹介することで，その方法を説明する．本モデルは，数値標高データのある 50 m 四方メッシュ(正確には南北は緯度 1.5″，東西は経度 0.9″の範囲)ごとに小領域を設定し，各メッシュ間の水量・負荷量の移動で，流域での汚濁物挙動を把握するものである．

①の流下方向の決定は，50 m メッシュごとにある標高数値データと地形図(25 000 分の 1)，住宅地図〔㈱ゼンリン 2 500 分の 1〕を利用した．まず，地形

2.7 情報技術を活用した河川管理手法

表 2.34 河川環境管理のための GIS 取込みデータ例

資料名	項目	地点	単位地域	情報提供元
国土地理院 1/25 000 地図	−	対象全域	−	国土地理院
国土地理院 1/10 000 地図	−	市街地	−	国土地理院
ゼンリン住宅地図	−	市街地	−	㈱ゼンリン
数値地図 50 m メッシュ(標高)	−	対象全域	50 m	国土地理院
地質図 1/25 000	−	対象全域	−	所
土地利用図 1/25 000	−	市街地	−	国土地理院
土地分類基本調査(土地利用図)1/50 000	−	対象全域	−	国土庁・京都府
土地分類基本調査(表層地質図)1/50 000	−	対象全域	−	国土庁・京都府
土地分類基本調査(土壌図)1/50 000	−	対象全域	−	国土庁・京都府
雨水 主要な管渠の平面図 1/2 500	−	整備地域	−	京都市
汚水 主要な管渠の平面図 1/2 500	−	整備地域	−	〃
京都市公共下水道整備区域図(汚水)	−	整備地域	−	京都市
京都府水洗化事業普及状況	普及率	京都市	京都市	京都府
京都市推計人口統計(国勢調査による)	人口	対象全域	区	京都市
京都市町別人口(住民基本台帳による)	人口	対象全域	町	京都市
下水道統計	処理人口	整備地域	処理場	日本下水道協会
	工場排水量	整備地域	処理区	日本下水道協会
	処理方式,能力	整備地域	処理場	日本下水道協会
	水洗便所数	整備地域	京都市	日本下水道協会
アメダス降水量	−			

図,住宅地図から,河川が通るメッシュを求める(河川メッシュと呼ぶ).流下のルールとして,ⓐ河川メッシュでは,その下流の河川メッシュに流下,ⓑ河川メッシュ以外では,その周りの8方向のうち,同メッシュより標高が低くかつ最大勾配となるメッシュに流下,ⓒ河川メッシュに接するメッシュは,河川メッシュに流下,ⓓ窪地となる場合は,周りのメッシュの標高より0.1 m 増して再計算,の4条件を設定した.これらルールのうち,ⓐ,ⓑには合理性が大きいが,ⓒ,ⓓは全メッシュからの流出が最終的にその流域の流出端に至るようにするために設けた仮定である.ⓓの条件の繰返し回数が多くなる場合は,別のルールを設定すべきである.図 2.33 に,上記手順で得た落水線[122]を示す.

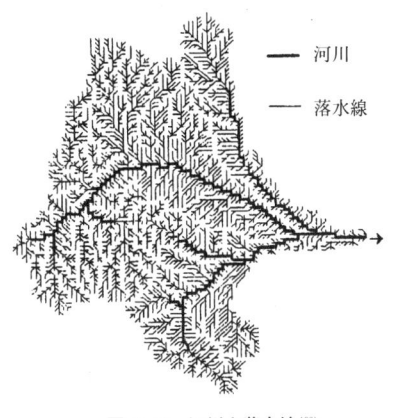

図 2.33 河川と落水線[122]

②の各メッシュからの流出については,鈴木らのモデル[123]を利用した.これは,

メッシュごとに図 2.34 に示すそれぞれ 2 箇所の流出口を持つ 2 段のタンクからなるものである．上段タンクからの流出は表面流出を，下段は地下水移動をモデル化している．上段から下段への浸透も考慮されている．これら，流出口からの流量計算式は，表 2.35 に示す式で計算する．この計算式では $T_1 \sim f_{2g}$ の 8 つの

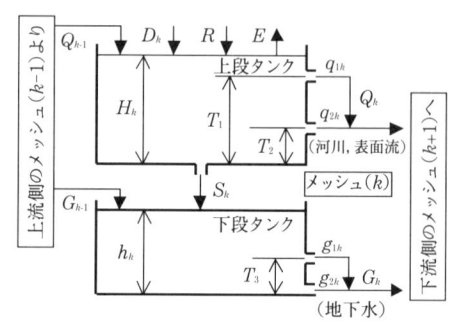

図 2.34 メッシュ(k)における分布型流出モデル[123]

係数を持つが，その値を場所ごとではなく，その場所の属性に応じて与えるのが分布型モデルの特徴である．鈴木ら[123]は，上段タンクは土地利用に依存するとし

表 2.35 流れおよび物質の移動量推定のためのモデル式

No.	変数		記号	単位	方程式
1	蒸発量		E	m/日	$E_0 \cdot \{(1+\sin(2\pi j/365))\}$
2	上段タンクの一時的な水位		H_k^T	m	$H_k^{j-1}+(Q_{k-1}+D_k)/A+R-E$
3	表面流		q_{1k}	m/日	$(i/A)^{1/2} \cdot (H_k^T-T_1)^{5/3} n$
4	速い中間流出		q_{2k}	m/日	$f_0 \cdot (H_k^T-T_2)/(T_1-T_2)$
5	上段タンク間の水移動		Q_k	m³/日	$(q_{1k}+q_{2k}) \cdot A$
6	地下への浸透量		S_k	m/日	$f_0 \cdot H_k^T/T_1$
7	上段タンクの最終水位		H_k^T	mm	$H_k^T-(q_{1k}+q_{2k}+S_k)$
8	下段タンクの一時的な水位		h_k^T	m	$h_k^{j-1}+S_k+Q_{k-1}/A$
9	地下水の移動	不圧地下水	g_{1k}	m/日	$f_1 \cdot (h_k^T-T_3)^2$
10		被圧地下水	g_{2k}	m/日	$f_2 \cdot h_k^T$
11	下段タンク間の水移動		G_k	m³/日	$(g_{1k}+q_{2k}) \cdot A$
12	下段タンクの最終水位		h_k^T	m	$h_k^T-(g_{1k}+g_{2k})$
13	j 日目における全負荷量		W_k^j	g	$X_k^{j-1}+P_k^j+L_k^{j-1}$
14	$k+1$ メッシュへの負荷移動量		L_k^j	g	$W_k^j \cdot \{(1-\exp(-cQ_k \Delta t)\}$
15	k までの堆積負荷量		X_k^j	g	$(W_k^j-L_k^j) \cdot \exp(-r\Delta t)$

Δt：計算時間間隔(日)，E_0：平均蒸発速度(m/日)，D_k：点源からの排出水量(m³/日)，A：面積(m²)，R：降水量(m/日) j：1月1日からの日数(日)，r：分解速度定数(1/日)．i：メッシュ(k)とメッシュ($k+1$)との間の勾配，c：流下速度定数(1/m³)．

表 2.36 上段タンクパラメータ（土地利用別）[123]

土地利用	山地	水田	畑地	宅地
T_1(mm)	15.0	20.0	10.0	5.0
T_2(mm)	10.0	5.0	5.0	2.0
S_0(mm)	0.0	0.0	0.0	0.0
f_0(mm/h)	18.0	1.8	3.6	1.8
n(1/m³・s)	0.6	2.0	0.1	0.1

表 2.37 下段タンクパラメータ（地質別）[123]

浸透性	大	中	小
T_3(mm)	180	180	180
f_1(1/mm・日)	3×10^{-1}	3×10^{-2}	3×10^{-3}
f_2(1/日)	3×10^{-3}	2×10^{-3}	1×10^{-3}

2.7 情報技術を活用した河川管理手法

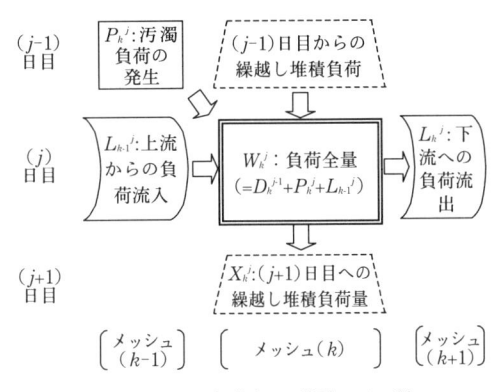

図 2.35 汚濁負荷流下,堆積モデル[123]

表 2.36 の値を,下段タンクは地質に依存するとして表 2.37 の値を提案した.表 2.36 における浸透性は,「規定流量涵養に対する貢献度による表層地質の類別」に基づくもので,例えば,火山灰,ロームは大に,礫岩は中に,泥岩・石灰岩は小に分類される.筆者らはこのパラメータをそのまま用いたが,ほぼ河川流量を再現でき,汎用性が確認された.③の汚濁負荷では,図 2.35 のような過程で,流域内での発生,堆積,分解と流出を考慮した.発生量は,土地利用,人口,特定事業場の有無の情報をもとに,原単位などを用いてメッシュごとに与えた.一方,分解反応は一次反応で与え(表 2.34),流出においては流量の影響も考慮している.なお,このモデルは図 2.34 で上段タンクにあたる部分でのみ反応が生じると仮定している.その結果は略すが,おおむね時間変動および流域内濃度分布を再現するものであった.

(4) 適 用 例

その他 GIS 適用のいくつかの研究例を,表 2.38 にまとめておく[124]~[127].同表でも示されるように,GIS の利用は多岐にわたり,例えば目的でも,都市内水循環把握や,河川流域負荷把握,土地情報統合化など,様々な観点で実施されている.さらに,入力情報・手法・出力結果は,ベースとなる部分に一部共通性を見出せるが,研究者による独自性が強く,今後の分野の広がりを伺わせるものである.

第2章　水質環境保全のための管理および技術

表 2.38　GIS活用の研究例[124)〜127)]

	対象流域	目　的	手　法	入力データ	出　力
荒巻ら	東京都区部	水循環利用，カスケード利用による雑用水供給施設の効果検討	メッシュ分布型人工系水循環モデルの開発，解析	下水管網，河川，土地利用(市街地を用途で分けたもの)，区ごとの下水量原単位，下水処理場流入汚水実測量，降水量	雨水貯留，再生水循環システム(地区循環，広域循環，上流供給式広域循環)について，上水供給量の削減量とコスト
庄司ら	遠賀川流域	流域単位での負荷流出特性，河川水質への影響評価	水質影響因子の選定，流域内人工/森林比，田/森林比と水質の比較	人口，土地利用，排水処理施設，堰，水質観測所水質濃度(1975〜1993)	人口/森林比，土地利用/森林比と水質の相関
植田ら	琵琶湖流域	流域情報データベースのGIS上での統合と流域内汚濁負荷の推定	ベクトル分布型モデルの開発と解析	気温，放射量，流域界，河道，標高，堰，ダム，その他水利施設，人口，土地利用，排水処理形態，事業所(滋賀県)，降水量	推定TN，TP負荷量と人口との関係など
都築ら	長谷川流域	土地利用に点源負荷情報を加えた情報整備とモデルによる負荷予測	流域調査結果を用いたモデル式の検討と推定値との比較	土地利用，排水処理，農業粗生産額，牛頭数，豚頭数，工業排水量	土地利用からのTN，TPの負荷量予測値，土地利用状況の変化に対する水質変化予測

2.7.3　まとめ

本節では，昨今，技術進歩の著しい情報技術に焦点を当て，それを活用した河川管理に生かすものとして，モニタリングおよびGISに焦点をあてて説明した．この分野は，ますます発展が期待されるところであり，本節では示さなかったが，油分センサーなどの事故用センサー技術[112)]や，ランドサットデータのGISへの活用[128)〜130)]などが研究されつつある．今後の成果に期待したい．

参 考 文 献

参 考 文 献

1) 國松孝男：渇水時に河川から琵琶湖へ流入する汚濁負荷量，滋賀県琵琶湖研究所所報，Vol. 13, pp. 40-41, 1996
2) 宗宮功編著，琵琶湖，技報堂出版，p. 153, 2000
3) 田淵俊雄・須藤隆一：第3期霞ヶ浦水質保全計画と今後の課題，用水と廃水，Vol. 39, No. 12, pp. 1118-1124, 1997
4) 藤村葉子：生活排水の汚濁負荷発生原単位と浄化槽による排出率，平成7年度千葉県水質保全研究所年報，pp. 33-38, 1996
5) 滋賀県：滋賀県統計書(平成9年度), 1999
6) 滋賀県編：滋賀県環境白書(平成11年版)，滋賀県環境保全協会，1999
7) 日本水環境学会編；日本の水環境行政，ぎょうせい，pp. 64-77, 1998
8) 日本下水道協会：平成10年度版下水道統計(要覧), Vol. 55-3, 2000
9) 日本下水道協会：昭和62年度版下水道統計(要覧), Vol. 44-3, 1989
10) 日本下水道協会：平成10年度版下水道統計(水質編), Vol. 55-2, 2000
11) 日本下水道協会：下水道統計(行政編), Vol. 33-1〜55-1, 1978〜2000
12) 滋賀県：環境白書−資料編−, 1978〜2000
13) 河川環境管理財団・河川環境総合研究所：下水処理水の"なじみ易い"放流のためのアイデア事例集，1998
14) http://www.city.osaka.jp/ame/sinsui/sinsui_m.html.
15) http://www.city.osaka.jp/gyousei/html/detail/000008461009.html.
16) http://www.enaa.or.jp/GEC/release/instance/html//whatsnew.htm.
17) 京都大学工学部衛生工学教室水質工学研究室：農業集落排水事業の現況に関する考察，1996
18) 稲森悠平・山海敏弘・須藤隆一：窒素・リン除去型単独併合化の技術開発と普及整備，資源環境対策，Vol. 34, No. 10, pp. 923-934, 1998
19) 本田清隆：単独処理浄化槽の廃止に向けて，資源環境対策，Vol. 31, No. 11, pp. 898-903, 1995
20) 資源環境対策編集室：合併処理浄化槽普及の転換期をどう迎えるか−アンケートにみる自治体の合併処理浄化槽の普及の動向，資源環境対策，Vol. 34, No. 10, pp. 907-910
21) 西岸正人：合併処理浄化槽普及への課題と展望，資源環境対策，Vol. 34・10, pp. 911-916, 1998
22) 稲森悠平・高井智丈・須藤隆一：窒素・リン対策の最新動向と除去技術，資源環境対策，Vol. 29, No. 8, pp. 728-739, 1993
23) 藤村葉子：生活排水の汚濁負荷発生原単位と浄化槽による排出率，平成7年度千葉県水質保全研究所年報，pp. 33-38, 1996
24) 国安彦彦・楊新泌・矢橋毅・久川和彦・大森英昭：小型合併処理浄化槽の処理性能に影響を及ぼす因子，浄化槽研究，Vol. 8, No. 2, pp. 41-55, 1996
25) 大森英昭：合併処理浄化槽の普及に関する諸問題，資源環境対策，Vol. 34, No. 10, pp. 917-922, 1998
26) 環境庁国立環境研究所：環境負荷の構造変化から見た都市の待機と水質問題の把握とその対応策に関する研究(平成5〜8年度)，国立環境研究所特別報告 SR-26-'98, p. 60, 1998
27) 鈴木富雄・松井優實・中山隆・山岸智子・丸山正人・国安克彦：ろ過，接触酸化および土壌浸透処理を組み合わせた山岳地域のし尿処理，水環境学会誌，Vol. 22, No. 1, pp. 46-53, 1999
28) 須藤隆一監修，環境庁水環境研究会編：内湾・内海の水環境，ぎょうせい
29) 鈴木基之：エネルギー消費を指標とした完全リサイクル水利用システムの評価，平成8〜9年度科学研究費基盤研究(A)(1)研究成果報告書，1998.3
30) 日本水環境学会：平成6年度環境庁委託業務結果報告書「浄水操作によって生ずる有害物質の抑制に関する調査」，1995.3
31) 日本水環境学会：平成7年度環境庁委託業務結果報告書「浄水操作によって生ずる有害物質の抑制に

第2章 水質環境保全のための管理および技術

関する調査」,1996.3
32) 日本水環境学会:日本の水環境行政,ぎょうせい,1999
33) 国土庁長官官房水資源部編:平成11年度「日本の水資源」大蔵省印刷局,1999.8
34) 農林水産省畜産局:畜産環境保全(2),平成8年度中央技術研修会資料,1996
35) 羽賀清典:畜産系排水処理と負荷削減,用水と排水,Vol.37, No.1, pp.45-49, 1995
36) 徐開欽・全恵玉・須藤隆一:畜舎排水の性状と原単位,用水と排水,Vol.39, No.12, pp.1097-1105, 1997
37) 徐開欽・李王瓚雨・全恵玉・須藤隆一:畜産排水の処理対策とその高度化,用水と排水,Vol.40, No.2, pp.133-141, 1998
38) 環境庁水質保全局監修:第三次総量規制対応版「改定・小規模事業場排水処理対策全科」,公害対策技術同友会,1991
39) 飯島孝:一般廃棄物行政の現状と今後の課題,環境技術,Vol.29, No.1, pp.37-40, 2000
40) 由田秀人:産業廃棄物行政の現状と今後の課題,環境技術,Vol.29, No.1, pp.41-43, 2000
41) 堀井安雄・田中信寿:焼却残渣埋立率の高いごみ埋立地の浸出水処理における最近の技術課題,廃棄物学会誌,Vol.8, No.1, pp.64-75, 1997
42) 堀井安雄・樋口壮太郎・島岡隆行・花嶋正孝:高塩類浸出水の処理技術,廃棄物学会誌,Vol.8, No.7, pp.529-539, 1997
43) 96年度版全国都道府県別「ゴミ浸出汚水処理設備実績リスト」
44) 岡久宏史:非特定汚染源負荷の調査方法,用水と廃水,Vol.32, pp.870-873, 1990
45) 國松孝男・村岡浩爾編著:河川汚濁のモデル解析,技報堂出版,1989
46) B. Volesky and Z. R. Holan:Biosorption of Heavy Metals, *Biotecnology Progress*, Vol.11, pp.235-250, 1995
47) 日本下水道協会:流域下水道整備総合計画調査平成11年度版,1999
48) 田淵俊雄:田畑における栄養物質の挙動,用水と廃水,Vol.27, pp.346-351, 1985
49) 尾崎保夫:農耕地からの窒素負荷の削減,用水と廃水,Vol.32, pp.881-889, 1990
50) 飯塚宏栄・岩撫才次郎:水田除草剤の河川水への流出,用水と廃水,Vol.24, pp.629-635, 1982
51) 和田安彦:都市地域からの非特定汚染源負荷の削減,用水と廃水,Vol.32, pp.874-880, 1990
52) 和田和彦:都市における汚濁負荷と制御,雨水技術資料,Vol.7, pp.11-31, 1992
53) 田中宏明・榊原隆:下水道における非点源汚染対策,水環境学会誌,Vol.20, pp.821-825, 1997
54) 環境省編:環境白書 平成14年版,ぎょうせい,2002
55) 建設省都市局下水道部監修:日本の下水道,日本下水道協会,2000
56) 霞ヶ浦水質浄化プロジェクト:霞ヶ浦関係資料[http://www.i-step.org/kasumi/present/index.htm], 2000
57) 日本石鹸洗剤工業会:全国政令都市の下水処理場における水質の状況,環境年報(1995年版), 21, pp.19-22, 1996
58) 日本経済新聞,1997.12.11
59) 環境省編:環境白書 平成13年版,ぎょうせい,2001
60) 鶴巻・藤岡・内藤:下水道終末処理施設のライフサイクルでの環境負荷の定量化について,土木学会第4回地球環境シンポジウム講演集,pp.57-62, 1996
61) 建設省技術協議会技術管理部会水質連絡会:河川および水路における直接浄化事業の現状,1995
62) 是澤裕二:河川における水質管理の現状と課題,ヘドロ,80, pp.21-24, 2001
63) 財団法人河川環境管理財団・河川環境総合研究所:河川水浄化への取り組みと浄化技術の現状,1998
64) 高橋裕編:首都圏の水を考える,東京大学出版会,1993
65) 国土開発技術研究センター:河川直接浄化の手引き,1997
66) 建設省関東地方建設局,河川環境管理財団:膜などを用いた新たな河川水直接浄化技術開発報告書,2000
67) 稲森悠平・西村修・木村賢史・徐開欽:生態工学を活用した低汚濁海水の浄化,化学工業,Vol.49,

参 考 文 献

No.6, pp.41-49, 1994
68) 藤田正憲・森本和花・河野宏樹・Silvana PERDOMO・森一博・池道彦・山口克人・惣田訓：水質浄化に利用可能な植物データベースの構築, 環境科学会誌, Vol.14, No.1, pp.1-13, 2001
69) 須藤隆一編：ビオトープによる環境修復, 環境修復のための生態工学, pp.29-54, 講談社サイエンティフィク, 2000
70) 日本水産資源保護協会ほか：湖沼沿岸帯の浄化機能, 1996
71) 藤原公一：ニゴロブナの発育の場としてのヨシ群落の重要性, 第14回琵琶湖研究シンポジウム報告集「農山村地域の生物と生態系保全」, 1996
72) 平塚二朗：水圏生物相および付着生物膜の活性に及ぼす河岸構造の影響に関する研究, 早稲田大学理工学部卒業論文, 平成12年度, 2001
73) 中央環境審議会：第5次水質総量規制の在り方について(答申), 2000.8
74) (財)リバーフロント整備センター編：河川と自然環境, 理工図書, 2000
75) 北詰昌義・野口俊太郎, 島多義彦・倉谷勝敏：人工湿地による水質浄化, 用水と廃水, Vol.40, No.10, pp.51-57, 1998
76) 中里広幸：ビオパーク方式による作物生産を通じた浄化, 用水と廃水, Vol.40, No.10, pp.19-25, 1998
77) 和田安彦・三浦浩之・森兼政行：生活排水の河川環境への影響と周辺住民の認識, 環境システム研究, Vol.23, pp.150-156, 1995
78) 小野洋：海域の富栄養化を防止するための合併処理浄化槽の整備, 水環境学会誌, Vol.18, pp.543-546, 1995
79) 豊穣の郷赤野井湾流域協議会：琵琶湖・赤野井湾から－水環境マップ－, その他資料, 2000
80) 北尾高嶺：小型合併処理浄化槽の開発経緯とその技術, 水環境学会誌, Vol.19, pp.189-195, 1996
81) 須藤隆一・稲森悠平：高度処理対応型浄化槽の開発, 水環境学会誌, Vol.19, pp.196-206, 1996
82) 都市基盤整備公団, 下水道新技術推進機構：都市整備における雨水循環下水道システム計画指針(案), 2000
83) 西村慎司・鎌田克郎：八王子みなみ野シティ水循環保全システムについて, 雨水技術資料, Vol.30, pp.57-68, 1998
84) 石川忠晴：雨水対策としての宅内貯留施設の普及可能性に関する調査, 環境システム研究, Vol.22, pp.333-341, 1994
85) 石川忠晴：環境学習施設としての雨水浸透施設, 雨水技術資料, Vol.30, pp.7-11, 1998
86) 山本弥四郎：雨水浸透ますの維持・管理などの実態, 雨水技術資料, Vol.24, pp.9-16, 1997
87) 田中国彦：小金井市の雨水浸透施設設置促進, 雨水技術資料, Vol.24, pp.121-125, 1997
88) 島谷幸宏・保持尚志・千田庸哉：親水活動と河川水質に関する研究, 環境システム研究, Vol.20, pp.378-385, 1992
89) 田村孝浩・後藤章・水谷正一：小学校内に設けられた水辺の活用事例とその教育的効果に関する考察－水辺を持つ教育的機能に関する研究－, 第12回環境情報科学論文集, pp.209-214, 1998
90) 小浜明・江成敬次郎：水質の変化が住民の河川に対する意識に与える影響, 環境システム研究, Vol.21, pp.236-241, 1993
91) 河川環境管理財団編：川の水, 第2号, pp.42-47, 1999
92) 河川環境管理財団編：河川整備基金助成事業年次報告－平成10年度－, p.152, 2000
93) 環境庁：「生活排水について」の調査結果, 月刊生活排水, Vol.13, pp.5-15, 1993
94) 世古一穂：環境行動のための環境意識の形成, 環境情報科学, Vol.23, pp.14-26, 1994
95) 和田安彦・三浦浩之・芳谷伸明：河川環境に関する住民意識と河川環境保全型ライフスタイル自己診断システムの研究, 環境システム研究, Vol.24, pp.41-46, 1996
96) 三浦浩之・尾崎平・和田安彦：環境保全行動を支援する双方向・対話型環境情報システムの開発, 環境システム研究, Vol.25, pp.515-520, 1997
97) 北村眞一・佐野悟子：フィールド型環境教育の現状と課題, 環境システム研究, Vol.24, pp.403-406, 1996

第2章 水質環境保全のための管理および技術

98) 清野聡子・濱田隆士・宇多高明：河川事業の遂行上取得された各種資料を有効利用した河川教育手法，環境システム研究，Vol.27，pp.135-146，1999
99) 松村隆：「持続可能な社会」実現のための環境教育・環境学習，日本水環境学会誌，Vol.24，pp.73-75，2001
100) 上月康則・村上仁士・山中英生・多田清富・和田智行：流域住民連携による「清流」河川の環境保全に関する考察，環境システム研究，Vol.27，pp.69-80，1999
101) 中村泰基・島博司・山中英生：河川環境保全を中心としたまちづくりNPO団体の活動事例とその評価－徳島市新町川を守る会を題材として－，第28回環境システム研究論文発表会講演集，pp.253-258，2000
102) 世古一穂：米国におけるNPOの現状と日本の課題，環境情報科学，Vol.24，pp.26-31，1995
103) 藤田知丈・中村正久：住民参加型の環境改善活動における情報共有化－琵琶湖店赤野井湾における試みを事例として－，第12回環境情報科学論文集，pp.41-46，1998
104) 市坪誠・長町三生・小松考二・竹村和夫・今田寛典：河川整備に対する市民活動の評価に関する一考察，第11回環境情報科学論文集，pp.55-58，1997
105) 多摩川流域懇談会：これからの多摩川をみんなで育むための新たな仕組み－多摩川流域懇談会とは－（リーフレット），1999
106) 国土交通省関東地方整備局京浜工事事務所：どうするこうなる21世紀の多摩川（リーフレット）
107) 岡内完治：簡易測定は…「パックテスト」の可能性，資源環境対策，Vol.35，No11，pp.1126-1127，1999
108) 太田宣秀：簡易水質検査用試験紙アクアチェックシリーズ，資源環境対策，Vol.35，No11，pp.1134-1135，1999
109) 天谷和夫：市民に自前の測定手段と環境への意識，そして連携を，資源環境対策，Vol.35，No11，pp.1144-1145，1999
110) 建設省建設技術協議会水質連絡会，河川環境管理財団：河川水質試験方法(案)〔1997版〕試験方法編，p.366，1997
111) 日本下水道協会：下水試験方法，上巻－1997年版－，p.81，1997
112) 山崎久勝：水質モニターの現状と将来，河川水質勉強会講演集，Vol.3，pp.1-25，1999
113) 建設省河川局・土木研究所：第二次河川技術開発五箇年計画～21世紀の水循環・国土管理に向けた河川技術政策～，p.73，1999
114) 宗宮功：水質計測と測定結果の利用，河川水質勉強会講演集，Vol.5，pp.1-30，2000
115) 田中宏明・白崎亮・岡安祐司：毒物センサーを用いた河川水質監視技術に関する調査，建設省土木研究所平成10年度下水道関係調査研究年次報告書集，pp.269-270，1999
116) 森岡泰裕：水質汚濁防止法の改正とその背景-地下水浄化と油事故対策の推進-，資源環境対策，Vol.32，No.9，pp.869-876，1996
117) 建設省河川局：平成10年 全国一級河川の水質現況，pp.43-49，1998
118) 一方井誠治：環境基準健康項目「硝酸性窒素及び亜硝酸性窒素」等の追加について，用水と廃水，Vol.41，No.10，pp.7-11，1999
119) 一方井誠治：水質環境保全の最新の動向にみる規制物質強化の行方，資源環境対策，Vol.34，No.3，pp.5-10，1998
120) 琵琶湖・淀川水質保全機構：BYQ水環境レポート－琵琶湖・淀川の水環境の現状－平成11年度，2000
121) 増田貴則：GISを活用した流域環境情報の統合化とその現象解析・計画論への適用に関する研究-琵琶湖流域を対象として-，京都大学博士論文，2000
122) Shigeo Fujii, Isao Somiya, Naoyuki Kishimoto, Satoshi Akao and Makoto Yoshihara:Study on water quality and quantity management in a rural small area, Proc of Joint KAIST-Kyoto-NTU-NUS Symposium in Environmental Engineering, Vol.10, pp341-352, 2000
123) 鈴木俊朗・寺川陽・松浦達郎：実時間洪水予測のための分布型流出モデルのための開発，土木技術資料，Vol.38，No.10，pp.26-31，1996

参 考 文 献

124) 荒巻俊也・杉本留三・花木啓祐・松尾友矩：GISを用いた東京都区部における人工系水循環モデルによる雑用水供給システムの導入効果の検討, 環境工学研究論文集, Vol.36, pp.341-352, 1999
125) 庄司智海・森山克美・古賀憲一：遠賀川流域における汚濁負荷流出解析へのGISの利用, 環境工学研究論文集, Vol.35, pp.95-100, 1998
126) 植田泰行・増田貴則・市川新：GISを用いた流域情報の統合化とその汚濁負荷推定への利用に関する研究, 環境システム研究-アブストラクト審査部門論文-, Vol.27, pp.601-606, 1999
127) 都築克紀・篠田成郎・山内幸雄・田中雅彦・野村一保・湯浅晶：長良川流域内の全窒素・全リン流出特性に及ぼす土地被覆空間配置の影響評価, 水工学論文集, Vol.44, pp.67-72, 2000
128) 中川和男・小池俊雄・石橋晃睦・広瀬典昭：NOAA AVHRRデータのミクセル分解による流域管理情報の抽出手法検討, 第2回水文過程のリモートセンシングとその応用に関するワークショップ, pp.45-51, 1999
129) 川上貴裕・立川康人・市川温・椎葉充晴：ADEOS-AVNIRデータを用いた中国史灌川の河道網データの作成と流出シミュレーションシステムの構築, 第2回水文過程のリモートセンシングとその応用に関するワークショップ, pp.35-40, 1999
130) 東善広・横田喜一郎・焦春萌・大久保卓也・山本佳世子：琵琶湖沿岸海域における代かき・田植え時の汚濁観測(1)－集水域環境と水質の関係－, 滋賀県琵琶湖研究所所報, Vol.17, pp.20-25, 1999

第3章 理想的な水質環境創出にあたっての主要課題

3.1 概　　説

　水質環境保全の目的としては，水道などの都市用水および農業用水としての利水に対応するもののほか，人々の憩いの場としての親水利用ならびに生物の多様な生息環境の確保があげられる．

　それぞれの目的に対応して目指すべき水質環境が異なることに加え，水質保全項目，レベルをその目標に合わせる際には，季節や流況も考慮すべきなど，現在の環境基準以上のきめ細かな対応が必要となる．

　本章では親水を目的とし，①水遊びができる河川の創出，②安全な河川水を確保するため病原性微生物のクリプトスポリジウム，ジアルジアへの対策，さらに③多種多様な生物が生息できる河川の創出，の3点について水質の観点から課題点および対策の考え方を整理した．

a.　**水遊びのできる河川の創出**　　河川水質の視点からの水遊びの種類は，河川における広義の水遊びにおける水とのふれあいのレベルから見て，いくつかの段階に分けることができる．

　ふれあいの度合いによって，視覚，嗅覚的側面，および触覚的な要件を満たす水質，また衛生的な安全性の確保，魚類などの生息に必要な水質レベルを考慮する必要がある．

　そのためには，以下のような項目が考慮する必要がある．

① 外観など：濁度，透視度，色，ゴミの浮遊，油分．
② 生物(魚類など)への影響：魚類などの生存と繁殖という2つの視点がある．
いずれも，BOD，DO，アンモニアの影響が大きいと考えられる．
③ 川底への影響：BOD，窒素・リンの栄養塩類．
④ 臭気への影響：臭気物質，DO．
⑤ 水の安全性：糞便性大腸菌群数などの細菌学的指標，有害物質(水質基準の健康項目)．

　対策を実施するための提案と，それらに関する課題を整理すると，以下のとおりである．

　水質面から対策を立案するためには，目標水質値の設定が重要である．特に⑤については科学的知見から目標水質が設定される．

　②の項目については，魚種により異なることと，知見が十分に集積されていないことから，住民による目撃証言などと測定された水質のマトリックスから，推定作業を進めることになる．

　①，③，④については，人の感覚により大きく左右されるため，アンケート調査などを行うことにより目標値を定めることになる．大都市近郊では，下水道普及率の上昇にもかかわらず利用実態は必ずしも満足のいくものとはなっていない．水遊びという観点からは，なお，水質の浄化が望まれるが，水質浄化対策の推進については利用者である流域住民の協力を得て行う必要がある．

　河川利用が高度化されている都市河川においては，水遊び形態をすべての河川区域において達成させることはきわめて困難である．そこで，河川区域をゾーニング化し，各ゾーンにおいて水遊びの形態を特化させることが最も効果的な対策となると考えられる．

b．安全な河川水の確保：クリプトスポリジウムを例にして　病原性微生物であるクリプトスポリジウムに関する知見は，以下のとおりである．

　クリプトスポリジウムは，脊椎動物，無脊椎動物の体液または細胞内で生活する経口感染する寄生性原虫である胞子原虫の一つである．体内において急激に増殖し，小腸粘膜上皮細胞を破壊することにより激しい腹痛と水溶性下痢を生じさせ，ヒトを死に至らしめることがある．

　家畜や野生動物より排泄物から水道水などを経てヒトに感染するものであり，体外にある時はオーシストを形成し，水道の塩素滅菌に対し耐性を持つので，現

3.1 概　　説

在の浄水処理では対応できないという問題がある．

　浄水場における濁度管理や新たな浄水システムによる対応策が考えられるが，流域における家畜糞尿の処理，屎尿処理の管理も重要な対策となる．

　なお，これら病原性微生物の問題は，単に水道水源としての問題だけではなく，河川における水遊びなどにおける衛生面での問題ともなるため重要となる．

c. 多種多様な生物が生息できる河川の創出　　多種多様な生物が生息できる河川の創出という観点から，保全すべき水環境の基本的な構造を示す．

　生態系の基礎となるのは，太陽エネルギーと無機質より有機物を生産する一次生産であり，その一次生産より高次の消費者へ伝達されることになる．その一次生産の構造を把握することが重要となる．

　河川における大きな特徴として，魚類などの餌となる有機物が河道内の一次生産よりも流域などからの流入が支配的なことであり，上流よりの流下物が高次生産を支えている．

　このように河川生態系は，光や流域からの流入による外的要因，さらには生物の食う食われるの関係などが相互に関連し合ってその存在量が規定されることになる．

　これら相互関係を詳細に詰めることが今後の河川の保全すべき水質，管理を行うにあたっての重要なことと考えられる．

　また，多種多様な生物が生息できる河川の創出という観点から，各河川生物種ごとに保全すべき水環境がある．

　河川に棲む魚にとって最も強く影響する水質項目は，水温，溶存酸素，pH，濁度がある．また，これらの項目は，比較的情報が多い．

　BODなど有機物や栄養塩については，はっきりした因果関係が証明されていない．魚類については，流速などの物理環境，捕食者，競争者，餌などの生物要因も強く影響を与えている．

　魚類に影響を与える有害物質は，多数存在するものの，毒性試験での閾値よりも低い環境水中での影響の可能性が指摘されており，これらについても因果関係が解明できない場合が多い．

　水生昆虫は，生物学的水質階級の指標として用いられることが多く，水質を含めた生息環境の包括的な汚濁指標として用いられている．

　ゲンジボタルについては，その生息環境について情報が多数得られている．そ

の生息条件は，水質よりもその他の物理的環境の影響がきわめて強い状況となっている．また，ヒヌマイトトンボは，その生息範囲とする河口生域のヨシ原の減少に伴い生息数を減らし，レッドデータブックにあげられている．ヒヌマイトトンボは，幼虫の攻撃性が弱く，他の生物との生存競争に負けてしまうため，耐塩性を獲得し，生息域が他の生物が生息しにくい汽水域になったと考えられている．

　以上のように保全すべき水環境と対策は，それぞれの生物種によって異なっており，モクズガニのような回遊する動物に対しては，物理的，水質的連続性の維持が必要となり，また，カワラノギクのように洪水による河川式の擾乱が必要な場合もあり，多種多様な生物の生息には多くの配慮が求められる．

3.2 水遊びのできる河川の創出

3.2.1 河川水質の視点から見た水遊びの種類

「河川における水遊び」は，狭義には水中に入っての水浴や，子供たちが行うような足だけ入っての「水遊び」を指すと考えられる．しかし，直接水に触れなくても，川岸からの釣りや河川敷の散歩なども広い意味では川と遊んでいると考えられる．本節では，これら広い意味における水遊びのできる河川を創出するための課題点の整理と，その実現手法について論じる．

河川における広義の水遊びには，水とのふれあいのレベルから見て，ふれあいの度合いの少ない形態順に以下のように分類できる．
① 見る．
② 触れる(川の中に入る)．
③ 泳ぐ(誤飲の可能性がある)．
④ 飲む・食べる．
以下にこれら4要素の概要と水質から見た求められる要素について説明する．

(1) 見る

川の水に触れることのない親水行動である．川岸の散歩，川岸からの釣り，河川敷における各種イベントへの参加などが一般的であるが，より積極的に水上でのボート遊び，釣りなども含まれる．

これらの行為では，ボート上における河川水の飛沫との接触を除くと，河川水に直接接触することはなく，水質の視覚および嗅覚的側面が問題となる．具体的には，水面に近づいて不快でないよう臭気などの嗅覚指標，水の濁りや透明さ・色などに関係する濁度，透視度，透明度，色度，SSなどの指標に加え，見た目の不快さを表す油膜，ゴミなどの視覚的指標が重要な要素となる．

(2) 触れる

水の中に足のみをつけて，虫取りを行ったり，水遊びを行う行為が相当し，水

第3章 理想的な水質環境創出にあたっての主要課題

泳などのように，直接水に顔がつかったり，河川水の誤飲のおそれがある場合は除かれる．ここでは水質に関して，水の中に入ろうとする気を持たせるだけのより高いのレベルの視覚，嗅覚的側面に加え，足などを怪我した時に感染症のおそれがないよう衛生学的な安全性が求められる．また，川底にミズワタや藻類などが繁殖すると，その感触が不快であることや，滑って怪我をしたりするおそれがあるので，これらの繁殖を招かないような水質も求められる．以上をまとめると，①で示した臭気などの嗅覚指標と，濁度，透視度，透明度，色度，SS，油膜，ゴミなどの視覚的指標に加え，BODなどの有機物指標とT-N，T-Pなどの栄養塩指標が重要となる．

(3) 泳　ぐ

川の水中に入るので，水中に入ろうとさせるに足る最高次の視覚，嗅覚指標のレベルが求められる．また，川底にミズワタや藻類などが繁殖しないような水質（有機物および栄養塩類）を保つことに加え，顔を直接水につける際の安全性，誤

表 3.1 水遊びのための要件と障害となる

水遊びができる川の要件	障害となる要素	影響のある水質		
		濁度などの水の濁り	ゴミなど	BODなど有機物指標
景観	河床のゴミ		○	
	水面のゴミ		○	
	水の濁りや色	○		
	油分や泡の浮遊		○	
臭気	臭気			
安全	病原性微生物			
	有害物質			
川底	ヘドロ	○		○
	藻類，ミズワタの繁殖			○
魚類などの生息	魚類などが生息しない			○
アクセス	川までのアクセス	─	─	─
	水辺に道がある	─	─	─
	川辺から水面が見える	─	─	─
	川岸までのアクセス	─	─	─
	水中までのアクセス	─	─	─
物理的条件	水量	─	─	─
	流速	─	─	─
	水深	─	─	─
	水温	─	─	─
	水音	─	─	─

飲した時の衛生学的な安全性がきわめて重要な指標となる．また，誤飲を考えると，重金属，化学物質などの指標も不可欠となる．

(4) 飲む・食べる

釣りなどの捕獲した魚貝類を食用にしたり，河川水を直接飲用に供する行為があげられる．具体的には，河川水を直接飲んでも安全性が保たれること，さらには捕獲した魚類，貝類などを食用にしても安全である要件が求められる．水質の細菌学的安全性に加え，重金属，化学物質などに関する強い安全性が求められる．

3.2.2 水遊びができる河川の要件

水遊びができる，あるいは積極的に水遊びを行おうという意識を持たせるために，河川に関して求められる要件とそれに対する障害の要素，さらにそれらに関連する水質項目要素を**表 3.1**に示す．

要素および関連する水質指標

指標				
DO	T-N, T-P など栄養塩類指標	臭気，臭気物質	大腸菌群数など微生物指標	有害物質
○		○		
			○	
				○
	○			
○	○			○
—	—	—	—	—
—	—	—	—	—
—	—	—	—	—
—	—	—	—	—
—	—	—	—	—
—	—	—	—	—
—	—	—	—	—
—	—	—	—	—
—	—	—	—	—
—	—	—	—	—

第3章 理想的な水質環境創出にあたっての主要課題

(1) 景観

河川の景観としては,川幅,蛇行の有無,河床・護岸構造など河川そのものの景観に加え,河川周辺の建物,山林などの景観,さらに水そのものの景観(濁り,色,ゴミ)などがある.

また,河床に藻類が繁茂すると,景観に悪影響を与えるので,水中の栄養塩類濃度レベルが重要となる.

(2) 臭気

臭気は,河川水そのものから一次的に発生することに加え,溶存酸素濃度が低下することにより底泥などから発生する硫化水素などが原因となることもある.臭気の指標としては,嗅覚的な指標である「臭気」や臭気強度が用いられている.また,溶存酸素が重要な指標であるが,溶存酸素低下の原因となる BOD などの有機物指標も重要である.

(3) 水が安全

水が衛生学的あるいは化学的に安全であることを意味する.衛生学的安全性としては,哺乳類の糞便の混入の間接的指標となる大腸菌群数が広く用いられてきたが,糞便指標としてより直接的な糞便性大腸菌群数も用いられている.また,大腸菌,腸球菌,大腸菌ファージなどの指標も検討されているところである.

化学的安全性としては,水質環境基準健康項目や水道水質基準にあげられている重金属類,有機塩素化合物類などの項目が重要である.

(4) 川底

人が素足で河川に入るには,その足元の状態が適切であり,快適なものでなければならない.底の形態としては,ヘドロ状の泥質のものより砂礫質であることが望ましい.また,石の表面に藻類,ミズワタなどが付着してぬるぬるした状態であると,足裏の快適性を著しく損なうこととなる.

(5) 魚類などの生息

釣り,魚取りなどの行為をするためには,それらの生物が十分に生息している必要がある.魚類の生息については,3.4 において説明する.

(6) アクセス

川に直接入るためには，水面までのアクセスが重要となる．また，散策を楽しむためにも，歩道の位置から水面が見える必要がある．

具体的には，そのレベルの段階ごとに以下のような要素がある．
- 鉄道などの公共輸送機関を用いて容易に川まで近づける．
- 川辺に散歩できる路がある．
- 川辺から水面が見えるような構造となっている．
- 水岸近くまでアクセスできるような階段などがある河川構造となっている．
- 川岸から川に入れるような河川構造となっている．

(7) 水量など物理的条件

水遊びをするためには，十分な水量，心地よさを与える流速，水深，水音などの要件が求められる．

3.2.3 関連する水質項目

(1) 求められる水質項目の種類

以上見たように，水遊びのできる河川の創出のためには，多くの水質指標が関連すると考えられるが，現在採用あるいは検討されている水質指標をまとめたものが表 3.2 である．

河川水質指標としては，河川水質基準で定められてきた項目，すなわち，BOD, pH, DO, SS, 大腸菌群が用いられてきた．特に，BOD は，河川管理者による水質目標として重視されてきており，毎年発表される全国ワーストランキングにおいても，BOD 濃度が指標として用いられている．

しかし，BOD のみでは，河川ごと，あるいは河川区域ごとに異なる利用形態や利用目的に即した評価ができず，また，その意味も一般住民から見てわかりやすいとはいえず，河川に利用目的に応じたわかりやすい河川水質指標の構築が求められている．

(2) 直接的水遊びに関する既存の水質基準値

表 3.3 は，水浴や遊泳など直接的な水遊びに関する日本の既存の水質基準,

第 3 章　理想的な水質環境創出にあたっての主要課題

表 3.2　水遊びのできる河川の

		住民の理解しやすさ	住民参加との関連	既存データの利用の可能性	定量性・科学性	具体的水関係施策との関わり
濁度などの水の濁りに関する指標	SS			○	○	○
	透視度	○	○			
	透明度	○				
	濁度				○	○
	外観	○	○			
ゴミなど	ゴミ	○	○			
	油膜	○	○			
BOD など有機物指標	BOD			○		○
	ATU-BOD					○
	CODマンガン		○	○	○	○
	CODクロム				○	○
	TOC				○	
	紫外線吸光度				○	
DO	DO	○		○	○	○
T-N，T-Pなど栄養塩類指標	T-N			○	○	○
	NH$_4$-N				○	○
	NO$_3$-N				○	○
	T-P			○	○	○
	PO$_4$-P			○	○	○

表 3.3　水浴や遊泳など直接的な水遊びに関する

	大腸菌群数(個/mL)	糞便性大腸菌群数(個/mL)	濁度(度)	透明度(m)	透視度(cm)	SS(mg/L)	油膜
水質汚濁に係わる環境基準・生活環境に係わる環境基準(河川)	< 50					< 25	
	< 1 000					< 25	
水浴場の水質の判定基準(改正案)		不検出		1 m <			認められない
		< 100		1 m <			認められない
		< 400		50 cm〜1 m			常時は認められない
		< 1 000		50 cm〜1 m			常時は認められない
文部省学校水泳プール水質判定基準	不検出		< 3				
厚生省遊泳プール基準	< 5		< 3				
(財)日本農業土木総合研究所　昭和61年度広域農村排水システム検討調査報告書	< 50					< 25	
	< 5 000					< 25	
(財)河川環境管理財団河川水質実用化検討会 新しい河川水質指標実用化(案)(2002年)		< 100			150 <		
		< 1 000			70 <		

*　過マンガン酸カリウム消費量

3.2 水遊びのできる河川の創出

創出に関する水質指標

		住民の理解しやすさ	住民参加との関連	既存データの利用の可能性	定量性・科学性	具体的水関係施策との係わり
臭気，臭気物質	臭気	○	○			
	臭気強度		○			
	臭気物質				○	
大腸菌群数など微生物指標	大腸菌群数			○	○	○
	糞便性大腸菌群数				○	
	大腸菌	○			○	
	腸球菌				○	
	大腸菌ファージ				○	
	クリプトスポリジウム				○	
有害物質	重金属類	○			○	
	有機塩素化合物類				○	
	農薬類	○			○	
	内分泌攪乱化学物質類	○			○	

日本の既存の水質基準あるいは水質目標[1]

川底の感触	ゴミ	臭気	DO(mg/L)	pH	BOD(mg/L)	COD(mg/L)	摘要
			7.5<	6.5〜8.5	<1		AA類型(自然環境保全)
			7.5<	6.5〜8.6	<2		A類型(水浴)
						<2	適AA
						<2	適A
						<5	可B
						<8	可C
				5.8〜8.6		<12*	
				5.8〜8.6		<12*	
			7.5<	6.5〜8.5	<1		親水A級(飲用、遊泳など)
			7.5<	6.5〜8.5	<3		親水B級(水泳、遊魚)
不快感はない	川の中や水際にゴミは見あたらない	不快でない					人とのふれあいランクA(顔を川の水につけやすい)
ところどころヌルヌルしているが全体的に不快でない	川の中や水際にゴミは目につくが我慢できる	不快でない					人とのふれあいランクB(川の中に入って遊びやすい)

第3章　理想的な水質環境創出にあたっての主要課題

表 3.4　親水活動用水，修景用水などに関する

	大腸菌群数(個/mL)	濁度(度)	色度(度)	透明度(m)	透視度(cm)	SS(mg/L)	底質
水質汚濁に係わる環境基準・生活環境に係わる環境基準(河川)							
建設省　下水処理水循環利用技術指針(案)(1981年)	不検出	<10					
建設省・高度処理会議　下水道処理水の修景・親水利用水質検討マニュアル(1990年)	<1 000	<10	<40				
	<50	<5	<10				
建設省・下水処理水再利用技術指針(案)(1991年)	<50						
	<1 000	<10	<40				
	<50	<5	<10				
川崎市親水施設利用目的別指針				水底(水深約20 cm)が明確に見える			
				魚影水底が見える(水深 20~50 cm 程度)			
				魚影が見える(水深 20~50 cm 程度)			藻類(ミズワタ)の異常な繁茂なし
㈶日本農業土木総合研究所　昭和61年度広域農村排水システム検討調査報告書	<25 000					<50	
㈶河川環境管理財団　河川水質実用化検討会　新しい河川水質指標実用化(案)(2002年)					30<		

あるいは水質目標値をまとめたものである．これらの中には，微生物指標，濁りに関する指標，ゴミ類に関する指標，臭気に関する指標，有機物指標，溶存酸素および pH が含まれている．微生物指標は，どの基準においても必ず含まれているが，その他については，その対象水域などの違いにより，必ずしも含まれる指標が一致していない．

3.2 水遊びのできる河川の創出

日本の既存の水質基準あるいは水質目標値[1]

外観	ゴミ	臭気	DO(mg/L)	pH	BOD(mg/L)	摘要
	ゴミなどの浮遊物が認められない		2 <	6.0〜8.5	< 10	E 類型(散歩などにおいて不快でない)
不快でない		不快でない		5.8〜8.6	< 10	修景用水
		不快でない		5.8〜8.7	< 10	修景用水
		不快でない		5.8〜8.8	< 3	親水用水
不快でない		不快でない		5.8〜8.6	< 20	散水用水
		不快でない		5.8〜8.6	< 10	修景用水
		不快でない		5.8〜8.7	< 3	親水用水
		不快でない	5 <		< 3	I 水遊びのできる川
		不快でない	5 <		< 5	II 魚に親しめる
		不快でない	2 <		< 8	III 散策のできる
			5 <	6.5〜8.5	< 5	親水C級(景観, 釣りなど)
	ゴミなどの浮遊物が認められない		2 <	6.5〜8.5	< 10	親水D級(景観, 遊歩道など)
	川の中や水際にゴミがあって不愉快である	鼻を水に近づけると不快 風下の水際に立つと不快				人とのふれあいランクC(川に近づきやすい)

(3) 間接的水遊びに関する既存の水質基準値

表 3.4 は, 親水活動用水, 修景用水など間接的な水遊びに関する日本の既存の基準や指標をまとめたものである. これらの中には, 微生物指標, 濁りに関する指標, ゴミ類に関する指標, 臭気に関する指標, 有機物指標, 溶存酸素およびpH が含まれている.

直接的な水遊びの場合と異なり, 微生物指標は必ずしもない場合が多いが, 濁

第3章　理想的な水質環境創出にあたっての主要課題

表 3.5　カリフォルニア州における

再利用水の種類	処理法	
	酸化	ろ過
釣り，ボート遊びなど直接水に触れないレクリエーション用池	必要	
噴水のない景観用池	必要	
水に直接触れる用途のレクリエーション用池	必要	①凝集ろ過で 24 時間平均の濁度が 2 NTU 以下，24 時間のうちの 5 %が 5 NTU 以下，常に 10 NTU を下回るものか， または ②MF，UF，NF，RO ろ過で，24 時間のうち 5 %が 0.2 NTU 以下，常に 0.5 NTU を下回る

り指標は，ほとんどの基準で定められている．また，ゴミに関する基準が定められている例も多い．

臭気に関する指標は，ほとんどの基準で定められており，臭気が水辺への近づきやすさに大きな影響を与えていることがうかがえる．

直接的な水遊びと異なって，BOD に関する基準が定められてる例が多いことも特徴的である．伝統的基準である BOD をそのまま援用したとも考えられるが，より積極的な解釈をすれば，生物学的易分解性の有機物がミズワタなどの増殖に影響があるので，基準を定めたとも考えられる．

(4)　既存の基準の特徴

表 3.3 および表 3.4 から，既存の基準の特徴として以下のようなことがいえる

微生物指標としては，大腸菌群が広く用いられているが，糞便由来以外の大腸菌群の検出による感度の鈍さから，糞便性大腸菌群数が用いられている例も増えている．

濁りに関する指標には多くのものがあるが，理化学的分析に適しており，再現性があり，定量的な評価が容易なものとしては，濁度や SS がある．しかし，これらの分析は，一般市民が行うには困難が伴い，また，その意味もわかりにくい面がある．そこで，現場で比較的容易に測定でき，一般市民にもわかりやすい指標として透視度を用いる例もある．

ゴミなどの指標としては，「ゴミなどが認められない」，あるいは「油膜が認めら

3.2 水遊びのできる河川の創出

水再利用基準における水遊びに関する水質基準[2]

消毒	分析項目	サンプリング頻度	過去7日間における中央値	30日間における2番目に高い値	各サンプルの許容最大値
必要	大腸菌群	少なくとも1日1回	2.2 MPN/100 mL	23 MPN/100 mL	
必要	大腸菌群	少なくとも1日1回	23 MPN/100 mL	240 MPN/100 mL	
①常にCT値が450 mg-min/L以上の塩素処理 または, ②F特異バクテリオファージMS2もしくはポリオウイルスの除去(不活化)率が99.999%以上となる消毒法	大腸菌群	少なくとも1日1回	2.2 MPN/100 mL	23 MPN/100 mL	240 MPN/100 mL

れない」など，曖昧な表現の基準が多い．また，臭気に関しても「不快でない」などの定量性のない記述により基準が定められている．これらを定量性がなく不十分な基準であると評価することもできる．臭気についても「臭気強度」や「臭気原因物質の濃度」で表現したり，あるいはゴミについても，浮遊しているゴミの密度などで表現することも可能ではある．しかし，これらがもともと感覚的な指標であることを考慮し，またわかりやすさや現場における測定しやすさを考慮すると，むしろ好ましい基準の表現であるともいえる．

(5) カリフォルニア州における水再利用基準に見られる基準の考え方

カリフォルニア州における水再利用基準[3]は，日本の水再利用に関する水質水基準と異なり，リサイクルの用途別に水質基準，サンプリング方法などが詳細に記述されているので，本節と関連ある部分のみについて簡単に紹介する．

表 3.5 は同基準より，レクリエーション用水に関連する部分のみについて，基準をまとめたものである．水との接触の度合いに応じて異なる基準が設定されているところは，日本の基準でも採用されているところであるが，大腸菌群数の基準値のみではなく，そのサンプリング法，統計的処理に応じた基準値の設定，水処理法に関する詳細な規定がなされていることが大きな特徴である．また，表には示していないが，処理システムの保守・点検・緊急時システム，放流先の飲料用井戸との距離の規定なども盛り込まれており，目安あるいは行政目標としての基準値の設定という側面がある日本の基準と比べると，安全性を確保するための具体的な施策を示すガイドライン的な性格を持たせているところに特徴がある．

3.2.4 対策の提案と課題

(1) 水質項目の選定と目標水質値の策定

河川水質を改善することにより水遊びのできる河川の創出を目指すためには，目的となる利用形態に応じた河川水質目標を策定する必要がある．また，対象とする河川により，設定目標基準も異なることも考えられる．

河川水質目標を策定するには，
ⓐ 水質項目の選定，
ⓑ 目標水質値の設定，
の2段階が必要となる．

水遊びのできる河川の創出のための水質項目としての要件としては，
ⅰ 住民にわかりやすい指標となっている，
ⅱ 水質指標の測定などを通して，住民の協力を得やすいものである，
ⅲ 既存データを利用できる，
ⅳ 科学性・定量性がある，
ⅴ 河川行政，下水道行政などを通じて具体的な施策と関連がある，
の5つの要素が重要である．そのため，既存の水質基準を参考にするとともに，これらの要素を考慮して水質項目を選定することになる．

各水質項目の目標水質値の設定には，以下の3つのアプローチがある．
① 既存の水質基準を参考にする．
② 科学的知見により，基準を策定する．
③ アンケートや現場調査により基準を策定する．
以下これらの3つのアプローチについて解説する．

① 既存の基準の参考：表 3.3，表 3.4 に見られるような既存の基準を参考に妥当な数値を導くものである．第1段階としては無難な選択ができるが，既存の基準値と同じものになりがちであり，対象河川の特徴を考慮に入れにくい．
② 科学的知見による目標水質値の策定：特に細菌学的指標の策定において用いられる方法である．

   病原性微生物によるリスクの評価は，以下の手順により決定される．
   ・対象とする疾病に関し，許容される年間のリスク確率の決定
   ・対象とする疾病の原因微生物に関する用量-反応関係から，対応するリスク

3.2 水遊びのできる河川の創出

確率に相当する微生物摂取量の算定
- 水遊びなどの行為に伴う摂取河川水量の推定
- 許容される河川水中の対象微生物濃度の決定
- 糞便性大腸菌群数などの指標微生物濃度と対象微生物濃度との関係の推定
- 許容される指標微生物濃度の決定

以上により，水遊びなどの行為に伴う指標微生物濃度の許容値が設定されることになる．

③ アンケートや現場調査による目標水質の決定：水質基準のうち，水の濁りに関する指標やゴミなどに関する指標は，人の感覚に依存するものであるので，その基準の決定に際しては，アンケート調査や現場調査などの手段によらざるを得ない．

鶴見川を例にした具体的な水遊びのできる河川のための水質管理目標の設定の検討の例を図 3.1 および図 3.2 に示す[3]．鶴見川は，首都圏近郊の都市河川であるが，より親しめる河川を創出して欲しいとの住民の要請も大きく，これに向けて目標水質基準の設定を検討しているところである．検討にあたっては，既存の基準や科学的知見を参考にするとともに，「水遊び・水浴のできる」河川水質の要件として重要な水の濁りに関する指標について検討を行っている．その設定にあたっては，同河川の特性を考慮にいれ，同河川流域住民の行動様式，感覚などを参考として決定することが適当であると考えられることから，同河川の実態調査が行われている．具体的には「水遊び」や「水浴」が行われている地点を抽出し，それらの地点の水質の統計的な上限値を水遊びのできる河川の SS に関する水質管理目標候補値とする考え方である．

図 3.1 中の A 地点から E 地点は，実際に「水浴」が行われていた地点名を表

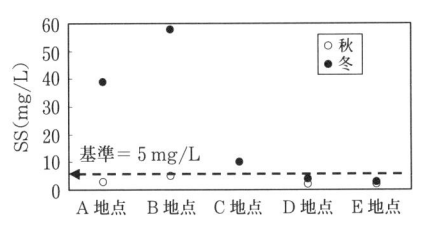

図 3.1 実態調査による水浴できる河川の SS 指標策定の一例[3]

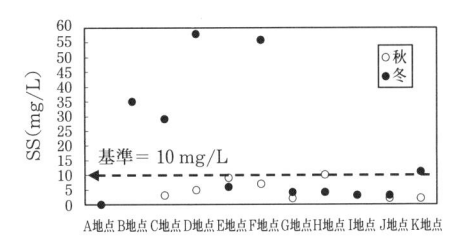

図 3.2 実態調査による水遊びのできる河川の SS 指標策定の一例[3]

し，縦軸のSSは，それらの地点のSSの値を示すものである．やはりいくつかの突出した値が見られる．これは，多くの住民が水浴していたというよりも，たまたま目撃された河川水中に没する特殊な行為が「水浴」と解釈された場合であると考えられる．しかしながら，値はおおむね5 mg/L以下の値となっており，これを暫定的に水質管理目標候補値として考えることもできる．

図 3.2中のA地点からK地点は，実際に「水遊び」が行われていた地点名を表し，縦軸のSSは，それらの地点のSSの値を示すものである．やはり，いくつかの突出した値が見られるが，値はおおむね10 mg/L以下の値となっており，これを暫定的に水質管理目標候補値として考えることができる．

以上のように，実態調査あるいは目撃証言に基づいた水質管理目標の決定は，住民の理解を得やすく，対象とする河川・河川流域の特徴を表しやすいが，水質管理目標を定めるためには，多くのデータが必要であり，また特殊なケースを除去した後に統計的な処理を行う必要がある．

(2) ゾーニングによる河川利用の高度化

河川利用が高度化されている都市河川においては，河川のすべての水遊び形態をすべての河川区域において達成させることはきわめて困難である場合が多い．そこで，河川区域をゾーニング化し，各ゾーンにおいて水遊びの形態を特化させることが対策を現実的とさせると考えられる．

ゾーニングの考え方を概念的に表した例が図 3.3である．ここでは，水量が豊富で海域の魚類も生息すると考えられる感潮域付近および中流域に「魚釣りゾーン」を，本川中流域の比較的水量も多く，交通アクセスも容易と考えられる地域を「散策ゾーン」に，支流上流域で湧水などが水源となり，水質が比較的清浄であって，水深も小さく子供などが入って遊びやすい地域を「水遊びゾーン」に，本川で水量が比較的多く，また水質も良好であり，河川を堰止めるなどにより水浴場となりうる地域を「水浴」ゾーンとしている．

ゾーン設定の後は，それぞれのゾー

図 3.3 ゾーニングによる河川利用の高度化の一例

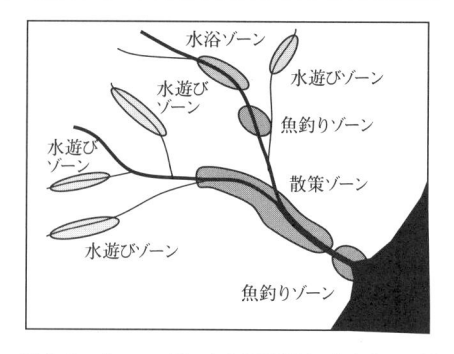

ンの目的にあった水質基準を目標水質とし，浄化のための対策を立案することになる．例えば，「散策ゾーン」や「魚釣りゾーン」においては，ゴミの除去や最低限の濁りの除去，臭気発生の防止のみでおおむね十分である．ところが，「水遊びゾーン」においては，より高度な濁りの除去と，有機物，栄養塩類，微生物指標の除去が課題となるので，それらの目的にあった河川水直接浄化や，側溝からの流入水の直接浄化などの対策が必要となる．しかしながら，これらのゾーンを対象とする水量は一般に小さいことから，これらの浄化対策も比較的容易であると考えられる．

下水道未接続人為汚濁には，下水道未接続地域からの生活雑排水のほかに，下水道接続地域内の未接続雑排水，違法な工場排水の放流，排出規制が不十分なための汚濁流入などがある．これらの対策には，法制度の改善，取締りの強化のほかに，水路側溝水の直接浄化も考えられる．

ノンポイント汚濁源には様々なものがあるが，行政による対応のほかに，流域住民の協力による対策も時には必要である．

(3) 水質情報の住民への開示

河川の利用目的に応じて水質指標を策定した後に，インターネットなどを通して水質情報を住民へ開示することが必要である．

現状でもBODをはじめとする個別の水質指標の分析結果の開示は，インターネットなどを通じて行われているが，様々な形態の河川利用の適切さを，例えばランキング化し，わかりやすい形で公開することが望まれる．

これらの情報をわかりやすい形で開示するともに，低いランキングの場所において，それより高度な利用を行う際の注意事項に関する情報の伝達(例えば，「川に近づきやすい」というランクの水域において，川に入るにはどのような注意が必要かなど)が求められよう．

(4) 水質浄化対策の提案と課題

近年，大都市近郊では下水道普及率が上昇しているにもかかわらず，依然として河川の「水遊び」の対象としての利用実態は必ずしも満足のいくものではない．そこで，下水道普及率の向上以外の水質浄化対策が必要となってくる．**表 3.6**は，水質浄化対策の対象，対策および役割分担者をまとめたものである．

第3章　理想的な水質環境創出にあたっての主要課題

本川・支川における対策としては，直接浄化の導入，自浄機能の強化，底泥の浚渫に加え，水辺および河川敷の清掃が重要となってくる．この場合，流域住民によるボランティア活動が重要な役割を担うと考えられる．また，高効率で低コストな新しい浄化技術の開発も欠かせない．この点では，大学，研究機関などの学会と開発の主体となる民間企業の役割は重要である．

以上のように水質浄化対策には，特に流域住民の協力が欠かせない．また，前述の河川水質指標の決定にあたっても，流域住民による調査協力は欠かせない．また，当然に利用者たる流域住民の意識，意向を踏まえた対策が必要である．以上の観点に立つと，流域住民を構成員としたボランティアグループの活動は，産・官・学に加えてきわめて重要な要素となる．しかしながら，河川環境に関するボランティア活動は，人的，資金的，事務所などの物理的条件がきわめて厳しい状況にあり，行政による支援が不可欠であろう．

表 3.6　水質浄化対策の対象・対策と分担者

対策の対象		保全対策	保全対策の役割分担				
			住民	事業者	行政	学会	民間(水処理会社など)
下水道未接続人為汚濁水	生活雑排水	合併処理浄化槽の普及	○		○		○
		家庭における負荷削減	○				
		水路側溝水の直接浄化			○		
	工場・事業場排水	不法放流の取締り		○	○		
		放流水質規制強化		○	○		
		水路側溝水の直接浄化			○	○	○
ノンポイント汚濁負荷	水田・畑地・山林	施肥・農薬管理			○		
	道路・屋根	清掃	○				
		雨天時流入水の直接浄化			○	○	○
下水処理場放流水	平常時	高度処理の導入			○	○	○
	合流式越流負荷	合流改善対策			○	○	○
本川・支川		河川水直接浄化			○	○	○
		自浄作用の促進			○	○	
		底泥の浚渫			○		
		清掃	○				

3.3 クリプトスポリジウムなどへの対策

3.3.1 クリプトスポリジウム症およびジアルジア症の概要

(1) クリプトスポリジウムおよびジアルジアの性質[4]

クリプトスポリジウム(Cryptosporidium)は，脊椎動物や無脊椎動物の体液または細胞内で生活する寄生性原虫の胞子虫類(Sporozoa)の1種であり，ヒト，家畜，家禽，愛玩動物および野生動物にも感染することが知られている．このため，クリプトスポリジウムによる汚染源は，環境中の至る所に存在するといえる．クリプトスポリジウムには多くの種があり，主に感染により下痢を引き起こすものが問題となるが，一方で病原性がほとんどないものも知られている．クリプトスポリジウムそのものは目新しい原虫ではなく，動物の寄生体としてウシ，ブタなどの糞便とともに排泄されることは以前から知られていた．

クリプトスポリジウムは，1907年にネズミから初めて検出された．その後，1971年には，ウシのクリプトスポリジウム症が発見され，クリプトスポリジウムが動物の病原体であることが確認された．さらに，1976年には，免疫不全症候群の患者への感染が確認された．

現在，ヒトや家畜の下痢症や水道水汚染による集団感染の原因となっているのは，クリプトスポリジウム・パルブム(Cryptosporidium parvum)である．C. parvumは，1912年にTyzzerによって発見された．また，クリプトスポリジウムは，ヒト以外にもウシ，ブタ，イヌ，ネコ，ネズミなどにも寄生することがわかっている．C. baileyiは，ニワトリに寄生する．現在，魚，両生類，鳥類，哺乳類など179種類の異なった宿主が報告されており，自然界に広く分布している．表3.7にクリプトスポリジウムの原虫種と由来動物を示した[4]．

ジアルジア(Giardia lambria)は，鞭毛虫網に属しており，腸管系に寄生する

表 3.7 クリプトスポリジウムの原虫種と由来[1]

原虫種	由来動物
C.muris	子牛，ドブネズミ
C.baileyi	ニワトリ
C.serpentis	ヘビ
C.meleagridis	シチメンチョウ
C.parvum	子牛
C.nasorum	シクリッド(コイ科淡水魚)
C.species	トカゲ
C.species	ダチョウ
C.species	ウズラ

原虫である．ジアルジアは，世界的に広く分布しており，特に熱帯・亜熱帯において主要な下痢性疾患の病原体となっている．近年，米国やヨーロッパで水系感染によるジアルジア症が報告されている．

(2) クリプトスポリジウムおよびジアルジアのライフサイクル

図3.4には，クリプトスポリジウムのライフサイクルを示した．生殖様式には，無性生殖と有性生殖があり，無性生殖ではメロゾイドを形成して栄養体に戻るが，有性生殖ではメロゾイドからオーシスト（oocyst：囊胞体）を形成する．オーシストは，直径4.5～5μm類円形または楕円形で，表面は平滑，無色である．中央部には大小の顆粒の集塊と液胞からなる1個の残体があり，それを囲むように4個の湾曲したスポロゾイドが入っている．オーシストの壁は薄く，冷凍や乾燥には弱いため，$-20℃$以下で30分，常温・乾燥状態では1～4日で感染力を失うことがわかっている．水中では長期間生存することができる．河川水中で90％不活性化させるためには，水温15℃で40～160日，水温5℃で100日と報告されている．

クリプトスポリジウムのオーシストの基本構造は変わらないが，大きさは，種により異なっている．最も大きいのは，*C. muris*である．この種は，ウシなどから高頻度で検出されているが，ヒトへの感染はまだ確認されていない．

ジアルジアは，原虫動物の鞭毛虫類（Flagellates）に属する原虫の一種である．生活環に栄養型の時期とシストの時期があり，栄養型は，体長9～20μm，幅5～15μm，厚さ2～4μmで，左右対称の形態をしている．腹部前半部分に半円形の大きな吸盤が一対あり，この吸円盤で粘膜に吸着する．核は，2個で各吸盤の中央部にある．4対の鞭毛を持っていて，2分裂で増殖し運動性がある．一方，シストは8～12μm×7

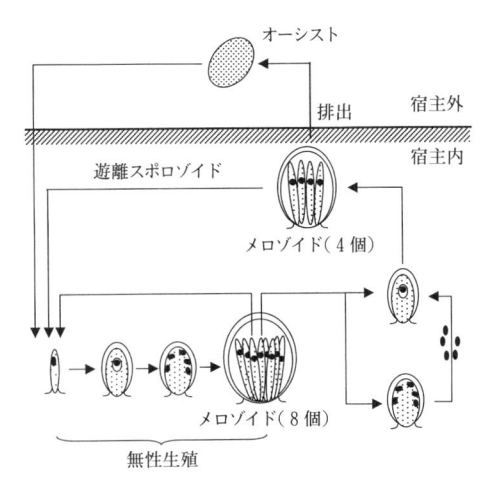

図3.4 クリプトスポリジウムのライフサイクル

3.3 クリプトスポリジウムなどへの対策

～10μmの卵形で，2～4個の核(成熟したシストでは4個)がある．シストは，嚢子壁に覆われているため，消毒剤に対して抵抗があり，生育に不利な環境条件ではシストの状態で生き続けることが可能である．

表 3.8 遊離塩素に対する抵抗性[5]

微生物	相対的な抵抗性
Escherichia coli	1
Polio virus 1	45
Giardia lamblia	2 350
Cryptosporidium parvum	240 000

クリプトスポリジウムのオーシストは，オーシスト壁に保護されることにより，消毒などに対して強い耐性を示す．マウスを用いたオーシストに対する加熱処理実験では，72.4℃以上で1分間加熱するか，または64.2℃以上で5分間加熱すると感染力を失うとされる．表 3.8 に，遊離塩素に対する各微生物の抵抗性を示した[5]．大腸菌の抵抗性を1とした場合の各種病原体の抵抗性を示している．大腸菌に対して，ポリオウィルスは45，ジアルジアは2 350，クリプトスポリジウムは240 000であり，クリプトスポリジウムは，通常の塩素消毒においては不活性化されにくいことが明らかである．一方，ジアルジアのシストは，湿環境下では少なくとも2箇月は不活性化しないとされている．

(3) 感染経路および症状[4]

クリプトスポリジウムは，細胞内寄生性であり，分裂増殖は，宿主細胞内に限られている．ヒトに感染する C. parvum の場合，寄生部位は，小腸および大腸の粘膜上皮細胞の微絨毛である．クリプトスポリジウムは，数十～数百本の微絨毛が融合して形成されたドームテント状の寄生胞の中で分裂増殖する．感染は，オーシストにより汚染された水や食物の摂取による経口感染により起こる．1～数十個程度のオーシストを接種しただけでも感染し，発症することがわかっている．

摂取したオーシストが小腸に達すると，オーシストからスポロゾイドが脱嚢して遊離し，粘膜上皮細胞の微絨毛に侵入して寄生胞が形成される．クリプトスポリジウムは，ここで無性生殖と有性生殖を繰り返しながら急速に増殖する．この結果，小腸粘膜上皮細胞が急激に破壊され，それの伴い激しい腹痛と水溶性下痢を起こす．これをクリプトスポリジウム症(cryptosporidiosis)と呼んでいる．感染すると，腹痛を伴う激しい水様性下痢を起こす．発熱はするが，血便は見られない．一般に潜伏期間は4～5日で，感染者が健康な場合には発症しても数日

間で自然治癒する場合が多いが，免疫不全患者が感染すると下痢は長期間にわたり，衰弱して死に至る危険性もある．オーシストは感染した宿主から排出された時点で既に感染能力を持っていて，その感染率はきわめて高いため注意を要する．感染者1人当り最大で10億個/日のオーシストを排泄する．オーシストは，外界でスポロゾイドから脱嚢して増殖することはなく，次の宿主に感染するまでオーシストのままである．

　ジアルジアの場合も経口感染である．感染後のジアルジアのシストは，十二指腸，小腸上部に吸着して寄生する．胆道や胆嚢の粘膜に寄生することもある．寄生したジアルジアが少数の場合には無症状であるが，十二指腸や小腸に寄生すると炎症が起こる．この炎症が広範囲におよび，吸収障害を併発するようになると，ランブリア鞭毛虫症(lambliasis)またはジアルジア症(giardiasis)と呼ばれる脂肪性下痢を引き起こす．また，ジアルジアが胆道や胆嚢に寄生すると，胆道系の炎症や胆汁の流れが滞り胆嚢炎となる場合がある．ジアルジア症の潜伏期は3〜6週間である．健康な大人では発症しない場合が多いが，小児では発症率が比較的高く注意を要する．

(4)　クリプトスポリジウムおよびジアルジアの感染例[7]〜[9]

　日本では，1994年に神奈川県平塚市で約460人の集団感染が報告されたが，これはビルの受水槽がクリプトスポリジウムに汚染されていたことが原因であった．この場合，受水槽から水を使用しているビルの住民のみが感染し，水道本管からの直送の水を使用している住民には感染が起こらなかった．次いで1996年には，埼玉県越生町で大量感染が起こり，人口14 000人の7割が感染して下痢症を訴えた．原因は，オーシストに汚染された水道水による水系感染であった．越生町にある3箇所の村集落排水のうち2箇所の排水が水道水源の上流に排出されていた．このため，排水が水道水として循環利用されることになり，排出されたオーシストが水道水に混入したと考えられる．感染患者の排泄物により水道水が一度汚染されると，水道水により汚染を広げ，下水に流入するオーシストの数が多くなる．これが河川に放流されて水道原水中のオーシスト濃度を増加させたと考えられる．

　海外では，1993年に米国のミルウォーキー市で，浄水場がオーシストに汚染され，約40万人が感染して400人余りが死亡した事例がある．また，1993年お

3.3 クリプトスポリジウムなどへの対策

表 3.9 国内外におけるクリプトスポリジウムおよびジアルジアの感染例[7)～9)]

発生年	発生国	発生場所	感染微生物	感染源	感染者数 (うち死亡者数)
1994	日本	神奈川県平塚市	クリプトスポリジウム	ビル受水槽	40(0)
1996	日本	埼玉県越生町	クリプトスポリジウム	水道水	9 800(0)
1993	米国	ミルウォーキー	クリプトスポリジウム	水道水	400 000(400)
1997	英国	北ロンドン ハートフォートシャー地域	クリプトスポリジウム	地下水	303(0)
1998	オーストラリア	シドニー	クリプトスポリジウム, ジアルジア	水道水	－

よび1996年には，米国で清涼飲料水を介した集団感染が起こった．1997年には，英国北ロンドンおよびハートフォートシャー地域において，クリプトスポリジウムにより水道の原水と汲み上げていた地下水が汚染され，患者数303名の集団感染が起こった．英米で考えられているオーシストの汚染源は，牛舎の屎尿排水と下水である．1998年の7～9月には，オーストラリアのシドニーでは，クリプトスポリジウムとジアルジアによる水道水汚染が起こっている．その対策として，300万人を超える市民に水道水の煮沸勧告を出された．アフリカや中南米では，クリプトスポリジウムの感染率が10％を超える国もあり，相互の渡航者が増加する場合には，日本での感染症発生が増えるおそれがある．表3.9には，国内外におけるこれまでの主な感染例をまとめた．

(5) **クリプトスポリジウムの検出方法**[10)]

クリプトスポリジウムの検出では，浮遊微粒子の濃縮・回収，オーシストの部分精製(夾雑物の除去)，分別・同定，の工程が必要である．

a. **浮遊微粒子の濃縮・回収**
① ろ過法
　ⅰ) 繊維束を用いたカートリッジ式フィルタ：ポリプロピレンの繊維を糸巻き状に束ねたものをフィルタとしてカートリッジフィルタに収納した構造で，純水装置のプレフィルタなどに利用されており，ろ過流速が1～4 L/minの範囲で孔径1 μm が保証されている．米国では公的な検査法に採用されている．浄水で1 000 L，原水では100 Lの水のろ過に用いられている．ろ過後フィルタの繊維束を切り出し，SDSおよびTween 80添加緩衝液中で洗浄を繰り返し，洗浄液を遠心沈殿して粒子を回収する．カートリッジフィル

217

タの利点は，多量の試料水をろ過することができることである．しかし，繊維束を切断・洗浄したり，洗浄液から粒子回収など作業が煩雑であるという難点がある．この方法ではオーシストの高い回収量は望めないが，多量の試料水をろ過することで検出率をあげることが可能である．

ⅱ　メンブレンフィルタ法：膜ろ過滅菌などに利用されるメンブレンフィルタで，材質や孔径またはフィルタのサイズが揃っており，使用目的に応じて選択することができる．オーシストの短径よりも小さな孔径を用意すればよいが，一般に1μm程度のものが使用されている．フィルタを専用のフォルダに入れて，吸引または加圧により試料水をろ過する．浮遊物質が多い場合には，フィルタはすぐに目詰まりを起こしろ過速度が大幅に低下する．したがって，必要に応じてフィルタを新しいものに交換しなければならない．作業効率を考慮する場合，原水に含まれる浮遊物質濃度を把握して大型のフィルタを用いることが望ましい．フィルタからの粒子の回収には，フィルタ表面の物質を削ぎ落とすか，超音波洗浄，あるいはアセトンなどの溶媒でフィルタを溶解・洗浄するなど方法がある．

ⅲ　カプセルフィルタ法：最近，オーシスト回収用にメンブレンフィルタをカプセル状に整形した製品が開発された．捕集した粒子の洗浄回収を容易にするためにフィルタの素材にポリエステルスルホンが採用されている．試料水のろ過後，フィルタカートリッジに界面活性剤を添加した緩衝液を加えて強く振とうして洗浄液を回収する．この方法は，ろ過に要する時間が短く，フィルタからの粒子の回収が容易であり，高い回収率が得られるなど多くの利点がある．

② 遠心沈殿法

ⅰ　大容量遠心沈殿機：大容量の遠心沈殿機を用いて試料水を遠心沈殿し，微粒子を回収する方法である．理論的には遠心沈殿法では高い回収率が得られるが，1回で処理できる試料水量が限られているうえ，遠心沈殿操作に時間がかかるため実用的ではないといえる．

ⅱ　連続ロータ式遠心沈殿機：連続ロータを用いると，高速で回転しているロータに連続的に試料水を注入し，沈殿物を回収することができる．しかし，従来のロータは，大容量の沈殿物を回収するように設計されており，原水に含まれるわずかな浮遊微粒子量の回収には使いにくい装置である．

⑪ 静置沈殿法：試料水を縦長の容器に入れ，温度変化が少なく振動のない状態で1〜2日間静置する．その後，容器の上1/3〜1/2の上澄みを静かに除去し，蓋をして強く振とう混合して沈殿物とともに容器の壁面に付着している粒子を回収し，試料水を小型の容器に移す．同様の方法で，上澄みを捨てながら容器を小さくして濃縮する．ある程度液量が減少したところで遠心沈殿分離により沈殿物を回収する．

b. **オーシストの部分精製**　試料水から浮遊微粒子を濃縮した後に，オーシストの部分精製を行う．夾雑物が多く存在すればその後の反応や観察の妨害物質となるため，精製は重要な工程である．

① 遠心浮遊法：一般に，原虫類のオーシストは，比重の差を利用して精製・分離される．この時，ショ糖溶液（比重1.2）またはショ糖-パーコール混合液（比重1.09〜1.10）が用いられる．例えば，遠心管に所定量のショ糖を添加し，次に試料の濃縮液を積層して遠心分離を行う．遠心分離後，比重1.2の粒子はショ糖液層中に，比重が1.2以下の粒子はショ糖溶液と試料液の境界面に，比重が1よりも小さいものであれば最上部に集まるはずである．実際には，濃縮液の中で様々な粒子が不規則な凝集塊を形成したりするため，必ずしも理論どおりにはならない．回収率をあげるためには，境界部分に接した高比重層の一部も回収するようにしなければならない．また，最下層の沈殿物を再洗浄し，他の粒子に巻き込まれて沈殿したオーシストの回収も行う必要がある．

② 免疫磁気ビーズ法：クリプトスポリジウムに対する特異抗体を磁気ビーズに吸着させた試薬が市販されている．濃縮液と免疫磁気ビーズ液を所定の比率で反応させると，磁気ビーズは特異抗体を介してオーシストに結合する．反応後，磁石を用いて磁気ビーズを回収すればオーシストを選択的に回収することが可能である．回収後に酸処理によって抗原-抗体結合物を解離させ，磁気ビーズを再回収すればオーシストを得ることができる．

c. **分別・同定**

① 顕微鏡観察法：蛍光抗体法で染色された標本を用いてオーシストをスクリーニングし，陽性反応を示した粒子についてオーシストであるか否かを微分干渉顕微鏡で再確認する．

　現在広く用いられている方法は，間接蛍光抗体法（蛍光顕微鏡による観察）で，特異的な抗原-抗体反応を利用してオーシストを蛍光標識し，蛍光顕微鏡で観

察する．試薬としてオーシストに対するマウス単クローン抗体（一次抗体）と蛍光色素 FITC で標識された抗-マウス免疫グロブリン抗体（二次抗体），非特異反応を抑制するためのブロック試薬が必要である．

　酵素抗体法（生物顕微鏡による観察）では，蛍光色素の代わりにパーオキシダーゼなどの酵素が用いられる．免疫反応後に酵素による発色反応を行い，抗原の局在を明らかにする方法である．この方法では，通常の生物顕微鏡で観察できることに利点がある．一方で，この反応は，用いる単クローン抗体の品質で結果が左右され，さらに標本中に混在するプランクトンなどが同じ酵素活性を有していれば反応のノイズが大きくなるおそれがある．また，試料水の濃縮操作によって得た沈殿物をスライドガラスに固定しなければならない．蛍光抗体法と同じように，陽性反応を示した粒子が本当のオーシストであるかどうかを最終確認する必要がある．

② 　フローサイトメトリー法：浮遊粒子などの大きさや光学特性を指標とした分画装置で，あらかじめ規定した特徴を有する粒子を選択的に検出・計数することができる．光学的特性として，本来粒子が持っている性質に加えて，蛍光抗体法など特異的染色により光学特性を付加することもできる．クリプトスポリジウムのオーシストの場合には，大きさ，蛍光抗体染色，あるいは DAPI および PI による同時染色などを行い，これらの特徴を持つ粒子数を測定する．DAPI-PI 染色を用いれば，オーシストの生死も把握することができる．

　この装置は，浮遊している粒子を解析するもので，染色などを含め前処理はすべて浮遊液の状態で行う必要がある，このため，処理工程で遠心沈殿が繰り返されて試料の損耗が回収率に大きな影響を及ぼす．また，測定は試料の部分精製など前処理の質にも強く影響される．現在はオーシストのみを特異的に染色する方法はないため，顕微鏡による形態学的な観察が必要である．

③ 　PCR 法による検出：遺伝子操作技術の進展から，試験管内で特定の遺伝子配列を選択的に増幅することが比較的容易になってきた．DNA 分子の複製は，2 本鎖の DNA 分子が 1 本鎖を鋳型として相補鎖形成されることによるが，PCR 法は，試験管内で遺伝子の複製過程を繰り返し再現させて特定の DNA 分子を増幅させる方法である．

　PCR 法を行うための前提として，次のような遺伝子情報が不可欠である．ⅰ目的とする遺伝子は，その生物種に特異的であること，ⅱその塩基配列が明

3.3 クリプトスポリジウムなどへの対策

らかになっていること，⑬1細胞当りのコピー数は多いこと，⑭その遺伝子の一部に種間変異が存在しているとさらに扱いやすい．以上のような条件を満たすために，多くの場合，リボゾーム RNA をコードしている DNA が標的とされている．

クリプトスポリジウムでも，18s リボゾーム RNA をコードする遺伝子の特異的塩基配列が決められている．実験的には十分な感度が得られており，さらに分子疫学的解析に用いることができるような種間変異を持った特異 DNA 遺伝子が解析されている．この方法は，標品中に目的の DNA 遺伝子が一定以上の濃度に保たれていることが必要である．一方，有機物が多く含まれていると，反応が阻害されるおそれがある．このため，前処理の段階でなるべく夾雑物を排除することが肝要である．原水に含まれる微生物は，季節，採取時間や気象の影響を受けやすく，条件設定が難しい面がある．今後，条件設定などが進めば，広く利用される方法であると考えられる．

④ ELISA 法：この方法は，免疫反応を利用した発色試験であり，試料中から原虫の特異抗原を検出することでその存在を証明するものである．原理は，反応用のプレートにクリプトスポリジウムに対する特異抗体を吸着させておいて，これに部分精製した試料を入れて反応させる．この時，試料中にクリプトスポリジウム（抗原）が存在していれば，抗原物質は抗体を介してプレートに固定される．次に，あらかじめ酵素を標識したクリプトスポリジウムに対する単クローン抗体を反応させる．クリプトスポリジウムの抗原物質がプレートに固定されていれば，標識抗体も抗原を介してプレートに固定される．標識酵素の基質を加えて呈色反応を行い，単クローン抗体，さらには抗原物質の存在の有無を判定する．

(6) 水道水源としての課題

水道水は，取水口が河川のどこに位置しているかによりクリプトスポリジウムやジアルジアによる汚染の危険性が異なってくる．都市河川のように，取水口の上流に下水処理場の処理水が流入していれば，汚染の危険性は高くなる．このため，クリプトスポリジウムやジアルジアによる水道水汚染を防ぐためには，水道水の取水口がどういう条件になっているかを詳細に調査しなければならない．一方，たとえ河川の上流域であっても，集水域内に家畜が飼育されていて，オーシ

ストに汚染された糞尿が適切に処理されていなければ水道水が汚染されるおそれがある．オーシストやシストは，環境中の至る所に存在する可能性があり，注意深いモニタリングが必要である．このような場合，糞便性大腸菌などを検査し，糞便による水道水の汚染を把握することで，クリプトスポリジウムによる汚染をある程度予測する必要がある．また，取水施設の上流域または浅井戸の周囲にオーシストを排出する危険性のある汚水処理施設などがある場合は，関係機関と協議のうえ，排水口または取水口を移設する．

(7) 対策の現状

水道水汚染の対策としては，水道水源の調査も重要であるが，一度汚染された原水をどの程度まで浄化できるかが，浄水場が復旧できるか否かの鍵となっている．予防対策としては，クリプトスポリジウムを除去できる浄水処理である膜ろ過法，急速ろ過法などを導入することである．また，ろ過池出口の水の濁度を常時モニタリングして，ろ過池出口の濁度を0.1度以下に維持することが必要である．浄水処理工程においてもある程度のオーシスト不活性化が可能である．

米国では，緩速砂ろ過でオーシストを100％除去できると報告されており，イギリスでも99.997％の除去率が得られたとされている．除去率は，砂ろ過の粒度，ろ過層の深さ，ろ過速度など，ろ過池の維持管理状況に影響されるので，さらなる検討が必要である．

表 3.10 に各種環境条件下におけるオーシストの不活性化を示した[4]．

表 3.10　各種環境条件におけるオーシストの不活性化[1]

環境条件	不活性化率(%)	実験条件
水道水	96	室温，流水中，176 日
浄水処理工程	0	実験室内，室温および4℃で実用上の処理・接触時間
河川水	94	環境温度，176 日
牛糞便内	66	軟便に混入，外気温，176 日
人糞便内	78	4℃，178 日
海水	38	4℃，35 日
凍結	＞99	液体窒素浸漬
凍結	67	－22℃，21 時間
乾燥	＞99	室温，4 時間

3.3 クリプトスポリジウムなどへの対策

3.3.2 クリプトスポリジウムによる河川水汚染

(1) 家畜・野生動物の糞便由来

牛の畜産排水は，オーシストの汚染源となりやすい．子牛の健康管理，感染牛の糞尿の処理が適切に行われることが必要である．クリプトスポリジウムおよびジアルジアは，宿主特異性が低いため多種の動物に寄生することができる．

(2) 汚水処理場排水由来[5),13)]

感染者が排出するオーシスト数は，最も症状の重い時期には，患者1人当り109個にも達するといわれている．下水には，感染者の糞便も流入している可能性が高く，感染者が集水域内に存在していれば，下水中からクリプトスポリジウムが検出される．

下水処理水は，その放流先の利水状況にもよるが，水環境において主なクリプトスポリジウム汚染源の一つである．日本では，流入下水中のクリプトスポリジウムオーシスト濃度が低いため，下水処理水のオーシスト濃度もきわめて低いと考えられる．活性汚泥法による下水処理におけるクリプトスポリジウムの除去率は，90～95％程度であり，99％を大きく超える除去は期待できない．したがって，流入下水のクリプトスポリジウム濃度が上昇してくると，それに比例して処理水中のクリプトスポリジウム濃度も高まることになり，下水処理水が水環境における汚染源となる危険性を孕んでいる．

下水処理場における調査では，ジアルジアのシストが検出されている．その値は，流入下水中で130～5 500個/L，最初沈殿池流出水で150～5 200個/L，放流水で75個/Lであった[13)]．処理過程でシストの数は減少しているが，放流水にシストが含まれていることから塩素消毒だけではジアルジアを除去できないことがわかる．

3.3.3 河川水に関する対策

(1) 調査および監視体制の強化[11)]

a. 水源対策　　表流水，伏流水の取水施設または浅井戸に近い流域にクリプトスポリジウムを排出する可能性のある汚水処理施設などの排水口がある場合に

は，その排水口を取水口より下流に移設する．または，取水口を排水口より上流に移設することが重要である．

b. **水道施設における対応**　水道水がクリプトスポリジウムに汚染された可能性のある場合には，給水停止の措置を図ったうえで，浄水処理を強化するか，汚染されている疑いのある原水の取水停止・水源の切替えを実施する．その後，配水管の洗浄を十分に行ったうえで，クリプトスポリジウムの有無の検査により飲料水としての利用に支障がないと判断された後に給水を再開する．

c. **自治体の水道行政担当局の対応**　水道事業者，自治体の感染症担当部局，試験研究機関などとの連携を進め，水道事業者の対処に対して円滑な実施を支援する．また，関係自治体にも連絡し，自らも住民への広報に努め，対策を早急に実施する．下痢患者などからクリプトスポリジウムが検出され，水道が感染源であるおそれが否定できない場合には，直ちに水道利用者への広報・飲用指導などを行う．

d. **水道水源域の調査研究**　クリプトスポリジウムは，環境中の至る所に存在していると考えられる．したがって，たとえ水道水源域が河川上流の集落の少ない地域にあるとしても，汚染の危険性を全く否定することはできない．このような場所では，野生動物や家畜糞尿による汚染があるからである．また，河川中流になれば，汚水処理水が流入していたり，住宅地が密集していたりするため，汚染の原因は異なってくる．以上のように水道水源域がクリプトスポリジウムに汚染される原因は，人畜由来なのか，放流水由来なのかは場所によって異なるといえる．したがって，水道水源域の土地利用状況を詳細に把握し，汚染の起こりやすい場所やオーシストが河川に流入しやすい場所を把握しておく必要がある．

(2) **水処理施設**

a. **膜ろ過の効果**　精密ろ過膜および限外ろ過膜を用いると，膜に損傷がなければ，オーシストを検出限界以下にまで除去できると報告されている．

　厚生労働省では，汚染が起こる可能性のある自治体に対して水処理の際に原虫を除去できる膜ろ過施設の導入を通知する予定である．河川または浅い井戸を水源にしている浄水場11 220箇所のうち154箇所は，上流に汚染源になる畜産施設を抱えている．しかし，前述したように塩素処理のみで対応しており，クリプトスポリジウム対策としては十分ではない．膜ろ過を導入した施設は，一般の浄

水場と比較すると2～3倍の費用が必要であり，膜ろ過の導入する市町村では，厚生労働省から補助金を受けている．

b. **消毒方法** クリプトスポリジウムのオーシストに対しては，遊離塩素の効果がないといわれている．オゾンは効果があり，ミルウォーキー市では，感染症の集団発生後，消毒方法をオゾンに代える方向で進んでいる．$C.\ paruvum$ のオーシストを水温5℃でpH6～7の時に99%不活性化するオゾンのCT値（C：消毒剤濃度，T：接触時間，単位：mg・min/L）は3.3～6.4である．$Giardia\ lamblia$ のオーシストについては，同じ条件でCT値は0.5～0.6，また大腸菌では0.02としている．したがって，クリプトスポリジウムは，大腸菌の160倍以上，ジアルジアに比較すると6倍以上オゾンに対して抵抗力が強いことになる．

(3) 下水処理過程におけるオーシストの減少

下水処理プロセスにおいては，標準活性汚泥法により88～99%程度のクリプトスポリジウム除去率が得られている．活性汚泥処理のみでも高い除去率を得ることができる．また，曝気槽への凝集剤添加および流入下水の凝集沈殿処理でも99%以上が除去される．オキシデーションディッチ法でもクリプトスポリジウムを除去することは可能である．このため，下水処理を行うことでクリプトスポリジウムによる水域への負荷を大きく削減することが可能である．

平常時においては，下水処理水中のクリプトスポリジウム濃度は低レベルであり，処理水摂取による感染リスクは，ヒトが摂取する危険性のあるクリプトスポリジウムの量に影響されるため，放流先での処理水の希釈状況および水利用状況によって異なってくる．集団感染が起こった場合は，感染者がピーク時に1日に10億個ものオーシストを排出するため，高濃度のクリプトスポリジウムが下水処理場に流入する危険性がある．

平常時の対策としては，水の利用形態による水摂取量を考慮したリスクアセスメントの手法を適用する検討が必要である．処理区内のクリプトスポリジウム感染数を把握しておいて，関係部局と連絡体制を整える．また，下水処理場に流入するクリプトスポリジウムを制御するため，感染者に対して下水道へ排出について適切な指導を行うことも必要となる．

集団感染発生時は，高濃度のクリプトスポリジウムが下水処理場に流入するため，緊急に追加処理をしなければならない．また，クリプトスポリジウムが下水

表 3.11 消毒剤の濃度・接触時間および紫外線照射量(不活性化 90%以上)[6]

消毒剤	濃度(mg/L)	接触時間(min)
塩素	>5 118	>1 500
オゾン	1.4	10
	0.8	15
二酸化塩素	5.0	10
過酸化水素	327	60
ヨウ素	120	15
ペルオキソン	0.1	
紫外線	80 mWscm^2	

中から活性汚泥中に移行してくるため,発生する汚泥の処理にも注意を払う必要がある.さらに関連部局が相互に情報を交換し,水域の感染危険性を抑制する.

下水処理水は放流前に消毒を施されるが,消毒によるオーシストの除去効果は,消毒方法により異なってくる.塩素消毒では,クリプトスポリジウム除去率は塩素濃度に依存し,99%除去するにはCT値(消毒剤濃度×接触時間)は,7 200 mg・min/L 程度である.一般に,下水処理場における CT 値は 50 mg・min/L であり,塩素によるクリプトスポリジウムの不活化はあまり期待できない.また,モノクロラミンによる消毒も塩素と同じような結果である.二酸化塩素またはオゾンを用いると,90%以上不活性化するにはそれぞれ CT 値が 1.3 mg/L で 78 mg・min/L,1 mg/L で 5 mg・min/L あった.消毒の効果は,オゾン>二酸化塩素>モノクロラミン,塩素である.クリプトスポリジウムによる流出水汚染を完全に防ぐには,塩素消毒のみでは不十分であり,オゾン処理などの併用も考慮しなければならない.オゾンと二酸化塩素を併用すると,不活化率は 99.99%まで向上する.また,オゾンと紫外線を併用すると,不活化率はオゾン単独処理の場合に比較して 10 倍になった.表 3.11 には各消毒剤の濃度・接触時間および紫外線照射量をまとめた[6].

(4) 浄化槽

管理が不十分な浄化槽の場合,流出水の水質が悪化するばかりでなく,クリプトスポリジウムも除去されないまま排出されるおそれがある.したがって,浄化槽内の病原性微生物の消長,制御方法に関して調査研究を進めるとともに,クリプトスポリジウム対策として有効な膜処理型合併浄化槽の普及を推進する必要がある.

3.3 クリプトスポリジウムなどへの対策

(5) 家畜の糞尿

a. 家畜の罹患状況の調査

　家畜がクリプトスポリジウムに感染すると，オーシストの排出源となるため，感染が疑われる地域の罹患状況は詳細に調査する必要がある．感染が確認された場合，その土地近辺または下流域に水道水取水口がないかどうかを調べ，迅速に適切な対処をする．特に山間部に感染した家畜が点在する場合は，たとえ上流部であっても水道水が汚染される可能性があるため，家畜の罹患状況を定期的に把握する必要がある．

b. 処理実状の把握

　家畜がクリプトスポリジウムに感染している場合，排泄された糞尿には大量のオーシストが含まれており，無処理のまま放置すると感染源となる危険性がある．したがって，糞を野積みをしたままにすると，降雨時にオーシストが河川や湖沼に流れ込み，水系感染の原因となる．特に，オーシストの流入先が水道の取水口の上流域にある場合，集団感染のおそれが生ずるため，家畜糞尿の処理状況には注意を払う必要がある．このような水源の汚染を防ぐためには，家畜の糞尿に適切な処理を施さなくてはならない．

c. 処理施設からの飛散，流出の調査

　家畜糞尿が処理施設において適切な処理をされている場合でも，処理施設からのオーシストの飛散，流出の調査を行う必要がある．前述したように，糞尿処理のみを目的すると，通常の消毒のみではオーシストを除去できず，流出水に残留している可能性が高いからである．処理水がオーシストに対応した消毒処理を施されているか，その処理でどの程度のオーシストが除去可能かを把握しておかなくてはならない．また，処理施設周辺では，オーシストの飛散による水系汚染が起こるおそれがあるため，定期的な検査が必要となるであろう．

3.4 多種多様な生物が生息できる河川の創出

3.4.1 河川，湖沼の生態系と水質の関係

(1) 自然河川における水質，生物環境

　河川の水質は，本来正常な物質収支のもとに保たれるのものであり，河川水質を考えるうえで，河川の持つ自然の物質収支を考えることはきわめて重要である．河川における物質収支は，非生物的なものと生物的なものが互いに絡み合って成り立っており，これらを分けて議論することはできない．そこで，まず，保全されるべき水環境の基本的な構造を示す．

a．河川における生産過程　　河川生態系におけるすべての生物は，個体を維持するために継続的にエネルギーが供給されなければならない．そのため，多くは，植物による光エネルギーを化学物質内に蓄える過程，光合成による有機物の生産（一次生産）に依存している．こうした植物によって生成されたエネルギーは，一方では食物連鎖によって，順により高次の消費者に直接伝達され，また，他方では，腐食連鎖，すなわち，それぞれの栄養段階の生物が死亡後，分解者により利用され，その後それがその捕食者に伝達される過程でより高次の栄養段階の生物に伝達される．そのため，この生産過程は，河川生態系においての基盤をなすものである．

　河川における主な生産者，すなわち独立栄養生物は，維管束植物のほかに，コケ類，珪藻や黄色植物，緑藻，紅藻，シアノバクテリアなどから構成される付着藻類および植物プランクトンである．維管束植物群落は，適当な深さで流れの弱い場所を好むために，小規模な河川か河岸の近傍に発達し，コケ類の群落は，低温の場所や陰になった場所に発達する．付着藻類は，生活する場所によりエピリソン（岩に付着），エピペロン（軟らかい底質に付着），エピフィトン（植物体に付着）などに分類される．また，直接に付着はしておらず，かつ自由に浮遊もせず，集積したり，植物体に絡まったりしているものをメタフィトンと呼んでいる．維管束植物の量は，十分な栄養塩濃度がある水域では，日射量が多い夏季に増す．

3.4 多種多様な生物が生息できる河川の創出

付着藻類は，温泉地帯などの特殊な場所を除いて，十分な日射のある場所で生産量が多くなる．例えば，河岸の樹木によって陰にならない河道内や森林限界を越えた高地で多く，季節的には樹木の葉が発達する以前に多い．また，コケ類の量には森林限界の上下で大きな差が見られることが知られている．

このように，植物生産量は，日射量に大きく左右されるが，そのほかにも，河川の流速，水温，草食動物の量，無機栄養塩濃度にも大きく依存する．また，浮遊している植物プランクトンを除いては，根を張り付着するための基盤の性質，洪水による洗掘にも影響を受ける．

バイオマスの量にはばらつきが大きいものの，目安としては，小河川では，陰の多い場所で，$0.01 \sim 0.1$ g-C/㎡・日程度，日射の多い広葉樹林帯で，$0.25 \sim 2$ g-C/㎡・日程度，草原や砂漠を流れる小川で最大 $1 \sim 6$ g-C/㎡・日程度である[14]．また，広葉樹林帯や砂漠では，一様な針葉樹林帯よりも高くなるなどの報告もある．大河川では，透明度により，ほぼ0から2 g-C/㎡・日以上と大きく変化する．

① 栄養塩元素のスパイラル：栄養塩元素は，周囲の水中から生物体内に摂取される一方で，生物の死亡後は水中に回帰されることにより，水中と生物体内を循環している．

河川の生態系で特徴的な点は，強い一方向の流れが存在するために場所的な移動が大きく，湖沼などの他の系と比較して，流入した量に対する循環量の割合がきわめて小さいことである．河道内では，ある場所で生物の死亡により水中に回帰した無機態，有機態の栄養塩元素は，下流に運ばれ，そこで再び生物体内に摂取されることを繰り返している．この生物体内への摂取―移動―水中回帰―移動の過程は，栄養塩のスパイラルと呼ばれ，河川におけるエネルギーや栄養塩元素の循環における重要な特徴である[15]．

ここで，スパイラルの1周期にあたる長さ，すなわちスパイラル長さは，水中に回帰された原子が再び生物に摂取されるまでに流下する長さと，原子が生物体内に存在している間にその生物の移動によって流下する長さの和である．この長さについては，様々な測定結果があるが，Newbold ら[16]の測定によると，全体で190 m，そのうち，水中を流れていた間が165 m，植物体内での移動を含む有機物粒子もしくはデトリタス中にある間の移動量が25 m，消費者の体内での移動量は2 m以下であった．ただし，リンのみについていえば，

生物体内に取り込まれている間が長くなっていた．

　炭素についてのスパイラルは，河川生態系において生物体内におけるエネルギー代謝過程に関連しており重要な過程である．生物体内に取り込まれた有機物は，排泄物によって水中に回帰され，流下方向に輸送される．

　流れの速い場所では，生物体に摂取される元素の割合が相対的に小さくなるためにスパイラル長さは長くなり，流速がきわめて遅い淵では元素は堆積されたり，滞留するためにスパイラル長さは短くなる．

② 原地性の有機物と異地性の有機物：河川における大きな特徴は，消費者の餌となる有機物の生産過程において，河道内の一次生産よりも流域や氾濫原からの流入が支配的なことであり，ある場所の有機物量の多くは，その場所での生産だけでなく，上流からの流入に支えられている．流入し，流下する有機物粒子は，通常，大きさにより大型の有機物粒子〔CPOM（>1 mm）〕，微細有機物粒子〔FPOM（1 mm≫0.5 μm）〕および溶解性の有機物〔DOM（<0.5 μm）〕に分けて取り扱われる．

　さて，こうしたセグメントごとの特徴は，その場で消費されたエネルギー量のうち，その場で生産された量の割合，すなわち，考えている区間（セグメント）における生物生産量 P と全呼吸量 R の比 P/R と，有機物の流出量 E と流入量 I の比，E/I などで表される．

　自然河川では，こうしたパラメータに次のような特徴がある．

　まず，密生した森林地帯を流れる上流地域の河川では日陰が多く一次生産量は少なく，河岸からのリター（litter）などの有機物の流入はきわめて大きい．そのため，生産量に比較して有機物を餌とする消費者の呼吸量が大きくなり，P/R は小さい．生産量が少ないために下流への流出量は少なく，E/I は 1 より小さい．こうした河川は，他の地域における生産に支えられており，従属栄養的な特性を持っているといえる．

　一方，河幅が大きくなり，河岸の植生の陰による影響が小さくなるような河川では，流入するデトリタスの流入量に比較して，その場での生産量が大きい．すなわち，P/R は 1 よりはるかに大きくなり，流出量は流入量に近づくか場合によっては大きくなる．こうしたセグメントは，独立栄養的な特性を持っているといえる．なお，特に独立栄養的なセグメントにおいては，P/R は，生産量が季節的に大きく変化するためにきわめて大きく変動する．

3.4 多種多様な生物が生息できる河川の創出

自然の植生が人工的な農地に変わることにより栄養塩流入量が増加すると，この機構に大きな影響が現れる．流域における農地の増加は，流入土砂量，窒素やリンの流入量を増加させる．例えば，米国においては，土砂流入量の46%，全リン流入量の47%，全窒素流入量の52%が農地に起因するものであるといわれている[17]．河岸の植生が伐採されると，日射量が増加し水温が上昇する．また，流域からの植生に起因する枝やリターの流入が減る．また，土地利用が高度化すると，堤防によって氾濫が防止されるようになり，重要な有機物生産の場であった氾濫原が減少して，植物起因の有機物の流入が減少する．さらに，農地の増加による土砂の流入が増加することで，光環境は悪化するものの，実際には栄養塩の増加による効果の方が大きい．また，生息環境の悪化により耐性の低い底生動物や魚の種がより顕著に影響を受ける．そのため，一般にこうした変化は，従属栄養的な河川を独立栄養的な河川へと変貌させる．DelongとBrusven[18]は，こうした変化により付着藻類の量が2～10倍に増加し，底生動物が減少し，この傾向は河岸からのリターの流入が減少した場所で特に顕著だったことを報告している．

このような変化は，河川のセグメントごとの特徴が，自然の河川では上流から下流に至る過程で，本来緩やかに変化するものであるにもかかわらず，流域が農地へと変化することで，河岸や近傍の流域が変化し，場所ごとに急激に変化を生じるために起きたものであり，流域の開発が河川水質に大きく影響することを示している．

こうした観点からの整理は，都市内を流れる水質の悪化した河川に関して必ずしも十分行われているとはいえない．しかし，傾向はかなり異なったものと考えられる．まず，都市河川では，一般に流域からの栄養塩の流入量，有機物の流入量はきわめて大きい．全体としての生産量は，大量の栄養塩量のために十分な透明度がある間は高くなるが，濁度が高くなると，光量が制限因子となり，減少する．また，ヘドロなどが堆積すると，付着藻類や基盤の必要な植物群落は発達しにくく，これも生産を減少させる要因になる．そのため，ある程度の日射が確保されている間や植物プランクトンが大量に発生している場合などには，E/Iは比較的大きくなると考えられるが，有機物が大量に流入する河川では，限りなく1に近づくと考えられる．また，P/Rは，十分な透明度のある間は比較的大きな値となるが，透明度が低く富栄養なセグメントにおいて

は，分解者による呼吸量が大きく，きわめて低い値となる．

いずれにしても，近傍の流域の影響をきわめて大きく受け，自然河川で見られた状況とは大きく異なったものとなる．

b. **食物連鎖と各栄養段階の生物群集，従属栄養生物に与える影響**

① 後生動物界での食物連鎖：河川における有機物量の動態は，このように上流から下流に下るに従って徐々に変化するが，それと同時に質的にも変化する．

最も上流域で河道内に流入したリターなどの大量のCPOMは，流下の過程で，生物的もしくは非生物的な分解および破砕によりFPOMやDOMになる．このため，最上流域では，粗い粒子の割合が多く，下流に下るに従って微細粒子や溶解性のものの割合が多くなる．これらの作用は，異なる生物群集によって行われており，生物多様性の点からも，この上流から下流に至る過程での有機物の形態の変化は，きわめて重要である．

流域から流入した直後のリターなどの粗い有機物粒子を粉砕，摂食する生物には，ヨコエビ，ワラジムシ，ザリガニなどの甲殻類，巻貝やガガンボ類やエグリトビケラ類の多く，カワゲラ類などの昆虫の幼虫などがいる．リター自体はC/Nが高く，タンパク質の多い良質な餌とはいえないが，表面に細菌や真菌が繁殖することで，C/Nが低下し，高タンパクの餌に変化する．また，微生物がセルロースやペクチンなどの消化しにくい物質を分解し消化しやすくすることから，こうした動物は細菌や真菌が繁殖したリターをより好んで摂食することが知られている[19),20)]．なお，浮遊する有機物の微細粒子を摂食する動物には，捕獲網を張るシマトビケラ類やユスリカの一種など，刺を利用するキタガミトビケラ，食扇を利用するブユなどがいる．また，付着藻類は，独立栄養生物で最も重要な餌資源であり，刈取食者(grazer)と呼ばれる群は，特殊な形態をした口蓋によって付着藻を表面から剥ぎ取って摂食する．

食物連鎖において，さらに上位に位置する魚の分布は，河川のセグメントの性質によって異なる．北欧では，サケ科のトラウト域，グレーリング域，コイ科のバーベル域，ブリーム域などのように分類されている．日本では，瀬と淵が交互に出現する領域A型，瀬と淵が一つずつしかない領域B型，滝のような落込みa型，なめらかな流込みb型，ほとんど波の立たない場所c型の組合せで生息する魚類をタイプ分けすることが一般的である．すなわち，生産性の低い上流のAa型水域では，肉食魚が優占し，中流のBb型の付着藻類の多

い場所では，付着藻類食の魚と肉食魚が共存，下流のBc型水域では，様々な食性の魚が加わる．このため，魚の種数は，下流ほど増加し，Bb型やBc型が発達している河川ほど種の数が多くなる[21]．

草食魚や多くの草食無脊椎動物に摂食されるのは，主に付着藻類と植物プランクトンであり，C/N比が9～10と低く，タンパク質含有比の高い良質の餌となる．藻類と比較すると，コケ類と維管束植物は，一部の草食者にしか利用されない．

食物連鎖のそれぞれの栄養段階において摂取されたエネルギーは，呼吸，すなわち基礎代謝や運動エネルギーとして消費されるか，未消化のまま糞として排泄，もしくは尿の中に部分的に残された形で排泄される．

糞や尿の一部は，微生物によって分解され，微生物界の食物連鎖である微生物ループの中に取り込まれるものの，それぞれの栄養段階に順次伝達される過程で，大量のエネルギーが食物連鎖や微生物ループの系外に逸散する．そのため，エネルギーは，生物体内だけを対象とする場合には保存されているわけではない．

② 微生物ループ：河川における微生物においても，大型の後生動物界で行われているのと同様な食物網が存在している．ここでは，食物連鎖は，主に生物体のサイズに依存する．まず，DOMやFPOMは，細菌類，真菌類，藻類などから構成される生物膜層や，主にそこから剥離した細菌類，真菌類，藻類に取り込まれる．こうした生物は，原生動物である鞭毛虫や繊毛虫，微細な後生動物に捕食される．また，これらの動物は，さらに大きな後生動物であるワムシ，小型の甲殻類などのろ過摂食者によって，また，河床の生物膜においては，貧毛類，線形動物，昆虫の幼生，ワムシなどによって捕食される．こうした生物は，よりサイズの大きい後生動物に捕食されるため，大型の後生動物によって構成される食物連鎖に受け継がれる（図 3.5 参照）．

③ 生物濃縮：こうした河川や湖沼の生態系，単に炭素や栄養塩の収支や汚濁による生物群集の変化の観点だけでなく，有害物質の濃縮という点で水質現象に大きく関わる．有害物が生物に作用する場合，急性の毒性を示すものと慢性的に毒性を示すものがある．慢性的に毒性を現すものとしては，難分解性で蓄積しやすい物質などがあるが，これらは，食物連鎖を通じて生物的に濃縮され，高次の消費者においてより強い影響を及ぼす．その過程において，河川や湖沼

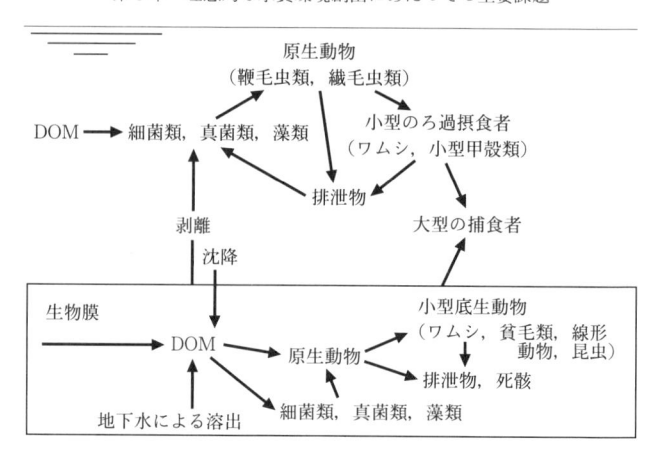

第3章 理想的な水質環境創出にあたっての主要課題

図 3.5 河道内における微生物グループ

における食物連鎖の栄養段階の数は，どの程度濃縮されるかを決定する因子となり，きわめて重要である．生体には，通常，有害物質を解毒し排泄する生体防御反応があるため，生物を有害物質のない環境に移すと，体内の有害物質の濃度は指数関数的に減少する．この場合，有害物の体内蓄積量が半分になるまでの時間が生物学的な半減期であり，生物による濃縮，蓄積，排泄などのパラメータとなる．メチル水銀の場合，この半減期は，無機水銀化合物よりも長い．有害物質が魚介類の体内に取り込まれる場合，魚介類が大量の水を鰓でろ過しているために，鰓や上皮を通して直接取り込まれる状態と，餌として取り込まれた物質中に含まれた有害物質が細胞の構成材料として用いられる時にそのまま体内に取り込まれる場合の2通りがある．食物連鎖が特に重要になるのは，後者の場合である．この場合，食物連鎖の上位の栄養段階のものほど，より高濃度の濃縮物質を含有することになる．

c. **水質汚濁の影響**

① 水質汚濁と生物群集：水質汚濁で最も多いものは，有機汚濁である．汚濁の程度は様々に分類されているが，通常よく用いられる区分と，生息する藻類を**表 3.12**に示す．

　汚水が流入すると，生物の生息環境が悪化し，生息する生物群集にも様々な影響を与える．まず，有機物量に依存して生物量が増加すると，生物の全呼吸量が増加し，溶存酸素が減少する．特に，貧腐水性からα中腐性水性の水域

では，正午から日没のかけての時間帯に溶存酸素が最低となり，植物活動の影響を示す指標となる．逆に，BOD が 10 mg/L 以上の水域を好む *Sphaerotilus natans* などのミズワタが繁茂する水域では，植物は少なく，夜間に溶存酸素が減少することも少ない．

表 3.12 水質汚濁の程度と生息する藻類[21]

水域	藻類の種
貧腐水域	*Achnanthes laceolata*, *Cocconeis placentula*, *Cymbella simuta* など
b 中腐水域	*Melosira varians*, *Navicula gregaria*, *Nitzschia acicularis* など
a 中腐水域	*Gomphonema angustatum*, *Navicula symmetrica*, *Chantransia* sp. など
強腐水域	*Scenedesmus* sp., *Navicula minima*, *Nitzschia palea*, *Pimmularia braunni* など

トビケラ類，カゲロウ類，カワゲラ類のようなグループ（A グループ）は，夏季の溶存酸素量が最低 70 % 程度以上，秋季で 80 % 以上必要であり，ミズムシ，ヒル類，巻貝，イトミミズ類などのグループ（B グループ）は，夏季の BOD が 1.0 mg/L，秋季に 1.3 mg/L 以上必要である．ウズムシ類，ヒラタドロムシ類，コカゲロウ類などのグループは，どちらの条件にもあてはまらない．そのため，A グループの生物のみが出現する水域では，BOD 値が 1.0～1.3 mg/L 以下と有機物量が少なく，溶存酸素の日最低量が 90 % 以上あることから底生の付着藻類や菌類が少なく，大型植物も少ない．A，B グループが共存している場所では，水中の有機物量が多いものの溶存酸素量があまり下がらないことから，大型植物や藻類が窒素やリンによる影響を受けている可能性が高い．B グループが優占する水域では，有機物量が多く，植物量が多いために，夜間に溶存酸素量が減少する．

(2) 河川の連続性と栄養塩，エネルギーの流れと生態系

河川全体を一つの系と考えた場合，エネルギーや栄養塩元素の収支において上流と下流の役割は異なっており，これらが有機的に機能することで河川全体のバランスが保たれている．

自然状態にある河川では，流域特性や河道の特性，流入や生産された有機物粒子の大きさ，そこの生物の種類やその活動形態は異なっており，有機物として炭素や栄養塩元素が大量に流入するのは上流域であり，消費されるのは下流域において多い．最上流域では，破砕食者によるものや機械的な有機物の破砕が進み，これが下流のろ過摂食者による摂食を助け，真菌類によるデトリタスの分解が下

流域での微生物による有機物や栄養塩の吸収を促進している．こうした考察より，Vanoteら[22]は，上流では，日陰が多いために生産は少ないものの大量のCPOMが有機物源として流入するが，川幅の増加とともにCPOMの流入は減少し，かつ，生物活動や機械的に砕かれることによりFPOMが増加し，また河道内での生産が増加する，という河川を一体として扱う連続体としての仮設を提案した．これによると，上流域では，陸上の植物起源の大量の有機物が流入するために，従属栄養生物の割合が高く，特に破砕食者が多い．また，P/Rは小さいもののCPOM/FPOMは大きい．下流に行くに従って光条件の改善と栄養塩の流入によりP/Rは大きくなり，また，CPOM/FPOMは小さくなる．また，さらに下流に行くと，CPOM/FPOMはますます小さくなるもののP/Rは，光制限のために生産量が減少し，再び減少する．

この仮説は，主に温帯の広葉樹林帯の自然河川をもとに構築されたものであり，様々な地域の河川に適用可能なものではなく，また，大河川での適用性にも問題が多い．しかし，日本の河川が自然河川に近い健全な状態であるかを考えるには適切な考え方ともいえる．

(3) 湖沼，ウェットランドの生物群集と水質との関わり

a. 湖沼，ウェットランドの生物群集の構成とエネルギーの流れ

湖沼における食物網は非常に複雑であるが，主たる食物連鎖は，ナノプランクトン－草食

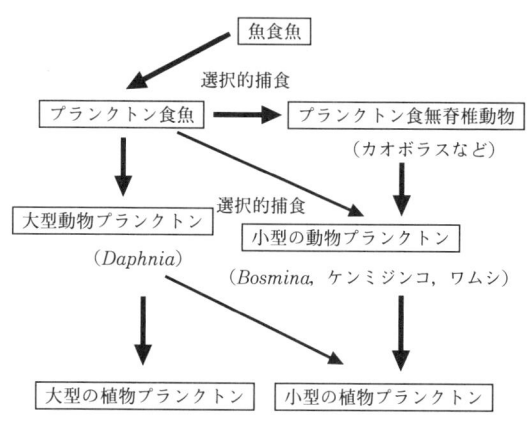

図 3.6 簡単にした湖沼沖帯の食物網と栄養カスケード

甲殻類－動物プランクトン食魚－魚食魚，あるいはピコプランクトン－ナノプロトゾア－草食甲殻類－動物プランクトン食魚－魚食魚，の4段階もしくは5段階といわれている．

ここで，生産者のナノプランクトンやピコプランクトンの植物プランクトンが湖沼の水質を考える際に最も問題となる．こうした植物プランクトンを捕食するものが草食の甲殻類で，多くはミジンコやケンミジンコ類であり，こうした草食甲殻類が増殖すると，植物プランクトン量は減少する．

こうした甲殻類の多くは，植物プランクトンをろ過摂食するものの，摂食水量は体長の2.48乗に比例し，また，大型のものほどより広いサイズの植物プランクトンを摂食することが可能である．

次に水中の栄養塩量を考えてみると，植物プランクトンが増殖している間は，水中の栄養塩は植物体内に取り込まれている．それが，動物プランクトンに捕食されると，動物プランクトン体内に取り込まれることになるが，その後再び水中に排泄される．しかし，動物プランクトンのサイズが増加すると単位重量当りの排泄量は減少するため，動物プランクトンのサイズが増加することは栄養塩濃度を減少させることにもなる．このように，食物連鎖の上では，大型のミジンコ類が増加することは植物プランクトン量を減少させるのにきわめて有効に働く．

こうした効果を発揮させるために，動物プランクトン食魚を除去したり，それを捕食する肉食魚を導入することで，大型のミジンコ類を増加させ，植物プランクトン量を減少させることが可能になる．これはバイオマニピュレーションと呼ばれ，欧米を中心に浅い湖沼の透明度を上昇させるために最も頻繁に用いられる方法の一つである．

b. 独立栄養生物と水質との関係　湖沼における生産の担い手は，主に植物プランクトンと大型植物であり，大型植物と植物プランクトンは，栄養塩や光資源をめぐって競争している．そのため，湖沼における水質問題を惹起させることの多い植物プランクトン量を減らすうえでは，大型植物はきわめて大きな枠割を果たしている．

抽水植物は，水面に達する光量を減らすことで，植物プランクトンの増殖を阻害する．ところが，植物プランクトンや浮遊植物，浮葉植物が，水中の光量を減らすことで，沈水植物の生長は妨げられる．しかし，大型植物が植物プランクトンに与える影響は，こうした資源をめぐるものばかりではない．

第3章　理想的な水質環境創出にあたっての主要課題

　大型の動物プランクトンのミジンコ類は，きわめて効率よく植物プランクトンをろ過摂食するため，ミジンコ類の量が増加することで，植物プランクトン量は減少し，透明度が増加する．また，透明度が増加すれば，湖底に達する日射量が増加し，沈水植物群落が発達することが可能となる．ところが，プランクトン食魚は，視覚によって餌を探索するため，大型の動物プランクトンほど発見されやすく，また，捕食魚は，捕獲に要するエネルギーに対して捕食によって得られるエネルギー量を最大にするよう餌を選択することから，大型のものをより好んで捕食する（選択的捕食）．大型の動物プランクトンは，植生帯や貧酸素水塊，深部などの様々なレフージ（refuge）を利用してこうした捕食圧から逃れている．すなわち，植生帯内部では，日射が遮られるためにプランクトン食魚の視界が減り捕食量が減少する．また，植物体が障害となり，獲物に対する攻撃を起こす距離は短くなる．こうしたことから植生帯内部では，プランクトン食魚の動物プランクトンの捕食頻度は減少する．

　Schriverら[23]の実験によると，植生帯の面積が全体に占める割合が15～20％程度を超えると，大型のミジンコ類の量が急激に増加することが示されている．ただし，魚の密度が2尾/㎡を超えると，動物プランクトン量は増加しなくなることも同時に示されており，植生帯の面積のほかに，魚の密度が大きな影響要因であることがわかる．また，日本の典型的なプランクトン食魚であるモツゴを用いた実験も様々な形で行われ，障害物の間隔が魚の体長より密になると，遊泳速度が減少し，捕食量が減少すること，また，これらは空腹度によることなどが示されている[24]～[26]．このように，植生の密度も植物プランクトンを減少させる重要な要素であり，密な植生帯は，大型の動物プランクトンの良好なレフージとなっており，植生帯の面積や植生の密度が増加することにより植物プランクトン量を減少させることができる．なお，浮島による効果も基本的にこうした点にあると考えられる．

　ところが，植生帯や浮島は，動物プランクトン食の稚魚のレフージでもある．そのため，植生帯の密度が十分でないと，大型のミジンコ類の量はかえって減少することにもなりかねず，微妙なバランスに保たれているといえる．

　大型植物群落内では，浮遊物質の沈降は促進される．これは，植物群落が存在することで流れが弱められ，乱れが抑えられることにより沈降が促進されることによるものであるが，水質浄化にも大きな枠割を果たしている．

以上のように，植物プランクトン量は，水生の維管束植物に大きく依存するが，これに対して魚の量が大きく影響している(**表 3.13**).

大型植物群落は，ウェットランドの水質にきわめて大きな影響を及ぼす．ウェットランドの大型植物は，形態から次のように分類される．①地下水水位が 50 cm 程度から 1.5 m の湛水深の所に生育する抽水植物，②水深が 0.5 m から 3 m 程度の所に根を持ち水面にまで伸びる浮葉植物，③維管束植物で水深 10 m 程度まで，それ以外の場合には 200 m 程度にまで生える沈水性植物，④水面に浮遊する浮遊植物．こうした植物にとって根圏に十分な酸素があることは，根の活動を行うためにきわめて重要であり，様々な形で酸素を供給しているが，多くは，根や茎の通気組織を通して酸素を供給し，根毛から拡散によって土壌中に供給している．これにより 100〜400 mg-O_2/h もの酸素が供給される[27]．また，ヨシなどの抽水植物においては，酸素を送り込める距離も生息できる湛水深を決定する要因になっていると考えられている[28]．このように，根圏において好気状態と土壌の嫌気状態の場所が混在するため，脱窒菌の働きで水中の窒素が空中に還元され，この作用が大型植物による栄養塩除去の重要な働きとなっている．

大型植物は，生長過程において，土壌から栄養塩を吸収することによっても水域の栄養塩濃度に大きな影響を与える．そのため，大型植物のバイオマスと生長量は，水質を浄化する際の重要なファクタである．生産量は，非常にばらつきが大きいものの，熱帯の C_4 抽水植物(*Cyperus papyrus*)で，6 000〜9 000 g/㎡・年，C_3 抽水植物であるヨシやガマで，5 000〜7 000 g/㎡・年程度，亜熱帯の C_3

表 3.13 栄養塩濃度，魚密度，大型植物密度が植物プランクトン密度に与える影響

	低栄養塩濃度		高栄養塩濃度	
	低魚密度	高魚密度	低魚密度	高魚密度
植物プランクトンバイオマス				
大型植物低密度	低い	低い中程度	中程度高い	高い
大型植物高密度	低い	低い	低い中程度	中程度高い
植物プランクトン群集				
大型植物低密度	鞭毛藻糸状藻	鞭毛藻糸状藻	珪藻，緑藻，鞭毛藻	珪藻，藍藻，緑藻
大型植物高密度	鞭毛藻糸状藻	鞭毛藻糸状藻		藍藻，鞭毛藻
植物プランクトン細胞サイズ				
大型植物低密度	小型大型	小型大型	中程度小型	大型中程度
大型植物高密度	小型大型	小型大型	小型	小型大型
透明度				
大型植物低密度	高い	高い中程度	中程度低い	低い
大型植物高密度	高い	高い	低い	低い中程度
N と P の制限状況				
大型植物低密度	P	P	N/P	N/P
大型植物高密度	N/P	N/P	N	N

植物（*Eichhornia crassipes*）で4 000～6 000 g/m²・年，沈水植物では，熱帯で2 000 g/m²・年，温帯で500～1 000 g/m²・年程度である．これらは，植物プランクトンによる生産量1 500～3 000 g/m²・年と比較してもきわめて大きい．生長時に吸収された栄養塩元素は，枯死の後，水中に回帰される．そのため，デトリタスの分解速度が栄養塩元素の回帰を決定することになる．分解速度は，水温，微生物の付着の状況，酸素の状況に大きく左右される．いくつかの実験で求められている値では，50％分解に要する日数は，抽水植物では，ヨシで224～386日程度，ヒメガマで147～364日と長いのに対し，沈水植物では，マツモで31日，コカナダモで8～27日ときわめて短い．

ここで，分解するのに1年以上を要することは，毎年，デトリタスが堆積していくことを示している．これは，デトリタス中の栄養塩元素の濃度は時間とともに多少変化するものの，栄養塩が年を追って土壌中に蓄積していくことを示している．特にヨシの分解速度は，他の抽水植物と比較してもきわめて遅い．ヨシの場合，酸素の豊富な水中でも初年度に30～50％程度分解するだけであり，嫌気的な条件下では分解はさらに遅くなる．また，ヨシは，生産量もきわめて大きく，こうしたことからヨシ原においては刈取りを行わなくても大量の栄養塩が土壌中に蓄積される．一方で，沈水植物では，分解速度がきわめて速い．そのために，沈水植物によって栄養塩を除去する場合には，刈取りを行わないと，10年程度の間に新たに蓄積する量と溶出する量がほぼバランスすることが示されている[29]．

c. 食物連鎖と水質との関わり　上位の栄養段階にある生物群集の変化は，食物網，食物連鎖中のトップダウン，ボトムアップ効果を通して，下位の群集に直接的，間接的に伝達される（栄養カスケード）．

湖沼においては，動物プランクトン群集において大型のものが優占すると植物プランクトン量が一層減少することが知られているが，ここでも，食物連鎖の上位の群集構造が大きく影響する．

上位の捕食者である魚が存在しない場合には，カオボラスなどの大型の無脊椎捕食者が卓越し，小型の動物プランクトンを捕食することや大型のものと小型のものの競合から，大型の動物プランクトンが優占する．ところが，大型の動物プランクトンは，動物プランクトン食魚が存在していると，選択的に捕食される．十分な魚食魚が存在する限り，プランクトン食魚が大量に増えることはないものの，魚食魚が少なくなると，プランクトン魚が増え，大型の動物プランクトンが

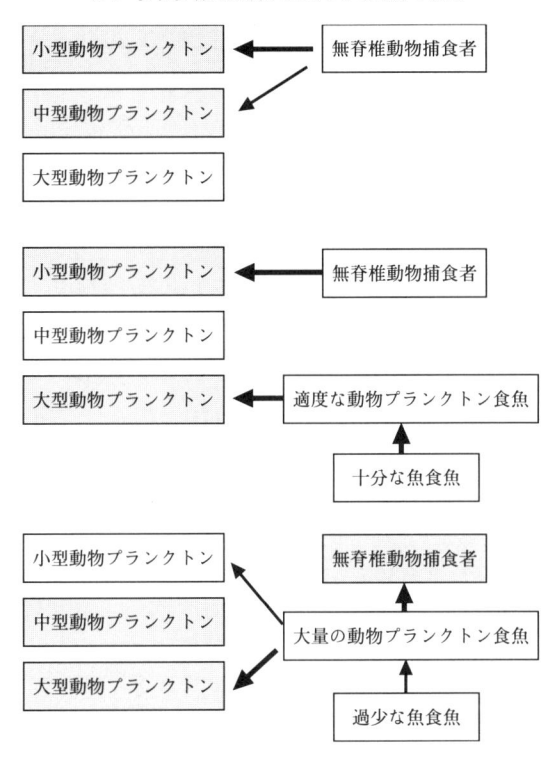

3.4 多種多様な生物が生息できる河川の創出

図 3.7 食物連鎖の上位の構造と動物プランクトン群集構造

選択的に捕食され動物プランクトン群集は小型化し，植物プランクトン量が増加する．

しかし，場合によってこれと異なった様相も生じる．

魚の群集構造が魚食性のものに変化すると，魚食魚の選択的捕食によってより動物プランクトン食魚が減少する．したがって，本来であれば動物プランクトン食魚に選択的に捕食されていた大型の動物プランクトンが減少することになるところであるが，プランクトン食の無脊椎動物の多い湖では，大型の無脊椎動物であるカオボラスなどの動物プランクトン食者が減少する影響の方が著しい．そのため，動物プランクトンの群集は，これまで無脊椎動物の捕食者に捕食されていたサイズの小さいものから，無脊椎動物の捕食者に捕食されにくく，また，動物プランクトンの間での競争力の高い大型のミジンコ類に群集構造が変化する[30]．

また，上位栄養段階における変化による影響が植物プランクトンにまで達しな

い例も多数報告されている．ミシガン州の隣接するTuesday湖とPeter湖における実験はその例である．魚食魚のいなかったTuesday湖にPeter湖からオオクチバスを移入し，Peter湖にTuesday湖からプランクトン食のミノウを移入した実験では，Peter湖においては，オオクチバスがミノウを駆逐したものの，動物プランクトン食のオオクチバスの幼魚が増加して動物プランクトンが十分増加せず，植物プランクトンを減少させるまでに至らなかったことが報告されている[31]．このように植物プランクトンの群集構造が予想と逆の方向に変化した例もある．このように，生物群集の性質が必ずしも一義的に示されないことは，カスケードの効果が十分現れない大きな原因ともなっており，工学的な利用の妨げとなっている．

3.4.2 保全すべき環境と対策

前項では水生生物と水質の関係を理論的な側面から詳述したが，本項では具体的な保護・保全の観点から，生物種ごとに保全すべき水環境について述べる．

(1) 魚　類

河川に棲む魚に最も強く影響する水質項目は，水温，溶存酸素，pH，濁度であろう．これらについては比較的情報が多い．一方，一般に影響が大きいと思われているBOD，COD，栄養塩などについては，状況証拠は種々報告されてはいるものの，魚類の生息状況との間にそれほどはっきりとした因果関係が証明されているわけではない．また，農薬，その他の微量有害物質についても，毒性試験などの情報は蓄積されているが，環境中に低濃度で存在している場合の影響についてはほとんどわかっていない．今後の研究が必要な部分である．

さらに，魚類に対しては，水質以上に，流速，水深，カバー(遮蔽物)，底質などの物理的な要因や，捕食者，競争者，被食者(餌料)などの生物的な要因も強く影響しており，因果関係の解明を難しくしている．

現在のところ，魚類に関する生息環境の保全という意味では，物理環境の整備に重点が置かれており，水質については，生息に適しているか適していないかという閾値として扱われる場合がほとんどである．また，物理的な要因については河川の縦断方向，横断方向の二次元的に変化するもの(マイクロ生息場)として扱

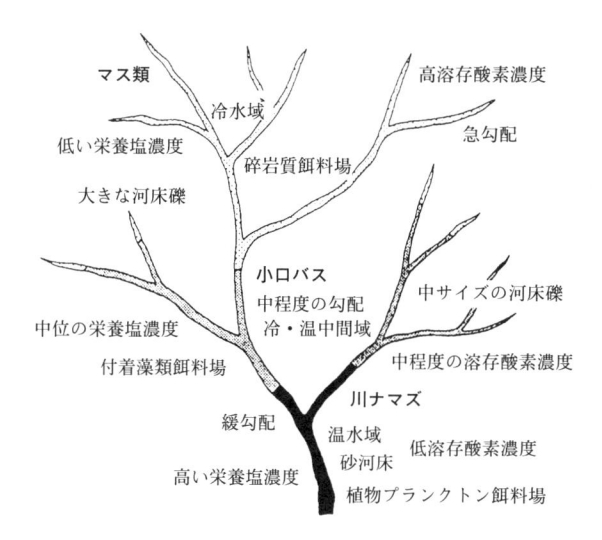

3.4 多種多様な生物が生息できる河川の創出

図 3.8 流程遷移の模式図[32]（中村訳：IFIM 入門, リバーフロント整備センター, 1999 より）

[図中ラベル]
- マス類：冷水域、低い栄養塩濃度、砕岩質餌料場、大きな河床礫、高溶存酸素濃度、急勾配
- 小口バス：中程度の勾配、冷・温中間域、中サイズの河床礫、中位の栄養塩濃度、付着藻類餌料場、中程度の溶存酸素濃度
- 川ナマズ：緩勾配、温水域、砂河床、高い栄養塩濃度、低溶存酸素濃度、植物プランクトン餌料場

われるが，水質は縦断方向にのみ変化するもの（マクロ生息場）として扱われることが多い．これは，上流は低水温，低栄養塩，大きな河床礫，急勾配，下流は温水域，高栄養塩，砂河床，緩勾配で，それに応じて生息する魚類も変化するという Shelford の流程遷移[32]の考えに基づくものである（**図 3.8**）．

ここでは魚と水質の関係について述べることにする．また，河川魚の中には回遊するものも多く，これらの保全・保護には特有の視点が必要であるが，これについては(4)で触れる．

以下，水質項目ごとに影響と対策を述べる．

a. 水温 　魚にとって水温の2度の変化は，人間にとっての気温10度の変化に相当するといわれている．関根らの室内実験[33]でも，水温は魚の行動にきわめて強い影響を与えた．これは，他の要因の何にも勝るほどの強さであった．しかし，一般には先述の流程遷移の考え方に見られるように，水温は上流から下流に穏やかに変化し，河川全体の魚の分布を決定づけているものの，局所的に変化することはほとんどなく，問題を起こすことは少ないように思われている．ただし，ダムからの冷水の放流や工場からの温排水の放流など，人為的な原因による急激な温度変化は，魚類の生息に決定的な影響を与えるおそれがある．また逆に，放水量の極端な減少などで流れが停滞し，水温が上昇してしまう場合もある．

表 3.14 に水温と魚類の関係についての既存の情報をまとめた.

温排水対策としては,発生源での対策以外にない.ダムの冷水放流に対しては,取水口の高さを変更する方法がある.また,放水量の減少による水温上昇に対しては,適切な維持流量の確保が必要である.

b.　**溶存酸素**　溶存酸素は,魚類に限らず水生生物一般においてきわめて重要な水質項目である.BOD や COD もその分解に伴う溶存酸素低下という形で水生生物に影響を与えることが多いと考えられる.

一般向け書籍では,水中で生息する魚にとっては絶対的に溶存酸素が不足しており,少しでも溶存酸素の多い場所を求めて落込みの下部などに渓流魚が集まる,と述べているものがあるが,これはいささかいいすぎであろう.落込みの見られるような河川上流域で溶存酸素濃度が低下することはめったになく,落込みの下部に渓流魚が集まるのは,むしろ餌料を獲得するのに有利だからである.溶存酸素が成魚にとって問題になるのは,流れの停滞域や,中下流部の落込みが存在しない(再曝気量の少ない)区間についてである.一方,卵稚仔にとっては,上流部であっても有機物の堆積に伴う産卵場近傍の局所的な貧酸素化が悪影響を及ぼすおそれもある.

表 3.15 に溶存酸素と魚類の関係についての既存の情報の一部をまとめた.

溶存酸素不足に対する対策としては,一般的な BOD 低減策のほか,適切な落差工の設置による再曝気の促進,人工的な洪水による堆積物のフラッシュなどがある.

c.　**pH**　水域の pH を変化させる要因は,地質的なものを除けば,鉱山廃水,工場廃水および酸性雨であろう.pH の低下は卵の発生に影響を与える.また,稚魚では鰓の粘膜の分泌が過剰になり,鰓の上皮を通しての酸素移動量が抑制されて呼吸困難になる,との報告がある.さらに,アンモニア性窒素濃度の高い水域では,pH によって毒性の強い遊離アンモニア濃度が変化する,といった間接的影響もある.

表 3.16 に pH と魚類の関係についての既存の情報の一部をまとめた.

pH 異常に対する対策としては,石灰の投入などが第 2 章でも紹介されているが,生物のことを考えるなら,発生源での抑制が肝要である.

d.　**濁度**　濁度は,河川改修などの土木工事に付随して常に問題となる水質項目である.魚は濁水を忌避するという報告が圧倒的に多い.長期曝露により摂

3.4 多種多様な生物が生息できる河川の創出

表 3.14 水温と魚類の関係

魚種	内容	文献
アユ	下流側の水槽に供試魚を収容し、上流のA、B、Cの3水路に同じ水温水(12℃, 17℃, 22℃)を流す。12℃の水路に入った魚はなし。17℃と22℃ではいくらか17℃の方を好んだ。	34)
アユ	水温を上昇させた場合、忌避行動を示さない。水温を低下させた場合は、1℃の水温低下では、16～19℃のすべての温度範囲で忌避行動。17, 18, 19℃では0.2℃の低下に対しても忌避行動を示す場合あり。	34)
アユ	養殖可能な水温は、13～25℃、適温は18～23℃。	35)
アユ	20～25℃で最も活発に摂餌・成長。消化酵素の最適温度は27℃。23～27℃において最も頻繁に攻撃行動。	36)
アユ	生息が確認された地点の年平均水温は20℃以下。	37)
ヤマメ	生息が確認された地点の年平均水温は16℃以下。	
ウグイ	生息が確認された地点の年平均水温は20℃以下。	
カマツカ	生息が確認された地点の年平均水温は20℃以下。ただし、年平均が10～20℃とかなり広範囲で生息確認。	
フナ	生息が確認された地点の年平均水温は20℃以下。	
squawfish (コイ科の食用淡水魚)	遊泳維持できなくなる流速は、水温と体長によって違う。 Larval Colorado squawfish: 10℃ : 10.5 cm/s, 14℃ : 13.5 cm/s, 20℃ : 16.1 cm/s Young juvenile Colorado squawfish: 10℃ : 13.3 cm/s, 14℃ : 14.7 cm/s, 20℃ : 17.4 cm/s Older juvenile Colorado squawfish: 10℃ : 14.2 cm/s, 14℃ : 15.2 cm/s, 20℃ : 19.2 cm/s	38)
カワヒメマス稚魚	最高許容温度と忍耐時間は、馴致温度の上昇に伴って高くなる。平均許容水温( )内は馴致水温： 26.4℃(8.4℃)　28.5℃(16.0℃)　29.3℃(20℃)	39)
White sucker	高温耐性(横転)　34.6～35.2℃(95%信頼区間)	40)
Rosyface shiner	高温耐性(横転)　35.1～35.5℃(95%信頼区間)	
Bleeding shiner	高温耐性(横転)　34.9～35.7℃(95%信頼区間)	
Rainbow darter	高温耐性(横転)　35.2～36.0℃(95%信頼区間)	
Hornyhead chub	高温耐性(横転)　35.2～36.1℃(95%信頼区間)	
Creek chub	高温耐性(横転)　35.3～36.0℃(95%信頼区間)	
Commom shiner	高温耐性(横転)　35.5～35.9℃(95%信頼区間)	
Southern redbelly dace	高温耐性(横転)　35.6～36.1℃(95%信頼区間)	
Brook silversides	高温耐性(横転)　35.6～36.4℃(95%信頼区間)	
Fantail darter	高温耐性(横転)　35.6～36.4℃(95%信頼区間)	
Ozark minnow	高温耐性(横転)　35.7～36.7℃(95%信頼区間)	
Redfin shiner	高温耐性(横転)　35.9～36.5℃(95%信頼区間)	
Striped shiner	高温耐性(横転)　35.8～36.6℃(95%信頼区間)	
Largemouth bass	高温耐性(横転)　35.9～36.7℃(95%信頼区間)	
Orangespotted sunfish	高温耐性(横転)　35.9～36.8℃(95%信頼区間)	
Johnny darter	高温耐性(横転)　36.0～36.8℃(95%信頼区間)	
Fathead minnow	高温耐性(横転)　36.1～36.9℃(95%信頼区間)	
Slender madtom	高温耐性(横転)　36.3～36.7℃(95%信頼区間)	
Orangethroat darter	高温耐性(横転)　36.4～36.6℃(95%信頼区間)	
Bluntnose minnow	高温耐性(横転)　36.3～36.8℃(95%信頼区間)	
Bigmouth shiner	高温耐性(横転)　36.3～37.0℃(95%信頼区間)	
Golden shiner	高温耐性(横転)　36.5～37.1℃(95%信頼区間)	
Smallmouth bass	高温耐性(横転)　36.6～37.1℃(95%信頼区間)	
Sand shiner	高温耐性(横転)　36.7～37.2℃(95%信頼区間)	
Plains topminnow	高温耐性(横転)　36.3～37.7℃(95%信頼区間)	
Central stoneroller	高温耐性(横転)　37.0～37.4℃(95%信頼区間)	
Longear sunfish	高温耐性(横転)　37.3～38.4℃(95%信頼区間)	
Bluegill	高温耐性(横転)　37.3～38.4℃(95%信頼区間)	
Green sunfish	高温耐性(横転)　37.3～38.5℃(95%信頼区間)	
Yellow bullhead	高温耐性(横転)　37.5～38.3℃(95%信頼区間)	
Red shiner	高温耐性(横転)　37.8～38.4℃(95%信頼区間)	
Black bullhead	高温耐性(横転)　37.8～38.5℃(95%信頼区間)	
Blackstripe topminnow	高温耐性(横転)　37.7～38.9℃(95%信頼区間)	
Black spotted topminnow	高温耐性(横転)　38.2～39.3℃(95%信頼区間)	

第3章 理想的な水質環境創出にあたっての主要課題

表 3.15 溶存酸素と魚類と関係

魚種	内容	文献
ヤマメ	生息が確認された地点の年平均 DO は 9.5 mg/L 以上．既存の文献では 7.5 mg/L 以上，あるいは 7 mg/L 以上．	37)
アユ	生息が確認された地点の年平均 DO は 8 mg/L 以上．既存の文献では 5 mg/L 以上，あるいは 7 mg/L 以上．	
ウグイ	生息が確認された地点の年平均 DO は 8 mg/L 以上．既存の文献では，6 mg/L 以上．	
カマツカ	生息が確認された地点の年平均 DO は 7 mg/L 以上．年平均 DO は 7～11 mg/L と，かなり広範囲で生息確認．既存の文献では，3.38 mg/L で逃げ始め，1.62 mg/L 以下で顕著な逃避．	
フナ	生息が確認された地点の年平均 DO は 6 mg/L 以上．年平均 DO は 6～11 mg/L かなり広範囲で生息確認．既存の文献では，DO が 5～6 mg/L 以上，あるいは 2.8 mg/L 以上．	
カワムツ	低酸素水域からの逃避が始まる酸素飽和度：50%	41)
オイカワ	低酸素水域からの逃避が始まる酸素飽和度：50%	
タモロコ	低酸素水域からの逃避が始まる酸素飽和度：35%	
ギンブナ	低酸素水域からの逃避が始まる酸素飽和度：35%	
ワタカ	低酸素水域からの逃避が始まる酸素飽和度：25%	
コイ	低酸素水域からの逃避が始まる酸素飽和度：25%	
Brook silversides	貧酸素耐性(鰓運動停止) 1.48～1.70 mg/L(95%信頼区間)	40)
Rosyface shiner	貧酸素耐性(鰓運動停止) 1.30～1.67 mg/L(95%信頼区間)	
Ozark minnow	貧酸素耐性(鰓運動停止) 1.33～1.57 mg/L(95%信頼区間)	
Bleeding shiner	貧酸素耐性(鰓運動停止) 1.23～1.47 mg/L(95%信頼区間)	
Smallmouth bass	貧酸素耐性(鰓運動停止) 1.08～1.29 mg/L(95%信頼区間)	
Redfin shiner	貧酸素耐性(鰓運動停止) 1.08～1.25 mg/L(95%信頼区間)	
Black bullhead	貧酸素耐性(鰓運動停止) 1.00～1.27 mg/L(95%信頼区間)	
Rainbow darter	貧酸素耐性(鰓運動停止) 0.99～1.21 mg/L(95%信頼区間)	
Hornyhead chub	貧酸素耐性(鰓運動停止) 0.92～1.20 mg/L(95%信頼区間)	
Bluntnose minnow	貧酸素耐性(鰓運動停止) 0.97～1.11 mg/L(95%信頼区間)	
Suckermouth minnow	貧酸素耐性(鰓運動停止) 0.98～1.09 mg/L(95%信頼区間)	
Striped shiner	貧酸素耐性(鰓運動停止) 0.95～1.10 mg/L(95%信頼区間)	
Bigmouth shiner	貧酸素耐性(鰓運動停止) 0.97～1.07 mg/L(95%信頼区間)	
Largemouth bass (Wisconsin hatchery sample)	貧酸素耐性(鰓運動停止) 0.91～1.10 mg/L(95%信頼区間)	
Fantail darter	貧酸素耐性(鰓運動停止) 0.91～1.06 mg/L(95%信頼区間)	
White sucker	貧酸素耐性(鰓運動停止) 0.79～1.16 mg/L(95%信頼区間)	
Common shiner	貧酸素耐性(鰓運動停止) 0.89～1.06 mg/L(95%信頼区間)	
Central stoneroller	貧酸素耐性(鰓運動停止) 0.86～1.04 mg/L(95%信頼区間)	
Sand shiner	貧酸素耐性(鰓運動停止) 0.75～1.11 mg/L(95%信頼区間)	
Plains topminnow	貧酸素耐性(鰓運動停止) 0.82～1.02 mg/L(95%信頼区間)	
Red shiner	貧酸素耐性(鰓運動停止) 0.82～0.99 mg/L(95%信頼区間)	
Blackspotted topminnow	貧酸素耐性(鰓運動停止) 0.51～1.25 mg/L(95%信頼区間)	
Blackstripe topminnow	貧酸素耐性(鰓運動停止) 0.85～0.90 mg/L(95%信頼区間)	
Orangethroat darter	貧酸素耐性(鰓運動停止) 0.73～0.98 mg/L(95%信頼区間)	
Creed chub	貧酸素耐性(鰓運動停止) 0.79～0.90 mg/L(95%信頼区間)	
Southern redbelly dace	貧酸素耐性(鰓運動停止) 0.69～0.80 mg/L(95%信頼区間)	
Fathead minnow	貧酸素耐性(鰓運動停止) 0.67～0.79 mg/L(95%信頼区間)	
Johnny darter	貧酸素耐性(鰓運動停止) 0.64～0.76 mg/L(95%信頼区間)	
Golden shiner	貧酸素耐性(鰓運動停止) 0.65～0.75 mg/L(95%信頼区間)	
Largemouth bass (Missouri stream sample)	貧酸素耐性(鰓運動停止) 0.63～0.77 mg/L(95%信頼区間)	
Longear sunfish	貧酸素耐性(鰓運動停止) 0.63～0.74 mg/L(95%信頼区間)	
Bulegill	貧酸素耐性(鰓運動停止) 0.57～0.74 mg/L(95%信頼区間)	
Green sunfish	貧酸素耐性(鰓運動停止) 0.57～0.68 mg/L(95%信頼区間)	
Orangespotted sunfish	貧酸素耐性(鰓運動停止) 0.56～0.68 mg/L(95%信頼区間)	
Slender madtom	貧酸素耐性(鰓運動停止) 0.54～0.67 mg/L(95%信頼区間)	
Yellow bullhead	貧酸素耐性(鰓運動停止) 0.46～0.52 mg/L(95%信頼区間)	

3.4 多種多様な生物が生息できる河川の創出

表 3.16 pH と魚類の関係

魚種	内容	備考
ヤマメ	発眼卵の半数孵化 pH, 仔魚の 96 時間半数生残 pH 　硫酸　卵：4.0〜4.5, 孵化直後：4.0〜4.6, 摂餌開始仔魚：4.0〜4.5 　塩酸　摂餌開始仔魚：4.0〜4.7 　硝酸　摂餌開始仔魚：4.0〜4.6 酸感受性 　卵：pH 5 以下で孵化速度の遅延，孵化率の低下 　孵化直後仔魚：pH 4 以下で生存は不可能 96 時間 LC$_{50}$ 　孵化直後：pH 3.9〜4.2, 摂餌開始期仔魚：pH 3.9〜4.2 発育段階による低 pH に対する感受性 　卵〜摂餌開始期仔魚までほぼ同レベル	42)
イワナ	発眼卵の半数孵化 pH, 仔魚の 96 時間半数生残 pH 　硫酸　卵：5.6 以上, 孵化直後：3.6〜4.5, 摂餌開始仔魚：3.7〜4.1 　塩酸　卵：5.5 以上, 孵化直後：3.6〜4.0, 摂餌開始仔魚：4.0〜4.6 　硝酸　卵：5.6 以上, 孵化直後：3.6〜4.0, 摂餌開始仔魚：4.1〜4.6 酸感受性 　卵：pH 5.5 で約 50%の孵化率，pH 4 以下では正常な孵化仔魚は得られない． 　仔魚：pH 4 以上で生存可能 96 時間 LC$_{50}$ 　孵化直後：pH 3.9〜4.2, 摂餌開始期仔魚：pH 3.9〜4.2 発育段階による低 pH に対する感受性 　孵化直後≤摂餌開始期仔魚<卵	
コイ	発眼卵の半数孵化 pH, 仔魚の 96 時間半数生残 pH 　硫酸　卵：4.5〜5.0 以上, 摂餌開始仔魚：4.4〜5.0, 　　　　　19 日目仔魚 5.1〜5.5 　塩酸　卵：4.5〜5.1 以上, 摂餌開始仔魚：4.5〜5.0, 　　　　　19 日目仔魚：4.5〜5.2 　硝酸　卵：4.5〜5.0 以上, 孵化直後：4.6〜5.2, 　　　　　19 日目仔魚：5.1〜5.5 発育段階による低 pH に対する感受性 　卵≤摂餌開始期仔魚<19 日目仔魚	
アユ	発眼卵の半数孵化 pH, 仔魚の 96 時間半数生残 pH 　硫酸　卵：4.4〜5.1, 孵化直後：4.2〜4.4, 摂餌開始仔魚：4.7〜5.0 　塩酸　卵：4.5〜5.0, 孵化直後：4.1〜4.5, 摂餌開始仔魚：5.0〜5.3 　硝酸　卵：4.4〜5.2, 孵化直後：4.0〜4.4, 摂餌開始仔魚：4.7〜5.2 48 時間 LC$_{50}$：孵化直後仔魚 pH 4.3, 摂餌開始仔魚 pH 4.5 24 時間 LC$_{50}$：孵化直後仔魚 pH 4.0, 摂餌開始仔魚 pH 4.1 発育段階による低 pH に対する感受性 　孵化直後≤摂餌開始期仔魚<卵 　摂餌開始期仔魚の生残率 LC$_{50}$(pH 4.8〜5.0), 孵化率 LC$_{50}$(pH 4.7〜4.9), 孵化直後 LC$_{50}$(pH 4.3)	
淡水魚一般	酸性水に馴致されていない魚：pH 4.5 以下で短時間に死亡（実験室）． pH 5 以下で魚が棲まない湖が増加，pH 4.5 以下の湖のほとんどで魚影なし．（野外調査）．	43),44)
メダカ	胞胚期の卵：pH 4.0 で発生中に斃死． 孵化直後の仔魚：pH 4.0 で生残不可能． pH 4.5 以上ではいずれも正常．	45)
アユ	人工孵化稚魚，pH 4.0 で 3 時間後にすべて斃死，pH 5.0 では 48 時間後にすべて斃死．48 時間 LC$_{50}$は pH 5.3 以下，24 時間 LC$_{50}$は pH 4.9 以下	46)
サケ科 5 種	10 日間 LC$_{50}$と魚種における感受性 　発眼卵：pH 3.6〜4.0 　　　　　ギンマス<マスノスケ<サケ，カラフトマス<ヒメマス 　孵化直後仔魚：pH 4.4〜4.9 　　　　　カラフトマス，サケ<マスノスケ，ヒメマス<ギンマス 　摂餌開始期稚魚期：pH 4.4〜5.2 　　　　　ギンマス<マスノスケ<サケ，カラフトマス，ヒメマス 100 時間 LC$_{50}$ 　孵化直後：pH 4.0〜4.3, 摂餌開始期仔魚：pH 4.2〜4.5(ヒメマス pH 4.7 付近を除く) ギンマスを除いたサケ科の感受性 　摂餌開始仔魚 pH 4.4〜5.2, 孵化直後 pH 4.4〜4.9, 発眼卵：pH 3.6〜4.0	47)
イワナ類	硫酸酸性での 192 時間目の LC$_{50}$ 一年魚：pH 4.2〜4.3, 卵嚢未吸収の仔魚：pH 4.4〜4.5, 発眼卵：pH 4.9〜5.1	48)

餌障害が現れるという報告もある．また，産卵場に懸濁物質が堆積すると産卵の障害になる．一方，関根らの実験的研究[33]では，魚種によっては濁水を強く選好する，という結果が得られている．これは，濁度にはカバー（遮蔽物，隠れ場）としての側面があるからである．

表 3.17 に濁度と魚類の関係についての既存の情報の一部をまとめた．

濁水対策としては，発生源近傍に仮設沈殿池を設置することなどが行われているが，その効果は十分であるとはいえない．現時点ではコストの問題から採用されることは少ないが，生物への関心が高まっている昨今，薬品沈殿などの処理が求められる場合もあるのではないかと思われる．現場処理に適した簡易で安価な方法を研究する必要がある．

e. **有害物質**　魚に影響を与えているおそれのある有害物質は多数存在する．しかし，環境中では毒性試験で影響が現れるより低い濃度であることが多く，水質悪化による魚の減少が常に指摘されているにもかかわらず，因果関係を解明できないことが多い．

有害物質の監視方法については，個々の物質ごとに基準値を設定するアプローチと，包括的な汚濁指標を設定するアプローチがある．

表 3.17 濁水と魚類の関係

魚類	内容	備考
アユ	濁水に 48 時間曝露した時の斃死が見られた最低の濁度 　アユ仔魚：740 mg/L，　アユ稚魚：2 420 mg/L アユ稚魚の半数が斃死する濁度（LC_{50}） 　24 時間：4 360 mg/L，48 時間：4 160 mg/L	49)
	実験で設定した最高 102 mg/L の SS の 30 日間曝露は，対照区（清水区）との間で有意差はなく，アユ仔魚の直接の致死原因とはならない． SS が 14 mg/L 以上の区の魚では対照区の魚と比べて肥満度が有意に低い値であった．	
	摂餌阻害を引き起こす濁度の閾値は 13 mg/L と 25 mg/L との間に存在する．SS が 347 mg/L では摂餌が全く行われなかった．	
	産卵は対照区（SS 平均 1 mg/L）と SS が 34〜59 mg/L（平均 47 mg/L）の濁水中で見られた．SS が 95〜156 mg/L（平均 125 mg/L）以上の濁水中では見られなかった．	
	濁水を忌避する濃度の閾値は 22 mg/L	
	実験では，流入河川モデルの濁度とそのモデルへの遡上率との間には 31 mg/L に濁度を閾値としたアユの遡上率の低下が認められた． 河川水中の SS が約 88 mg/L で遡上率が半減，約 250 mg/L で遡上が起こらなくなる．	
アユ	平均体重 3.65〜26.3 g の稚魚期〜成魚期では，成長や飼料効率は対照区（清水区）に比べて濁度が 20 mg/L 以上の区で劣る．	50)
アユ	Y 型二者択一水路において，15 mg/L を超えると忌避．	51)
	濁度が 30〜50 mg/L 以上の濁水を流した場合に，遡上行動に影響が出る．	
イワナ	30 mg/L で遡上率低下	
ニジマス	50 mg/L で遡上率低下	
アマゴ	30 mg/L で遡上率低下	
ヤマメ	生息が確認された地点の水質：SS 20 mg/L 以下	37)
アユ	生息が確認された地点の水質：SS 35 mg/L 以下	
ウグイ	生息が確認された地点の水質：SS 40 mg/L 以下	

3.4 多種多様な生物が生息できる河川の創出

個々の物質ごとに基準値を設定するアプローチに対しては，分析項目が非常に多くなること，実際の生物への影響は複数の物質の複合影響であり，これが評価できないこと，などの問題が指摘されている．一方，包括的な汚濁指標は，有害性の判定には便利である反面，原因物質の特定が難しく，水質管理に利用しづらいとの指摘がなされている．

いずれの立場をとるにせよ，微量の有害物質が生物に与える影響の解明は一筋縄ではいかない．一般にはその影響の存在が信じられ，調査が大々的に実施されている内分泌撹乱化学物質でさえ，水生生物のホルモンバランスは化学物質によらなくとも水温その他の一般的な環境要因で変化するため，内分泌撹乱化学物質の影響であるとは断言できないという異論が提出されている．今後の情報の蓄積が最も求められている分野であるといえる．

有害物質対策としては，原因物質や発生源が特定できる場合には，発生源での抑制が原則となる．原因物質や発生源が特定できない場合，流量が少なければ活性炭や木炭，竹炭などに吸着させるなどの方法が考えられるが，本質的な対策とはいえない．

以下に，上記の2つのアプローチの現状を示す．

① 個々の有害化学物質についての基準値設定のアプローチ：2000年12月に環境庁水質保全局から『水生生物保全に係る水質目標について』が報告された．この報告では，水生生物保全を「人の生活に密接な関係のある動植物及びその生育環境」の保全ととらえ，「生活環境の保全」の中に位置づけた．そして，**表 3.18**に示す水域類型における**表 3.19**の主要魚類の保全を目標として，これに影響を与えるおそれのある化学物質を選定した．

選定された化学物質は，ⓘ国内外の法律に基づく規制対象物質，あるいはⓘⓘ有害である可能性が考えられる物質 の総計787物質のうち，ⓘⓘⓘ製造，生産，使用，輸入量が多い物質，あるいはⓘⓥ水環境中において検出されている物質，

表 3.18 水域類型の区分（淡水域）

類型 A	イワナ・サケマス域
類型 B	コイ・フナ域
類型 S-1	イワナ・サケマス域でこれに該当する水産生物の繁殖または幼稚仔の生育の場として特に保全が必要な水域
類型 S-2	コイ・フナ域でこれに該当する水産生物の繁殖または幼稚仔の生育の場として特に保全が必要な水域

出典：環境庁「水生生物保全に係る水質目標について」

第3章 理想的な水質環境創出にあたっての主要課題

表 3.19 主要魚類（淡

分類	主要魚介類	主要な種類	学名	仔魚期	稚魚期
魚類	イワナ類	イワナ	Salvelinus pluvius		
		エゾイワナ	Salvelinus leucomaenis		
	ニジマス		Salmo gairdneri		
	サケマス類（サケ属）	サケ	Oncorhynchus keta	ユスリカ類、等脚類、貧毛類、底生性橈脚類、貝虫類、ケンミジンコ類、珪藻、デトリタス	Neocalaus spp., Eucalanus bungii, Paeusdocalanus spp., Eurytemora herdmari, Acaria longiremis, Oikopleuridae, カニ類メガロパ幼生, Fritillaria sp., Cirripede larva, Cumasea
		ヒメマス（ベニザケの陸封型）	Oncorhynchus nerka		
		カラフトマス	Oncorhynchus gorbuscha		
		サクラマス	Oncorhynchus masou	水生昆虫、陸生昆虫、甲殻類、ワカサギ、微細生物、甲殻類	ユスリカ幼虫、水生昆虫、落下昆虫
		ヤマメ（サクラマスの陸封型）	Oncorhynchus masou masou		
		アマゴ（サツキマスの陸封型）	Onchorhychus rhodurus		
	ワカサギ		Hypomesus transpacificus nipponensis	原生昆虫、細菌	ワムシ類、小型甲殻類幼生（ゾウミジンコ, Cyclops, Chydorus, Alonaなど）単細胞植物・ワムシ類、ミジンコ、ケンミジンコ、小型ミジンコ
	アユ		Plecoglossus altivelis	ワムシ類、橈脚類（Paracalanus parvus, Acartiaclausi, Centropages abdominaris, Clausocalanus pergens）、オタマボヤ、橈脚類ノープリウス幼生、端脚類、イカ類、二枚貝類	動物性プランクトン（橈脚類、枝角類、フジツボ幼生、二枚貝幼生）、枝角類（オオナガミジンコ、ゾウミジンコ）、橈脚類（ケンミジンコ, Diaptomus）、オタマボヤ、葉脚類、裂脚類、端脚類、イカ類
	シラウオ		Salangichtys microdon	浮遊性の小型動物	小型橈脚類ノープリウス幼生
	コイ		Cyprinus carpio		ワムシ、ゾウリムシ
	フナ類	ギンブナ	Carassius auratus		
		ゲンゴロウブナ	Carassius carassius cuvieri	小型ミジンコ	植物プランクトン、エビ、ミジンコの卵・幼生、ワムシ、付着藻類、ミジンコ
	ウグイ		Tribolodon hakonensis	藻類	
	オイカワ		Zacco platypus	橈脚類	付着藻類、水生昆虫、小型甲殻類、ワムシ、ノープリウス幼生
	ウナギ		Auguilla japonica	橈脚類	デトライタス、魚類、動物性プランクトン、ベントス
	ドジョウ		Misgumus anguillicaudatus		小甲殻類
	ボラ類	ボラ	Mugil cephalus	Paraclanus, Enterpina, Oithonaなど橈脚類	有機性デトライタス、付着した微生物、原生動物、珪藻、緑藻、藍藻、ワムシ、線虫類、貝類幼生
	ハゼ類	ヨシノボリ	Rhingobius brunneus		水生昆虫、付着珪藻
	カジカ		Cottus japonicus		ユスリカ幼虫
	ナマズ		Silurus asotus		

出典：環境庁「水生生物保全に係わる水質目標について」（原典では甲殻類、貝類、藻類なども対象としているが、ここでは魚類のみ紹介した）

3.4 多種多様な生物が生息できる河川の創出

水域)の摂餌生態

未成魚期	成魚期	成長段階不明
トビケラ類, カワゲラ類, ガガンボ類	昆虫類(水生・陸生昆虫), ミミズ類, ヨシノボリ仔魚, ミジンコ, ドジョウ, ウグイ, 端脚類	マダラカゲロウ(*Ephemerella*), コガタシロカゲロウ(*Boetis*), トビケラ類(*Stenopsyche, Hydropsyche, Goera*), ユスリカ類, ウンカ・アブラムシ, ハエ類
	水生昆虫, 陸生昆虫, 端脚類, ヒメマス	川:陸生・水生昆虫の幼生, 大型甲殻類 湖:双翅類, ユスリカ類幼生
橈脚類, オキアミ類, 端脚類, 翼足類, 小魚, イカ類, 甲殻類幼生	橈脚類, オキアミ類, 端脚類, 翼足類, 小魚, イカ類, 甲殻類幼生, ナマコ, クラゲ, 尾虫類	
ハリナガミジンコ, シカクミジンコ, ゾウミジンコ, ヒゲナガケンミジンコ科, ユスリカ(幼虫から成虫)	ハリナガミジンコ, シカクミジンコ, ゾウミジンコ, ヒゲナガケンミジンコ科, ユスリカ(幼虫から成虫), ガガンボ類, ウキゴリ	トウヨウモンカゲロウ, 膜翅目, 甲虫目, 双翅目(ユスリカ, *Bibionidae*), 小型動物プランクトン(ワムシ類), 動物プランクトン(ミジンコ, ゾウミジンコ, ケンミジンコ, ヒゲナガミジンコ), スジエビ, ヌカエビ, ヌマエビ, 昆虫幼生
		橈脚類, オタマボヤ, 毛顎類, 小魚(ニシン, ヘイク, ハリウオ, ハゼ), 端脚類, イカ類, サケ幼稚魚
イカナゴ, 端脚類(ニホンウミノミ), イカナゴ類, 魚類稚魚(マイワシ, カタクチイワシ, イカナゴ, アユ等), 小型魚類(キュウリエソ, ハオコゼ), ホッケ稚魚, カニ類幼生, ワレカラ類, ヨコエビ類, 流下昆虫(ハエ目, アリ目, カメムシ, 甲虫目), 水生昆虫(コカゲロウ科, フタバカゲロウ, ヒラタカゲロウ), 水生昆虫(トビケラ目, ウルマシマトビケラ)	甲殻類, 軟体類, ナマコ類, クラゲ類, 水生昆虫, 魚	端脚類, オキアミ類, 流下・落下した昆虫, ミジンコ類, ワカサギ
		陸生・水生昆虫, ワカサギ等
		河川:水生昆虫, トビケラ目, カワゲラ目, 双翅目, カゲロウ目, シラウオ, スジエビ, 小魚(アユ, イサザ) 降海:シラウオ, カレイ類稚魚, 甲殻類, 多毛類
単細胞藻類, ワムシ類, ケンミジンコ, ケンミジンコ幼生, ミジンコ, *Cyclops*, イサザアミ, ハゼ類稚魚, 底生生物	枝角類(ハリナガミジンコ, シカクミジンコ, ゾウミジンコ), 橈脚類(ヒゲナガケンミジンコ, ユスリカ類, 陸生昆虫, 水生昆虫(カゲロウ類, トビケラ類, ガガンボ類), 魚類(ワカサギ, ウキゴリ, ヌマチチブ, ハゼ科), 端脚類, ワカサギ卵, 浮遊甲殻類(*Sinpcalanus, Cyclops, Diaphanosoma, Leptodora*, イサザアミ等)	
付着藻類	動物プランクトン, 藻類	琵琶湖:オナガミジンコ, ゾウミジンコ, ケンミジンコ, *Diaptomus* 川:付着藻類(珪藻・藍藻)
	浮遊小甲殻類, 動物プランクトン	
	雑食性, ユスリカ幼虫, 水生昆虫類, 甲殻類, 貝類, 水草, デトリタス	
ミジンコ, ケンミジンコ, ワムシ類, 匐匍(ほふく)性ワムシ, 付着藻類, 植物プランクトン	植物プランクトン, 鞭毛藻類, 小甲殻類, 昆虫, 昆虫幼生, 付着藻類	付着藻類, 川床の有機物
付着藻類(珪藻・藍藻), 水生昆虫類, ユスリカ幼虫, ゲンゴロウ幼虫	付着藻類(珪藻・藍藻), 水生昆虫類, 昆虫	ユスリカ科幼虫・蛹・成虫, カゲロウ幼虫, ガムシ科幼虫, 昆虫成虫
水生昆虫, エビ類, カニ類, ゴカイ類, ヒル類, 小魚, 底生動物		水生昆虫, 底生動物, 落下・流下する昆虫, 水生昆虫
小甲殻類, イトミミズ類, 付着珪藻	7〜8.9 cm: *Navicula, Cymbella, Gomphonema*(珪藻)	遡上:昆虫(ゲンゴロウ, イトトンボ, カゲロウ類, ケラ類), ヒル類, ミミズ類, タニシ, カワニナ, 小魚(ハゼ類, フナ, オイカワ, カワムツ)
ベントス, 泥中の微細生物, 有機物, 橈脚類, 雑食性		
ユスリカ幼虫, 半底生の浮遊動物	ユスリカ幼虫, 底生動物	
ユスリカ幼虫		
		水生昆虫, ニッコウマルツツトビケラ

という基準で抽出した「曝露の可能性の高い物質」総数 332 物質から，ⓐ水環境中濃度が，安全性を考慮した主要魚介類の急性毒性・慢性毒性試験の毒性最小値を上回る物質，ⓑ安全性を考慮した主要魚介類の急性毒性・慢性毒性試験の毒性最小値が環境基準値，要監視項目指針値未満の物質，ⓒPRTR 法の第一種指定化学物質のうち，生態毒性クラスが 1 または 2 の物質で，1998 年度の PRTR パイロット事業で環境排出量の多い（100 kg/年以上）物質，ⓓ専門家の意見により検討が必要と考えられる物質，の条件に合致した「優先的に検討すべき物質」81 物質である（**表 3.20**，巻末参照）．

今後はこれらの物質の慢性影響に着目して，**図 3.9** のフローに基づいて水質目標値が検討されることになる．

② 包括的な汚濁指標設定のアプローチ：包括的な汚濁指標としては，河川水をなんらかの方法で濃縮し，その濃縮液が生物に与える影響を調べる方法がある．凍結濃縮した液にアカヒレやヌカエビを投入して 48 時間 LC_{50} を求める水族環境診断法（Aquatic Organisms environment Diagnostics;AOD）[52]や，生物濃縮されやすい疎水性有機物を固相抽出法で分離・濃縮し，ヒメダカ仔魚の死亡率で毒性を判定する提案[53]などである．

いずれも生物を用いた判定方法であり，機器分析とは違った困難があるが，個々の物質を監視するアプローチでは監視対象物質が際限なく増加する傾向にあり，今後は第一段階のスクリーニングに活用されるようになるのではないだろうか．

(2) ゲンジボタル

水生昆虫は生物学的水質階級の指標として用いられる種も多い．これは，水生昆虫が水質・水温・底質などによって生息環境を選び，微生物よりも 1 世代が長く，魚類ほど移動性が大きくないことから，特定の場所の比較的長期間の水質の状態を表すと考えられるからである．ゲンジボタルもその餌生物であるカワニナとともに β 中腐水性の指標生物とされることが多い．

ゲンジボタルは，発光しつつ飛翔するという特徴ゆえに一般に愛され，その生息環境についても多数の情報が蓄積されている．**表 3.21** に，ゲンジボタルの生息条件をまとめた．表より，水質もさることながら，その他の物理的，生物的要因の影響がきわめて大きいことがわかる．近年特にホタルの生息に配慮した川づ

3.4 多種多様な生物が生息できる河川の創出

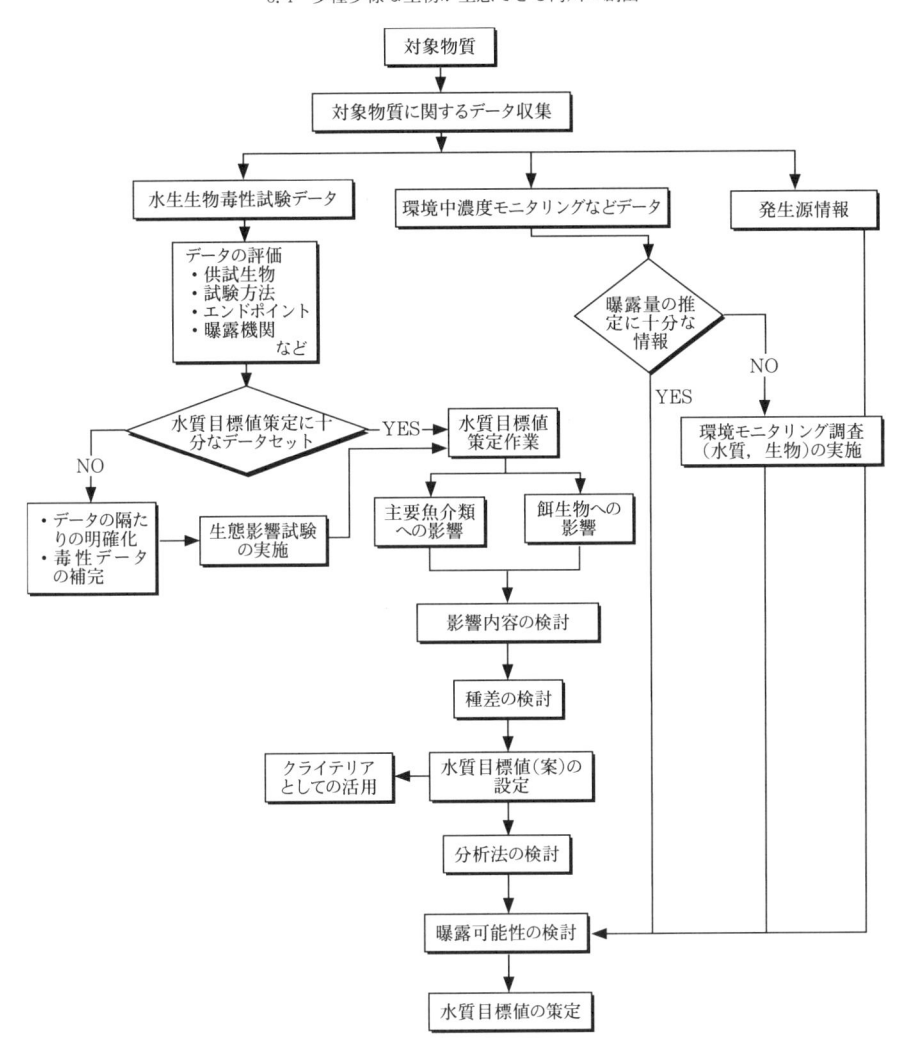

図 3.9 水生生物の保全に係わる水質目標策定手順(出典:環境庁「水生生物保全に係わる水質目標について」)

くりとして緑化ブロックを用いたホタル護岸が施工されることが多いが,緑化ブロックが提供する条件はゲンジボタルに必要な条件のごく一部である.また,唯一の餌料であるカワニナの生息条件がゲンジボタルほど明らかでないことが,ゲンジボタルの保全・保護にあたっての障害になっているように思われる.

第3章 理想的な水質環境創出にあたっての主要課題

表 3.21 ゲンジボタルの生息条件

流速	流速は10～30 cm/sといわれているが、緩急の変化があるのがよいとされている[54],[56]. 幼虫は、10～40 cm/sの所を好む[58]. 最も速い所35 cm/s,最も遅い所10 cm/s,幼虫の最も多い所約17～25 cm/s[59].
水量	流速を保つためにある程度必要である[58]. 1年を通して安定していること[56].
水質	水素イオン濃度：6.5～8.3[58]、6.5～7.8[56]. 溶存酸素量：6.8～11.8 mg/L[58]、90～100%[56]、常に飽和状態に保たれていること[54]. 生物化学的酸素要求量：0.5～1.8 mg/L[58]. 化学的酸素供給量：0.5～3.4 mg/L[58]、0.5～1.5 ppm[56]. 炭酸カルシウムが多く含まれ、炭酸カリウム、炭酸ナトリウム、硝酸塩、リン酸塩、塩化物などは少ない方が良い[58]. 農薬の流入がないこと[56]. 農薬、合成洗剤、工場排水などの汚水が混入しないこと[54].
水温	2.0～28.0℃[56]. 冬季：5℃以上、夏季：25℃以下[54]. 適温は、10℃(冬季)～20℃(夏季)の間、最高25℃程度が良い[54]. 0℃から27℃の所で生活するが、適した水温は14～20℃(幼虫は低温には強いが、高温には弱い)[59].
水深	幼虫が特に多く棲んでいる場所は30～40 cmであり、大部分が水深約50 cmまでである[58],[59]. 5～30 cm程度[56]. 表面流から100 cmの深い所まで幅広く生息するが、平均5～30 cmが多い、重要なのは川床にもDOが十分に存在するかどうかである[54]. 約15～80 cm. 大きくなった幼虫が特に多く棲んでいるのは30～40 cm[59].
濁り	泥系の濁りは、生息には支障がない[58].
川幅	おおむね1.5～2.5 mの川幅の所に幼虫が多く見られる[58],[59].
底質	砂9～7、土1～3の割合で玉石・礫が多い川底には幼虫が多くいる(川底が玉石や礫になる所は、一般に水量が多く比較的流速もあるためにDOが多く、水質や水温も安定していることから、生息に適すると考えられる)[58],[59]. 砂礫質：珪藻類付着、泥土：落葉堆積[56]. 一般的には玉石ないし転石あるいは礫質ないし砂礫質、あるいはこれらの組合せが良い[54]. 重要なのは、底質それ自体ではなく、底質条件と他の環境条件、特にカワニナのエサ条件との間にどのような相互関係を持たせるかであり、礫質の時には付着藻類、泥質の時には落葉である[54].
水路形状	瀬、淵、河原、中洲などの多様性. 湿地と一体で最良[56]. 基本は、可能な限り変化に富んだ多様な形状が良い. 横断面が、瀬、淵、川原、中洲など変化に富んだ組合せとするのが良い. さらに、水路と湿地が一体となっていると非常に良い[54].
護岸	土に潜り蛹となるための砂まじりの土. 水はけが良く、樹木や雑草などによる日陰があり、適度な湿気と柔らかさが必要. 最も理想的な護岸は土羽であり、次に木や石を用いた自然素材が良い[58]. 土が最適、他に木や石などの自然素材. 石材使用の場合、土や木と組み合わせる. 山などに接する場合、山側を残す[56]. 法面ないし護岸の素材は土が最も適している. 土以外で護岸する場合には木材や石材の自然材を用いる. どちらかといえば木材の方が石材より良い. 護岸素材および工法のポイントは、土中水分の連続性があり、苔の付着の良いこと[54].
法面勾配	なるべく緩勾配とする(1：0.3での上陸例あり)[56]. 幼虫の上陸に影響する法面における最適勾配といえるものはない. 護岸の高さは垂直で3～4 mぐらい上るケースもあるが、高くない方が望ましい[54].
水際線	直線的でなく、色々入り組み、変化に富むのが良い[54].
空間パターン	水路を挟んで片側が斜面(林)、反対側が水田などのオープンランドというパターンが良い[54].
植生	雑木林をつくる落葉広葉樹林[56]. 斜面の植生はクヌギ、コナラ、ミズキなどのいわゆる雑木林を構成する落葉広葉樹の高木があることが望ましい. 木の密度は、木漏れ日のさす程度が良いとされている[54].
規模および立地	ホタルが自然発生できる環境の範囲として、ホタルの実際の生息範囲だけでなく、その背景となっている空間も考慮する必要があり、谷戸の目安は集水域である[54].
水路長	数十～100 m以上で安定[56]. 水路は可能な限り長い方が望ましい. 数十～100 m以上あれば、より安定する[54].
周辺環境	飛翔するための広い空間と、休息したり、交尾するための樹木や草で囲まれている必要がある. 昼間の直射日光を防ぐとともに夜間における街路灯、車のヘッドライト、人家の明りなど人工的な光も防御する必要があり、そのためにも樹木などで囲まれた空間が必要である[58]. 片側が雑木林(斜面林)、他方が水田が基本型である. 水田以外では湿地(休耕田)の方が畑(草地)よりも良い. また水路に農薬の影響のないことが重要[54]. 両岸に樹木や雑草が生い茂って日陰がある. 柳が良い(湿度が高い・葉が柔らかい)[54].

3.4 多種多様な生物が生息できる河川の創出

(3) ヒヌマイトトンボ

ヒヌマイトトンボは，日本では唯一の汽水域に生息するイトトンボで，生息域が開発の対象となりやすい河口域の河川敷のヨシ原にあるため，埋立や護岸整備により著しく減少している．1991年に環境庁により『レッドデータブック』で絶滅危惧種に指定された．

ヒヌマイトトンボの卵の孵化率は，塩分濃度が高くなると低下し，孵化も遅れることから，元来は淡水生のトンボと考えられる．しかし，幼虫は攻撃性が弱いために淡水域では生存競争に負けてしまうことから生息できず，塩分耐性を持つことから汽水域に生き残ったと考えられる．宮下[60]によるヒヌマイトトンボの生息条件は，表3.22のようにまとめられる．これらの条件に配慮すれば生息場の復元も可能であると考えられる．

表3.22 ヒヌマイトトンボの生息条件

塩　分	0.5%以上，25%前後まで観察される．ただし，元来は淡水性の生物であり，競合者が生息できなければよいので，年間の一時期だけでも0.5%を超えればよい．
地　形	平坦な湿地のヨシ群落．幼虫はヨシの茎葉が堆積した干潮時にも干上がることがない窪地に分布．急傾斜のヨシ原，あるいはヨシよりも水深が深い場所に生息するガマやマコモ群落は不可．
その他	ヨシの枯れ葉が2枚以上重なって堆積していることが必要．枯れ葉の堆積が1層では底質に貼り付いたヨシの葉の下に幼虫が隠れる隙間がない．このため，新たに造成した生息場でヒヌマイトトンボの成虫を見るまでには丸4年が必要．

(4) 回遊する動物たち

河川で普通に見られる生物のうち，意外に多くのものが回遊を行っている．表3.23は，淡水魚を回遊の有無で区分したものである．また，甲殻類でも，水産価値の高いモクズガニのほか，ヌマエビ，ミゾレヌマエビ，ヒメヌマエビ，ヤマトヌマエビ，ヒラタテナガエビ，ミナミテナガエビなどが通し回遊型に分類される．モクズガニの場合，親ガニが川を下り，河口で産卵する．幼生は海域で育ち稚ガニに変態する前のメガロパ幼生の段階で川を遡上し始める．稚ガニの遡上は出水時であれば昼夜を問わず行われる．

こうした生物に対しては，物理的・水質的な連続性の確保が必要となる．最も明白な障害は，ダムや堰などの横断工作物である．これに対しては，これまでもっぱらアユをターゲットとして魚道が設置されてきたが，多自然型川づくりの推進に伴いアユ以外の魚類やエビ・カニに配慮した魚道について種々提案されるようになってきた．

第3章 理想的な水質環境創出にあたっての主要課題

表 3.23 淡水魚の生態的グループ分け

区分		備考
純淡水魚	一次的淡水魚	海水中では生存できないもの．コイ・ナマズ・ドジョウなど
	二次的淡水魚	海でも生存できるもの．メダカ・カダヤシ・テラピアなど
	陸封性淡水魚	本来は通し回遊魚であったものが淡水域で一生を送るよう変化したもの．カワヨシノボリ・ハナカジカ・エゾトミヨなど
陸河回遊魚	降河回遊魚	一生の大部分を淡水域で送り，産卵のために海へ下るもの．ウナギ・ヤマノカミ・カマキリなど
	遡河回遊魚 I 型	産卵のために海から川へ遡上するもののうち，産卵時期のみ河へ遡上し，孵化直後に海に下るもの．シシャモ・ワカサギ・シロウオなど
	遡河回遊魚 II 型	産卵のために海から川へ遡上するもののうち，産卵時期のみ河へ遡上し，孵化した幼魚は一定期間を淡水域で過ごした後に海に下るもの．シロザケ・カラフトマス・イトヨなど
	遡河回遊魚 III 型	産卵のために海から川へ遡上するもののうち，産卵期以前の未成熟期に川に遡上し，孵化した幼魚は一定期間の淡水生活の後海へ下るもの．アメマス・サクラマス・マルタウグイなど
	両側回遊魚	産卵とは無関係に，幼魚期の間に海と川との間を往復するもの．アユ・ヨシノボリ
周縁性淡水魚	汽水性淡水魚	本来は海水魚だが，汽水域で生活するもの．チカ・マハゼ・カワガレイなど
	偶来性淡水魚	本来は海水魚だが，一時的に汽水域に侵入するもの．ボラ・スズキ・クロダイなど

魚道には種々のタイプがあるが，問題は「どのタイプを使うか」よりむしろ，「どこに設置するか」である．生物の遡上する経路を十分検討し，必要に応じて呼び水を設置したり，エビ類の光を嫌う性質を利用したりするなどの誘導措置をとる．

また，魚道により接続された上下の環境の連続性にも注意が必要である．魚道の出口が堰の背水部など水深が深い状態だと，遡上してくる稚魚がブラックバスなどの魚食魚の格好の餌食となってしまう．また魚道自身がサギなどの鳥類の餌場となることも多い．さらに極端には，エレベータ魚道などで河川から急にダム湖に持ち上げられた川魚は，流れのない湖内で方位を定められず，ダムに流入する河川まで到達できずに減耗してしまう例もある．

さらに，遡上は平水時だけでなく，出水時に行われる場合も多い．落差はなくとも2面張り，3面張りなど単純な断面形状が連続していると，出水時に流速の遅い部分が確保されず，遡上の障害となりやすい．こうした区間は平水時には水深が浅く隠れ場となるカバーもない，鳥などに狙われやすい区間になりがちなので注意が必要である．

また，降河するアユが発電所の取水口に迷入したり，モクズガニが砂防ダムから転落して死亡したりする事例が報告されている．モクズガニの転落による死亡は漁獲による減耗より多いとの指摘もあり，遡上だけでなく降河にも配慮した施設が求められている．

水質面では，下水処理水に含まれるアンモニアのためにアユの遡上が妨害されているとみられる事例が報告されているほか，ダムからの冷水放流や工場からの温排水，その他，忌避行動を誘発するほどの高濃度の有害物質が連続性に対する障害となり得る．

(5) 洪水が必要な動物・植物

洪水による河川敷の撹乱がその生育にとって必須である生物もいる．例えば，関東地方の一部の河川にのみ分布する地方固有種のカワラノギクである．カワラノギクは，寿命の短い一回繁殖性の植物で，芽生えてから1年ないし数年で開花して枯死する．カワラノギクの実生の定着や栄養成長にはかなり良好な光条件が必要とされる．開放地の約30％程度に遮光された光条件下ですらその成長が抑制される．このため，芽生えが定着できるのは，土壌表面が植被に覆われていない生育場所に限られる．以上の理由から，カワラノギクの群落が維持されるためには，洪水による河川敷の撹乱が不可欠なのである．ところが，ダムなどによる洪水制御のため，近年は河川敷が撹乱されることが少なくなった．また，河川全体の富栄養化の一環として帰化植物の侵入が著しく，生育適地が極端に少なくなっているのである[61]．

また，ある種のイナゴは，洪水によってつくられた植生の乏しい生息場を必要としている．この生育適地もカワラノギクと同様の理由で減少し，このイナゴの生息も減少した．そのほか，種々の生物が洪水による撹乱を必要としていることが報告されている[62]．

また，ダム建設や砂利採取による土砂流出の減少が河床低下と細粒分の喪失，河床のアーマー化を招いており，これが河原の減少，高水敷の固定化・樹林化，珪藻の減少と緑藻の増加を引き起こしている[63]との指摘もある．

ここでは，保全すべき水環境とは，流量変動と土砂輸送である．対策の一例としては，米国開拓局によるグレンキャニオンダムの操作による人工洪水実験（1996年）などがある[64]．また，那賀川では，1991年から1995年までダム下流に土砂を搬送し，給砂が試行された．同様の試みが矢作川でも1995～96年に行われている．

こうした試みの評価は，時間をかけて行っていく必要があるが，生物群集構造を遷移の初期段階に戻して再編成させるには一定の効果はあるといわれている．

(6) 今後の課題

以上，オムニバス的に知見を記述してきたが，ここに記述したほんの数例だけでも水環境に対する様々な要求があることがわかるだろう．河川には多様な生物が生息しており，その一つ一つに異なった生息条件がある．多種多様な生物が生息できる河川の創出のためには，水質環境は最低限満たさねばならない基本的な条件であり，その上にさらにおおくの配慮が求められているのである．

アユなどの資源的価値の大きい生物を除いて，この方面の情報は系統立てて蓄積されているとは言い難い．今後の研究が待たれる分野である．

参　考　文　献

参　考　文　献

1) 河川環境管理財団：河川水質指標実用化検討会，新しい河川水質指標実用化(案)，2002
2) California Water Recycling Criteria(Code of Regulations Title 22)
3) 河川環境管理財団：第7回鶴見川の新しい水質環境保全のための技術検討会資料，2001
4) 木俣勲・井関基弘：クリプトスポリジウムとはどのような原虫か，環境技術，Vol. 26, pp. 549-554, 1997
5) 諏訪守・鈴木穣：下水処理場等におけるクリプトスポリジウムの検出方法の検討及び実態調査，土木研究所資料，第3533号，1998
6) 日本下水道協会：下水道におけるクリプトスポリジウム検討委員会最終報告，2000
7) 八木正一：クリプトスポリジウム汚染と水道－その問題点－，環境技術，Vol. 26, pp. 567-572, 1997
8) 日本水道協会水道技術総合研究所「水道の原虫対策に関する研究会」：英国スリーバリー水道社におけるクリプトスポリジウム症発生の経緯と対策，水道協会雑誌，Vol. 68, pp. 75-84, 1999
9) 日本水道協会水道技術総合研究所「水道の原虫対策に関する研究会」：オーストラリアシドニー水道におけるクリプトスポリジウムとジアルジアによる汚染事故，水道協会雑誌，Vol. 68, pp. 125-139, 1999
10) 遠藤卓郎・八木田健司：クリプトスポリジウムの検査法，環境技術，Vol. 26, pp. 555-560, 1997
11) 由田秀人：クリプトスポリジウム汚染に対する厚生省の行政対応について，環境技術，Vol. 26, pp. 576-579, 1997
12) 鈴木穣：クリプトスポリジウムと下水道，環境技術，Vol. 26, pp. 573-575, 1997
13) 橋本温・平田強・土佐光司・眞柄泰基・大垣眞一郎：下水中の $Giardia$ シストおよび $Cryptosporidium$ オーシスト濃度と下水処理における除去性，水環境学会誌，Vol. 20, pp. 404-410, 1997
14) J. D. Allan:Stream ecology, structure and function of running waters, Chapman & Hall, London, 1995
15) J. B. Wallace, J. R. Webster and W. R. Woodall:The role of filter feeders in flowing waters, $Archiv\ fur\ Hydrobiologie$, Vol. 79, pp. 506-532, 1977
16) J. D. Newbold, J. W. Elwood, R. V. O'Neill and A. L. Sheldon:Phosphorus dynamics in a woodland stream ecosystem;a study of nutrient spiralling, $Ecology$, Vol. 64, pp. 1249-1265, 1983
17) L. P. Gianessi, H. M. Peskin, P. Crosson and C. Puffer:Nonpoint source pollution controls;are cropland controls the answer? Resources for the future, Washington, DC., 1986
18) M. D. Delong and M. A. Brusven:Storage and decomposition of particulate organic matter along the longitudinal gradient of an agriculturally-impacted stream, $Hydrobiologia$, Vol. 262, pp. 77-88, 1993
19) K. W. Cummins, C. E. Cushing and G. W. Minshall:Introduction; an overview of stream ecosystems. In Ecosystems of the world 22. River and sream ecosystems, pp. 1-8, Elsevier, Amsterdam, 1995
20) 柴田篤弘・谷田一三編：日本の水生昆虫，種分化とすみわけをめぐって，東海大学出版会，1989
21) 沼田眞監修：現代生物学体系 12a 生態A，12b 生態B，中山書店，1985
22) R. L. Vanote, G. W. Minshall, K. W. Cummins, J. R. Sedell and C. E. Cushing:The river continnum cncept, $Can.\ J.\ Fish.\ Aqua.\ Sci.$, Vol. 37, pp. 130-137, 1980
23) P. Schriver, J. Bogestrandm, E. Jeppesen and M. Sondergaard:Impact of submerged macrophytes on fish-zooplankton-phytoplankton interactions;Large-scale enclosure experiments in a shallow eutrophic lake, $Freshwater\ Biol.$, Vol. 33, pp. 255-270, 1995
24) J. Manatunge, T. Asaeda, and T. Priyadarshana:The influence of structural complexity on fish-zooplankton interactions;a study using artificial submerged macrophytes, $Env.\ Biol.\ Fishes$, Vol. 58, pp. 425-438, 2000
25) T. Priyadarshana, T. Asaeda and J. Manatunge: Foraging behaviour of planktivorous fish in

artificial vegetation;the effects on swimming and feeding, *Hydrobiologia*, Vol. 442, pp. 231-239, 2001

26) T. Asaeda, T. Priyadarshana and J. Manatunge:Effect of satiation in feeding and swimming behaviour of planktivores, *Hydrobiologia*, Vol. 143, pp. 147-157, 2001

27) K. K. Moorehead and K. R. Reddy:Oxygentransport through selected aquatic macrophytes, *J. Environ. Qual.*, Vol. 17, pp. 138, 1988

28) S. E. B. Weisner and J. A. Strand:Rhizome architecture in Phragmites australis in relation to water depth:Implication for within plant oxygen transport distances, *Folia Geobot. Phytotax*, Vol. 31, pp. 91-97, 1996

29) T. Asaeda, V. K. Trung and J. Manatunge:Modeling the effects of macrophyte growth and decomposition on the nutrient budget in shallow lakes, *Aquatic Bot.*, Vol. 68, pp. 217-237, 2000

30) G. Anderson:The role of fish in lake ecosystems-and in limnology, *Norsk Limnologforening*, Vol. 1984, pp. 189-97, 1984

31) S. R. Carpenter and J. F. Kitchell(ed):The trophic cascade in lakes, Cambridge University Press, 1993

32) V. E. Shelford:Ecological succession. I, Stream fishes and the method of physiographic analysis, *Biological Bulletin*, Vol. 21, pp. 9-34, 1911

33) 関根雅彦・浮田正夫・中西弘・内田唯史：河川環境管理を目的とした生態系モデルにおける生物の環境選好性の定式化, 土木学会論文集, No. 503/II-29, pp. 177-186, 1994

34) 岩田他：漁業公害調査報告　多摩川におけるダム等の河川工作物設置による漁業に及ぼす影響調査　昭和56～60年度, 東京都水産試験場調査研究要報, No. 192, p. 97, 1987

35) 沢田建蔵：魚種別　適環境を維持する飼育管理　アユ, 養殖, Vol. 33, No. 3, pp. 95-96, 1996

36) 田中英樹・吉沢和倶：アユの攻撃行動に及ぼす水温の影響, 群馬農業研究E水産, No. 10, pp. 53-56, 1994

37) 渡辺昭彦：水辺の国勢調査に基づく魚類と水質の関係, 土木研究所研究発表会論文集, No. 32, pp. 65-68, 1993

38) M. R. Childs, R. W. Clarkson:Temperature Effects on Swimming Performance of Larval and Juvenile Colorado Squawfish ; Implications for Survival and Speicies Recovery, Trans Am Fish Soc., Vol. 125, No. 6, pp. 940-947, 1996

39) High-Temperature Tolerances of Fluvial Arctic Grayling and Comparisons with Summer River Temperature of the Big Hole River, Montana, Trans Am Fish Soc., Vol. 125, No. 6, pp. 933-939, 1996

40) M. A. Smale and C. F. Rabeni:Hypoxia and Hyper thermia Tolerances of headwater Stream Fishes, Trans Am Fish Soc., Vol. 124, pp. 698-710, 1995

41) 山元憲一：コイ科魚類6種の低酸素下における逃避反応, 水産増殖, Vol. 39, No. 2, pp. 129-132, 1991

42) 新島恭二・石川雄介：酸性水が淡水魚の卵・稚仔の孵化と生残に及ぼす影響－コイ, アユ, ヤマメおよびイワナについて, 電力中央研究所報告U 91050, p. 25, 1992

43) International Electric Research Exchange:Effects of SO 2 and its derivaties on health and ecology, Vol. 2 Natural ecosystems, agriculture, forestry and fisheries, 1981

44) 清野通康・石川雄介：日本の河川湖沼の水質現況ならびに火山性無機酸性湖研究の概要, 電力中央研究所報告 484016, p. 42, 1985

45) 中川久機・石尾真弥：メダカの卵および仔魚に対するカドミウムの毒性および蓄積性に及ぼす水のpHの影響, 日水誌, Vol. 55, pp. 327-331, 1989

46) 伊藤隆・岩井寿夫：アユ種苗の人工生産に関する研究-IX, 人工孵化仔魚の各種水質要素に対する抵抗性, 木曽三川河口資源調査報告, 第2号, pp. 883-914, 1965

47) Peter J. Rombowugh:Effects of low pH on eyed embryos and alevins of Pacific Salmon, Can. J. Fish. Aquat. Sci., Vol. 40, pp. 1575-1582, 1965

参 考 文 献

48) C. H. Jogoe, T. A. Haines and F. W. Haines：Effects of reduced pH on three life stage of Sunapee char Salvenus alpinus, Bull. Contam. Toxicol., Vol. 33, pp. 430-438, 1984
49) 藤原公一：濁水が琵琶湖やその周辺河川に生息する魚類へおよぼす影響，滋賀県水産試験場研究報告，No. 46, pp. 9-37, 1997
50) 全内漁連：ダム等河川工作物設置による漁業への影響調査，漁業公害調査報告書, pp. 84-111, 1986
51) 本田晴朗：アユの遡上行動におよぼす濁りおよび水温低下の影響，海洋科学，Vol. 15, No. 4, pp. 223-225, 1983
52) 玉井信行・水野信彦・中村俊六編：河川生態環境工学，東京大学出版会, pp. 312, 1993
53) 澤井淳・大久保博充・亀屋隆志・浦野紘平：ヒメダカを用いた水中汚染物質の毒性評価に関する研究(第8報)仔魚毒性試験による河川水管理方法の提案，第35回日本水環境学会年会講演集, p. 115, 2001
54) 自然環境復元研究会：ホタルの里づくり，信山社サイテック，1991
55) 山口ふるさと伝承センター：ゲンジボタルの幼虫飼育
56) ホタルの生息を考慮した水路構造の研究，農業土木学会関東支部大会講演要旨，Vol. 46, pp. 17-19, 1991 ［参考：ホタルブロックパンフレット(三和コンクリート工業)，文献55)］
57) 遊磨正秀：ホタルの水, 人の水, 新評論, 1993
58) 鳥川ホタル保存会：ゲンジボタルの生態・人工飼育
 [http://www 2. gol. com/users/nekopapa/hotaru/torikawa/genji. htm]
59) 平野慎吾：一の坂川ホタル放流　平成11年度　計画と資料
60) 宮下衛：ヒヌマイトトンボの生息環境の保全と復元に関する研究，環境システム研究，Vol. 27, pp. 293-304, 1999
61) 鷲谷いずみ：氾濫原の絶滅危惧植物の保全生態学，河川の自然復元に関する国際シンポジウム論文集，pp. 115-120, 1998
62) Herald Plachter and Michael Reich：自然氾濫原における野生生物に対する攪乱の重要性，河川の自然復元に関する国際シンポジウム論文集，pp. 121-129, 1998
63) 島谷幸広・皆川朋子：日本の扇状地河川の現状と自然環境保全の事例，河川の自然復元に関する国際シンポジウム論文集，pp. 191-196, 1998
64) ピーター・クリンジマン：自然の復元と再生のための河川工学，リバーフロント整備センター, p. 130, 1998

おわりに

　河川水質総合対策の計画と実施，またその準備に必要な課題とは何であろうか．
　「**はじめに**」にも示したように，現在の河川水質対策は，環境基準(低水時を対象とし，限られた水質項目で，定常的平均値を基準としている)を目標とした水質保全対策，発生源別個別対策，また，行政分掌ごとの対策，などとして特徴づけることができる．
　総合的な対策のために語られている新しい概念は，流域単位に基づく計画策定，河川生態系の重視，水循環を促す水量・水質保全対策，情報公開と住民参加，面源対策，などである．このような概念は，1.3に示した国際的な動向についての部分でわかるように，ヨーロッパと米国においてすでに実行段階にあるものも多い．日本においてもすでに概念あるいは政策理念としては，『環境基本計画』，『河川法』あるいは各種審議会答申などに謳われている．今後の総合的な対策が成功するためには，これらの理念や概念をいかに具体的な知識，管理手法，技術手段，および，制度で肉づけできるかにかかっている，といえる．
　新しい総合的な対策で考察すべき対象は，河川環境を形成する自然そのものの認識から，水質保全技術，あるいは政策までと幅が広い．研究成果をもとに，河川水質環境総合対策を構成する要素となる知識と技術を，科学技術的側面，現象的側面，および社会的側面に分けて抽出すると，次のようになる．
　科学技術的側面としては，河川生態系の認識が深まったこと，内分泌撹乱化学物質のような新しい汚染物質が立ち現れたこと，情報技術の革新的な発達，水質分析技術の急激な高精度化，分子生物学的知見とその適用技術の発展，がある．
　現象的側面としては，降雨に伴う負荷流出，面源からの負荷の非定常性，事故

などの突発的な汚染，短時間の現象が大きなリスクを生じる状況など，非定常現象の把握が必要となっている．また，窒素など栄養塩に見られるように，河川水中での形態と挙動，さらに排出源(下水処理場，農地)からの排出が複雑で複合的な関係を構成している汚染物質もある．

　社会的側面では，飲料水，水遊びなど直接的な利水からの水質に対する高い要請が生じている．また，河川情報の公開に対する流域住民の強い要望，あるいは河川行政政策への説明責任の拡大が求められている．流域住民の河川環境保全対策への参加も重要な要素となってきている．

　この科学技術的側面，現象的側面，および社会的側面の各要素をとりまとめると，河川水質総合対策の当面の課題は，次の4点になる．

対策の優先順位づけ手法の開発　環境基準達成という包括的な対策に限界が出てきている以上，飲料水，水遊び，あるいは生態系の保全など利水水質目標を各水域で明確にし，そのための対策の優先順位を定めるための調査と研究を行うべきである．例えば，ある流域において，複数の利水水質目標を達成するために様々な対策をとりうる．汚染源を特定し削減対策を施すこと，河川内直接浄化の導入，取水位置の合理的な再検討，水質改善のための導水，などが選択肢であろう．これら対策の優先順位をつけるための体系が必要である．同時に，流域における水質汚染の危機の度合い(リスクの程度)を判断する評価手法の開発も必要である．

非定常水質情報と面源負荷情報の蓄積と解析手法の開発　定常状態での情報に加え，降雨時の負荷量や水質の把握，事故的な汚染の把握・監視方法の開発，面源とみなされている汚染源(クリプトスポリジウム，窒素，多環芳香族などの排出源)のデータ蓄積と対策手法の開発が求められている．流域全体を把握できるさらに高度な水質監視システム，流域総合情報管理システムなどの開発も必要である．より一般的には，新しい計測技術，情報技術などの導入が必要である．

情報公開の促進とその手法の開発　水質・水量に関する積極的な情報公開が必要である．情報公開により，流域住民の参加を促すことができ，対策について住民合意を得るための説明責任を果たすことができる．さらに，河川の安全性(危険性)の周知のために，あるいは子供の環境教育のためにも必要である．また，

その技術(電子情報機器の活用,双方向合意形成手法の活用など)と手法の開発が必要である.また,水質リスク,事故のリスクなどに対する責任のあり方についての法整備も必要である.

複合的な対策の体系化　　従来の施設・事業の行政分掌を超えた負荷削減対策(例えば,畜産排水などの下水処理場での処理など)を積極的に計画し,既存の環境保全資産を有効に活用する工夫が必要である.河川内の直接浄化も排出源処理対策などとその役割を分担し,複合的な水質保全システムを構築することが必要である.トリハロメタン前駆物質やアンモニア性窒素対応などは,排出源から処理場,河川,さらに浄水場と,流域全体にわたる複合的な対策が必要であり,流域全体の視点から合理的な対策手法を生み出す必要がある.

　国ごとに,流域ごとに,河川環境は多様である.河川水質環境の総合的対策のために最も必要なものは,普遍的な対策手法の適用に加え,個別的で特殊な各流域の特性を把握し,その総合的対策を立案することができる関係者の能力である.本書がその一助になれば幸いである.

索　引

AOD　252
Arc/INFO　180
ATU-BOD　9
BOD　73, 244
Clean Water Act(CWA)　31
Clean Water Action Plan　32
COD　73, 244
E260　92
GIS　71, 179, 185
intermediary　169
MapInfo　180
N-BOD　10
O157　11
pH　244
THMBrFP　92
THMFP　90
TMDL　35, 36
Urban Waste Water Treatment Directive　43
Water Framework Directive　38, 39

【あ】
赤野井湾　153, 166
アカヒレ　252
荒川流域ネットワーク　158
アンチモン　104
安定型処分場　105
アンモニア性窒素　9

【い】
維管束植物群落　228
一律基準値　90
一般廃棄物　100
イナゴ　257
犬鳴川みどりの会　159
茨城県霞ヶ浦の富栄養化の防止に関する条例　26

【う】
雨水浸透施設　155
雨水対策　154
雨水貯留浸透施設　70, 154
雨水排除　80, 154
雨水流出水　121
雨水流出抑制事業　156
上乗せ基準　22
上乗せ排出基準　97

【え】
衛生学的安全性　200
栄養塩元素のスパイラル　229
栄養カスケード　240
エコテクノロジー　130, 149
エコマネー　165
NPO活動　164, 167, 169
ELISA法　221
遠心沈殿法　218
遠心浮遊法　219
塩類除去技術　102

【お】
オーシスト　214
　　――の除去効果　226
オキシデーションディッチ法　77
汚濁負荷量の削減　94

【か】
回収水利用率　93
回分式活性汚泥法　77
化学的安全性　200
霞ヶ浦　73
河川水　109, 194
河川水質　59, 79
河川生態系　228
河川直接浄化手法　133

河川法　13, 263
河川流域管理計画　41
家畜糞尿　97, 227
活性汚泥法　96
合併処理浄化槽　10, 82, 152
カプセルフィルタ法　218
カリフォルニア州における水再利用基準　207
カルシウム除去技術　102
カワニナ　252
カワラノギク　196, 257
環境意識　159
環境NPO　71, 164
環境学習　163
環境基準　5, 15〜19, 128
環境基準達成状況　16, 178
環境基準値の設定　21
環境基本計画　263
環境基本法　6
環境教育　159, 161〜163
環境シミュレーション　167
環境情報公開　63
環境ホルモン　12
環境倫理　159
感染経路　215
緩速砂ろ過　137
管理型処分場　105

【き】

帰化植物　257
希釈法　110
基底流出，森林からの　107
旧水質二法　5
急速砂ろ過　137
吸着　137
凝集　137
魚道　255
魚類　195, 200, 242
金属除去施設　111

【く】

汲取り　74
クリプトスポリジウム　11, 97, 194, 213
　　──の感染経路　215
　　──の検出方法　217
　　──の消毒方法　225
　　──のライフサイクル　214
クリプトスポリジウム症　215
グレンキャニオンダム　257

【け】

計画収集，屎尿の　74, 85
蛍光光度分析　175
下水処理場　76
下水道　75, 124
下水道雨水貯留浸透事業　156
下水道普及率　76
健康項目　15
ゲンジボタル　196, 252
原単位　73, 114
顕微鏡観察法　219

【こ】

合意形成　167, 169
高塩障害　101
公害対策基本法　5
公共下水道　75, 78
工業排水対策　87
公共用水域の水質の保全に関する法律　5
工場排水等の規制に関する法律　5
洪水による河川敷の撹乱　257
高度処理　10
合流式下水道　124, 125
小金井市　156
コケ類群落　228
湖沼浄化対策　149
湖沼水質保全特別措置法(湖沼法)　6, 25〜27
固定窒素　115
ゴミの不法投棄　158
コミュニケーションツール　167

コミュニティープラント　81
ゴルフ場　109

【さ】
最終処分場　100
産業廃棄物　100
酸性化，河川水の　109
酸性河川　110
酸性水　109
酸性水対策　110

【し】
ジアルジア　213
　――の感染経路　216
　――のライフサイクル　214
ジアルジア症　216
CODセンサー　174
CT値　225
塩竈市　155
市街地負荷対策　120
滋賀県琵琶湖の富栄養化の防止に関する条例　26
滋賀県琵琶湖のヨシ群落の保全に関する条例　143
試験紙　171
事故発生件数　178
自動観測　176
屎尿　73
　――の計画収集　74, 85
社会教育施設　162
重金属除去技術　102
臭素を含むトリハロメタン　92
集中型モデル，水質管理の　181
住民参加　41
　――のあり方　167
　――の体制づくり　63
樹冠阻止　108
樹幹流　108
浚渫　135
浄化槽　74, 81, 226
　――の処理規模　82

浄化槽設置基数　83
浄化槽利用人口　83
浄化用水導入　136
小規模事業場　11
消毒方法　225
蒸発散　108
情報公開　167
植物を用いた浄化法　140
食物連鎖　232, 236
処理水の再利用　94
人工洪水実験　257
浸出水，産業物処分場からの　100
浸出水処理　101
親水活動用水　204
親水行動　197
人畜由来ホルモン　12
新町川　165
　――を守る会　166
森林の形態　107
森林伐採　112

【す】
水温　243
水源二法　28
水質汚濁に係る環境基準　6, 15
水質汚濁防止法　5, 22, 96, 178
水質監視　170
水質管理，総合的な　64
水質管理の集中型モデル　181
水質基準　203, 205
水質事故　176
水質浄化に利用可能な植物　141
水質目標値　203, 205
水質モニター　176
水生昆虫　195, 252
水生生物　242
水族環境診断法　252
水田からの面源負荷　114
水田浄化能力の利用　119

269

水道原水水質保全事業の実施の促進に関する法律　29
水道水質基準　90
水道水におけるクリプトスポリジウム暫定対策指針　11
水浴　202
数値地図　181
スポロゾイド　214

【せ】
生活環境項目　17
生活環境の保全に関する環境基準　15, 17～19
生活系排水　73
生活雑排水　73
清掃活動　157
生態系制御による浄化法　143
生態系を用いた浄化法　142
生態工学　149
生物による金属除去　111
生物濃縮　233
生物膜浄化法　137
堰上げ　135
石灰投入による中和　110
接触材充填生物膜法　138
接触酸化法　132
瀬戸内海環境保全特別措置法　6
施肥　109, 118
セレン　104
センサー　171, 174
センサー技術　173
選択的捕食　238

【そ】
総合的な水質管理　63
総量規制　24, 89
総量規制基準　24
ゾーニング　210

【た】
ダイオキシン対策基本方針　12

ダイオキシン類　12, 102, 103
ダイオキシン類対策特別措置法　12
大気系負荷　121, 122
大腸菌群　206
濁水対策　248
濁度　244
宅内貯留施設　155
多自然型川づくり　255
多自然型川づくり工法　144
脱窒素　115
多摩川　9, 48, 168
多摩川流域懇談会　168
ダムの冷水放流　244
単独処理浄化槽　82, 152

【ち, つ】
地域通貨　165
地下浸透法　110
地下水処理法　110
筑後川流域連帯倶楽部　164
畜産系排水　95, 223
畜産系排水処理対策　98
窒素対策　117
窒素の吸収パターン　116
窒素溶脱量, 畑地からの　116
窒素流出　117
窒素流出型　115
窒素流入型　115
直接浄化対策　69, 131
直接浄化法　133, 146
直接的な遊び　202
直接流出, 森林からの　107
貯留浸透施設　154
地理情報システム　71, 179
地力維持　112
沈殿　135
鶴見川　9, 209

【て, と】
鉄酸化細菌の利用　111

電極法　173
道路からの負荷　123
特定公共下水道　75
特定施設　102
特定水道利水障害の防止のための水道水源水域の
　保全に関する特別措置法　29, 99
毒物センサー　174
独立栄養生物　228
都市下水処理に関する指令　43
土砂輸送　257
土砂流出の減少　257
土壌浄化法　140
土地利用連鎖の活用　119
トリクロロエチレン　28
トリハロメタン　12, 28
トリハロメタン生成能（THMFP）　28, 90, 103

【な，ぬ，の】
内部負荷　135
内分泌撹乱化学物質　12, 105, 249
なにわ大放水路　80
ヌカエビ　252
ヌマエビ　255
農業系負荷削減対策　11
農耕地負荷対策　113
農村下水道　10, 74
農村集落排水処理施設　74, 81
野積み　96

【は】
パートナーシップ　169
バイオセンサー　174
廃棄物最終処分場対策　100
廃棄物の処理および清掃に関する法律　102
廃棄物の有効利用　150
排出基準　89
排水基準　22, 23, 128
排水規制，米国における　36
排水処理技術　88
バイパス　136

曝気　134
八王子ニュータウン　154
パックテスト　171
発生源対策型　42

【ひ】
BODセンサー　174
PCR法　220
微生物ループ　233
ヒ素　104
人の健康の保護に関する環境基準　15
ヒヌマイトトンボ　196, 255
被覆肥料　117
ヒメヌマエビ　255
病原性微生物　97
ヒラタテナガエビ　255
琵琶湖　72, 73

【ふ】
富栄養化　129
　——に関わる環境基準　128
　——に関わる排水基準　128
富栄養化対策　129
付着型生物膜方式　101
付着藻類　228
不法投棄　158, 177
不法投棄量　100
フミン酸　103
プラスチック添加剤　104
ブラックバス　256
フローサイトメトリー法　220
分布型モデル　181
糞便性大腸菌群数　206
分流式下水道　124, 125

【へ，ほ】
ベクトル型データ　180
豊穣の郷赤野井湾流域協議会　153, 166, 168
ホウ素　104
放流水質　78

ホタル護岸　253

【ま，み】
マイクロ生息場　242
マクロ生息場　243
水遊びのできる河川　193, 208
水環境監視システム　176
水辺環境の美化対策　157
ミゾレヌマエビ　255
緑川の清流を取り戻す流域連絡会　158
ミナミテナガエビ　255
未利用資源　150

【む，め】
無機態窒素の吸収パターン　116
免疫磁気ビーズ法　219
面源　10
面源汚染物質　64
面源負荷　106, 114, 128
面源負荷対策　68, 128
メンブレンフィルタ法　218

【も】
モクズガニ　196, 255
目標基準達成型　42
モニタリング　170
モニタリングステーション　176

【や，ゆ】
野外調査　171
八坂川　162
ヤマトヌマエビ　255
有害物質　248
有機汚濁　127, 128, 234
有機物粒子　230
油分の流出　176

【よ】
用水原単位　93
溶存酸素　244

ヨシ湿地　142
淀の大放水路　80

【ら】
ライフサイクル　214
落水線　183
ラスター型データ　180
ランブリア鞭毛虫症　216

【り】
リターフォール　109
リバーレンジャー制度　158
流域管理　33, 40
流域下水道　75, 78
流域ネットワーク　157
流出窒素　115
流程遷移　243
流入窒素　114
流入負荷量　72
流量変動　257
林内雨　108
リンの対策　117

【れ】
冷水放流　257
レイヤー　179
礫間接触酸化法　133, 138
レクリエーション用水　207
連続測定　173

【ろ，わ】
ろ過法　137, 217
路面負荷原単位　123
ワークショップ　160

流域マネジメント
　新しい戦略のために　　　　　　　　　　　　　定価はカバーに表示してあります．

2002年11月10日　1版1刷発行　　　　ISBN 4−7655−3183−X　C 3051

監修者	大　垣　眞 一 郎
	吉　川　秀　夫
編　者	㈶河川環境管理財団
発行者	長　　　祥　　　隆
発行所	技報堂出版株式会社

〒102−0075　東京都千代田区三番町 8 − 7
　　　　　　　　　（第25興和ビル）

日本書籍出版協会会員
自然科学書協会会員　　　電　話　営　業　(03)(5215)3165
工 学 書 協 会 会 員　　　　　　　編　集　(03)(5215)3161
土木・建築書協会会員　　F A X　　　　　(03)(5215)3233
　　　　　　　　　　　　振替講座　00140−4−10
Printed in Japan　　　　http://www.gihodoshuppan.co.jp

ⒸFoundation of River and Watershed Environment Management, 2002

装幀　海保　透　印刷・製本　東京印刷センター

落丁・乱丁はお取り替え致します．
本書の無断複写は，著作権法上での例外を除き，禁じられています．

●小社刊行図書のご案内●

水環境の基礎科学	E.A.Laws著/神田穣太ほか訳	A5・722頁
水質衛生学	金子光美編著	A5・700頁
水辺の環境調査	ダム水源地環境整備センター監修・編集	A5・500頁
河川水質試験方法(案)[1997年版]	建設省河川局監修	B5・1102頁
水質事故対策技術[2001年版]	国土交通省水質連絡会編	B5・258頁
水の微生物リスクとその評価	C.N.Haasほか著/金子光美監訳	A5・472頁
河川・ダム湖沼用 水質測定機器ガイドブック	河川環境管理財団ほか編	B5・460頁
水環境工学－浮遊物質からみた環境保全	佐藤敦久編著	A5・254頁
水質環境工学－下水の処理・処分・再利用	松尾友矩ほか監訳	B5・992頁
水資源マネジメントと水環境－原理・規制・事例研究	N.S.Grigg著/浅野孝監訳	A5・670頁
沿岸都市域の水質管理－統合型水資源管理の新しい戦略	浅野孝監訳	A5・476頁
非イオン界面活性剤と水環境－用途,計測技術,生態影響	日本水環境学会内 委員会編	A5・230頁
ノンポイント汚染源のモデル解析	和田安彦著	A5・250頁
ノンポイント負荷の制御－都市の雨水流出と負荷制御法	和田安彦著	A5・162頁
自然システムを利用した水質浄化－土壌・植生・池などの活用	S.C.Reedほか著/石崎勝義ほか監訳	A5・450頁
生活排水処理システム	金子光美ほか編著	A5・340頁
水環境と生態系の復元－河川・湖沼・湿地の保全技術と戦略	浅野孝ほか監訳	A5・620頁

技報堂出版 TEL 編集03(5215)3161 営業03(5215)3165 FAX 03(5215)3233

母集団整理番号	物質名	Cas	検出範囲 最小（μg/L）最大	下限値 最小（μg/L）最大	餌生物 慢性毒性（NOEC等）最小値	餌生物 LC/EC/安全係数	餌生物 NOEC/10	餌生物検討値	主要魚介類検討値/餌生物検討値	主要魚介類検討値(=環境中濃度①)	主要魚介類検討値②	主要魚介類検討値(基準値③)	PRTR法第1種指定化学物質のうち生態毒性クラスが「2」または「1」で環境排出量が100kg/年以上の物質④	専門家の意見により検討が必要と考えられる物質⑤
1	カドミウム	7440-43-9	0.5 ～ 29	1 ～ 5	4	0.0005	0.4	0.0005	△	●	●			
2	鉛	7439-92-1	0.03 ～ 160	1 ～		500	2.5	50	2.5	○	●	●		
4	ヒ素	7440-38-2	1 ～ 90	1 ～ 7		9.07		9.07	○		●			
5	水銀	7439-97-6	0.5 ～ 2.6	0.5 ～ 8	0.7	0.0088	0.07	0.009	○	●	●			
6	トリクロロエチレン	79-01-6	0.04 ～ 210	0.01 ～ 0		23		23	△			●		
7	テトラクロロエチレン	127-18-4	0.01 ～ 9.5	0.01 ～	500000	2	50000	2	△			●		
10	1,2-ジクロロエタン	107-06-2	0.02 ～ 14	0.02 ～ 00		1130		1130	△			●		
13	1,1,1-トリクロロエタン	71-55-6	0.06 ～ 100	0.02 ～	1300	50	130	50	△		●			
16	テトラメチルチウラムジスルフィド	137-26-8	n.d. ～ 3.7	0.9 ～ 16		0.00006	0.032	0.00006	△		●			
17	シマジン	122-34-9	n.d. ～ 3	0.01 ～ 4	2.5	0.00614	0.25	0.006	△		●			
18	ベンチオカーブ	28249-77-6	n.d. ～ 12	0.05 ～	2	0.09		0.09	△		●			
19	ベンゼン	71-43-2	0.02 ～ 47	0.02 ～ 0		10		10	△		●			
20	セレン	7782-49-2	1 ～ 50	1 ～	85	4.3	8.5	4.3	○	●	●			
21	フッ素	7782-41-4	140 ～ 10000	0.6 ～ 00		260		260	△		●			
22	ホウ素	7440-42-8	9 ～ 7400	1 ～			1	1	△		●			
26	シアン化合物		100 ～ 100	～		2.4		2.4			●			
27	シアン化水素（チバクロン）	74-90-8	～	～							●			
28	シアン化ナトリウム	143-33-9	～	～	5.8	0.57	1	0.57	○		●			
29	シアン化カリウム	151-50-8	～	～		0.01		0.01	△					
32	エチルパラニトロフェニルチオノベンゼンホスネイト(EPN)	2104-64-5	n.d. ～ 0.6	0.025 ～ 6	0.44	0.0003	0.044	0.0003	△	●				
45	p-ジクロロベンゼン	106-46-7	0.035 ～ 20	0.018 ～	300	0.007	30	0.007	△		●			
46	フタル酸ジ(2-エチルヘキシル)	117-81-7	n.d. ～ 333	0.01 ～	77	0.5	7.7	0.5	△		●			●
47	クロロホルム	67-66-3	0.044 ～ 78	0.04 ～ 0	3400	20	340	20	△		●			
48	1,2-ジクロロプロパン	78-87-5	n.d. ～ 20	0.05 ～ 58	29000	135.584	2900	135.6				●		
49	トルエン	108-88-3	0.01 ～ 100	0.03 ～ 0	920	23.5	92	23.5	○		●			
51	ダイアジノン	333-41-5	n.d. ～ 6.7	0.002 ～ 7	0.15	0.00027	0.015	0.0003	△		●			
52	キシレン	1330-20-7	1 ～ 48	0.1 ～	20000	0.1	2000	0.1	△		●			
53	モリブデン	7439-98-7	0.1 ～ 154	0.7 ～ 0		45		45	○		●			
54	ニッケル	7440-02-0	5 ～ 290	0.1 ～	4	0.66	0.4	0.4	△		●			
56	イソキサチオン（カルホス）	18854-01-8	0.19 ～ 3	0.023 ～ 9		0.0019		0.002				●		
57	フェニトロチオン(MEP)	122-14-5	n.d. ～ 9	0.002 ～	0.23	0.002	0.023	0.002	△		●			
58	イソプロチオラン	50512-35-1	0.01 ～ 40	0.008 ～ 0		47		47	△			●		
59	クロロタロニル	1897-45-6	n.d. ～ 4	0.002 ～	1.2	0.115	0.12	0.115	○	●	●			
61	ジクロルボス	62-73-7	n.d. ～ 3.9	0.05 ～ 3	0.109	0.0006	0.011	0.0006	△		●			
62	フェノブカルブ	3766-81-2	n.d. ～ 9	0.002 ～		0.2		0.2	○		●			
64	イプロベンホス	29087-47-8	0.006 ～ 21	0.004 ～		0.01		0.01	△		●			
65	オキシン銅	10380-28-6	4 ～ 4	0.4 ～	10.4	0.019	0.351	0.019	△		●			